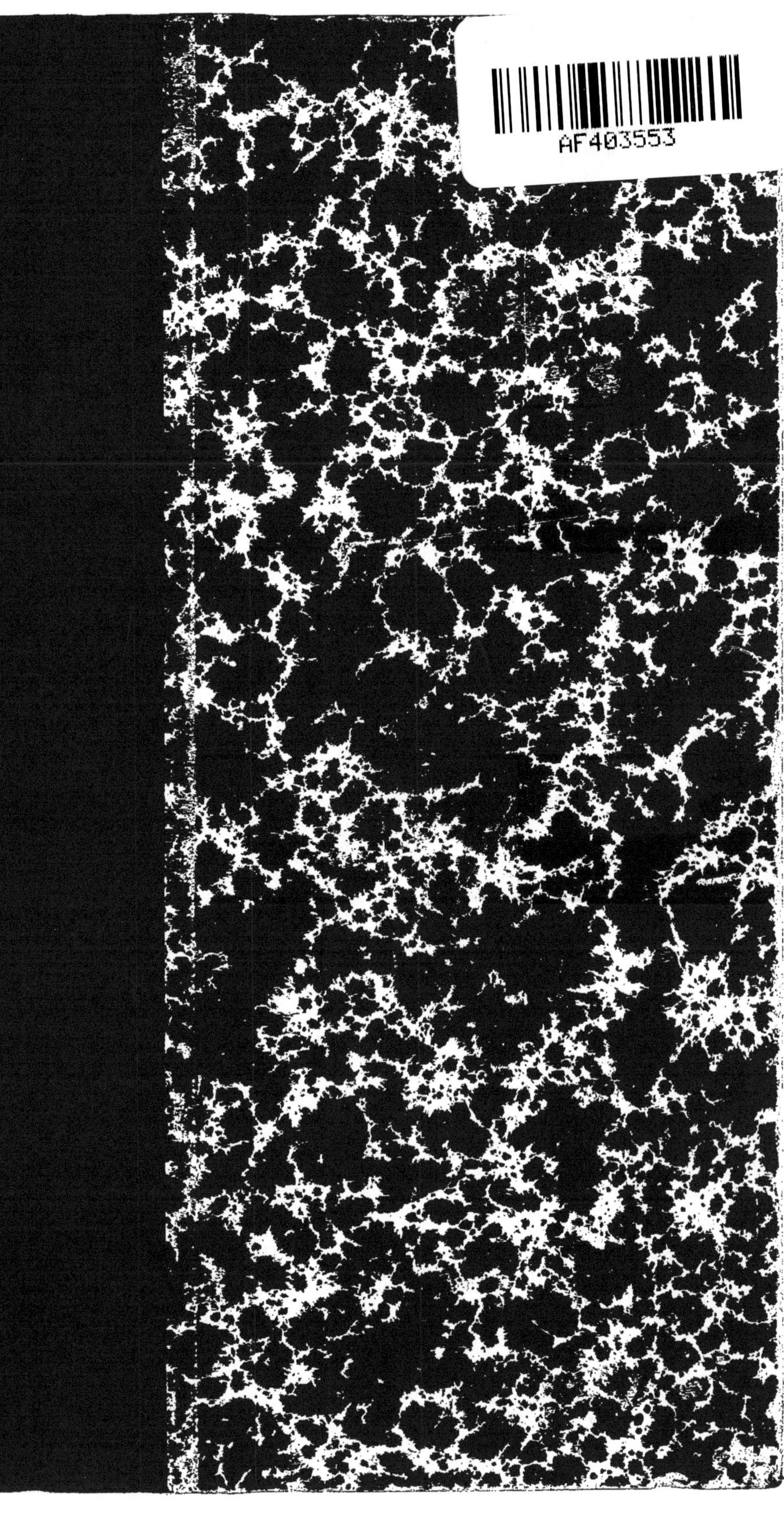
AF403553

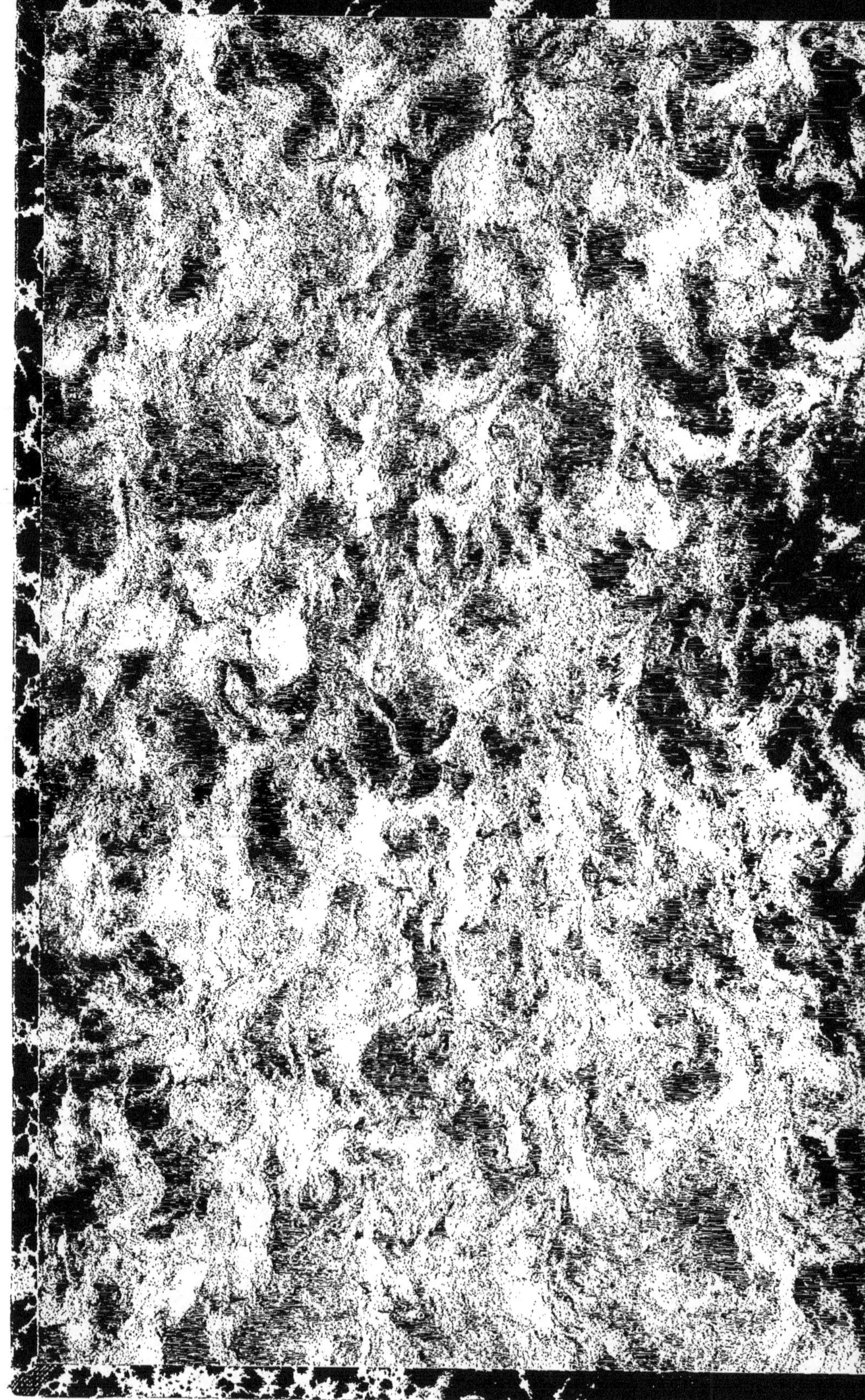

ESSAI SUR LA FONDATION ET L'HISTOIRE

DE LA

BANQUE D'ANGLETERRE

(1694-1844)

PAR

A. ANDRÉADÈS

Docteur en Droit

DOCTEUR ÈS-SCIENCES POLITIQUES ET ÉCONOMIQUES

PARIS

LIBRAIRIE NOUVELLE DE DROIT ET DE JURISPRUDENCE

ARTHUR ROUSSEAU, ÉDITEUR

14, RUE SOUFFLOT ET RUE TOULLIER, 13

1901

ESSAI SUR LA FONDATION ET L'HISTOIRE

DE LA

BANQUE D'ANGLETERRE

(1694-1844)

ESSAI SUR LA FONDATION ET L'HISTOIRE

DE LA

BANQUE D'ANGLETERRE

(1694-1844)

PAR

A. ANDRÉADÈS

Docteur en Droit

DOCTEUR ÈS-SCIENCES POLITIQUES ET ÉCONOMIQUES

PARIS

LIBRAIRIE NOUVELLE DE DROIT ET DE JURISPRUDENCE

ARTHUR ROUSSEAU, ÉDITEUR

14, RUE SOUFFLOT ET RUE TOULLIER, 13

—

1901

BIBLIOGRAPHIE

A Bank Dialogue between Dr Hugh CHAMBERLAIN and a Country
Gentleman.

A Comparaison betwen the proposals of the Bank and the South
Sea Company. Wherein is shown that the proposals of the first
are much more advantageous than that of the latter (1720).

A Description of the Office of Credit (1665).

A History of Banking in all Nations, vol. IV.

A letter concerning the Bank and the Credit of the Nation (1700).

A letter to a Friend concerning the credit of the Nation, and with
relation to the present Bank of England, as now established by
Act of Parliament. Written y ba Member of the said Corporation
for the publie good of the kingdom (1697).

A letter to the governor of the Bank of England. Against the Purchase of Annuities from the South Sea Company (1721).

Arguments against prolonging Bank of England with proposals for
advancing the Revenue of the Excise (1708).

A second part of a Discourse concerning Banks (sans date, certaine-
nement 1696 ou 1697).

A vindication and advancement of our National Constitution and
Credit.

ADDISSON. — *Spectator*, n⁰ 3.

An Account of the Constitution and Security of the General Bank of
Credit (1710).

An Account of the Private Leage (dans State Tracts 1705).

An Essay for Regulation of the Coin. By A. V. (1695).

An honest scheme for improving the trade and credit of the nation (1727).

ANDERSON. — An Historical and Chronological Deduction of the Origin of Commerce.

BAINES. — History of the cotton Manufacture in Great Britain (1835).

BAGEHOT. — Lombard Street.

Bank of Credit or The Usefulness and Security of the Bank of Credit examined in a dialogue between a Country Gentleman and a London Merchant.

BANNISTER. — The writings of William Paterson. With a biographical notice.

BARING (Sir Francis). — Observations on the Establissement of the Bank of England, and on Paper Circulation.

BARING (Sir Francis). — Observations on the Publication of. W. Boyd Esq. M. P.

BASTABLE. — Public Finance.

BÉRARD (Victor). — L'Angleterre et l'Impérialisme Contemporain.
BŒRE (Giuseppe). — Storia della Conversione alla Chiesa Cattolica di Carlo II, Re d'Inghilterra.   Estratto della Civilta Cattolica.

BOSANQUET. — Practical Observations on the Report of the Bullion Committee.

BOYD (Walter). — A Letter to the Right Honourable W. Pitt on the Influence of the Stoppage of Issues in Specie at the Bank of England.

BRISCŒ (John). — Proposals for supplying their Majesties with money on easy terms, exempting the Nobility, Gentry, etc., from taxes, enlarging their yearly estates and enriching all the subjects of the Kingdom by a National Land Bank.

BROOM. — Constitutional Law.

Bry (Georges). — Histoire industrielle et économique de l'Angleterre.

Bullion Report.

Burnet. — History of my own time.

Burton (John Hill). — History of Scotland.

Carlyle. — Cromwell's Letters and Speeches.

Cary. — An Essay towards the settlement of National Credit.

Canning. — Substance of two Speeches delivered, on the 8th and 13 th of May 1811, on the Report of the Bullion Committee.

Cauwès. — Cours d'Economie politique (3e édition).

Chalmer. — Estimate of the Strength of Great Britain (1810).

Chalmers. — The British Essayists. With prefaces historical and biographical.

Chamberlain. — A Proposal by D' Hugh Chamberlain, in Essex Street, for a Bank of Secure Current-Credit, to be founded upon Land, in order to the general good of landed men, to the increase of the value of Land, and the no less benefit of trade and commerce.

Chambers. — Domestic Annals of Scotland
    —   — History of the Rebellion.

Child (Sir Josiah). — A new Discourse of Trade (1668).

Christie (W. D.). — Life of Shaftesbury.

Clarendon. — History of the Rebellion and Civils Wars in England
    —   — Continuation of Life.

Clarke Papers.

Cobbets. — State Trials, tome XXI.

Collier. — Ecclesiastical History, tome VIII.

Collins. — History and Practice of Banking.

Copernic. — Traité de la Monnaie.

Coq (Paul). — La Monnaie de Banque.

Corporation Credit or a Bank of Credit made currant by common consent in London, more useful ande safe than money (1682).

Cotton (sir Robert). — A speech touching the alteration of Coin.

Cox. — Memoirs of Walpole.

Cradocke (Francis). — An expedient for taking away all impositions and for raising a revenue without taxes by creating Banks, for the encouragement of Trade.

Cunningham. — The Growth of English Industry and Commerce (vol. 1 *Early and Milddle Age*, vol. 11 *Modern Times*).

Dalrymphe. — Memoirs of Great Britain and Ireland.

Davenant. — Works.
     —   — Discourses on the public Revenues and Trade of England.
     —   — On Ways and Means.

Defoe (Daniel). — Essay on projects.
     —   — History of the Union.

Disraeli. — Usurers of the Seventeeth Century (dans Curiosities of Litterature).

Dowell. — History of Taxation and Taxes in England.

Dudley. — Metallum Martis.

Dumoulin. — Tractatus contractarum et usurarum.

Dupont de Nemours. — Rapport sur la Banque de France et les causes de la crise qu'elle a éprouvée (1806).

England's Glory, or the great improvement of trade by a Royal Bank By H. M. (June 23, 1694).

England's Interest or the great benefit to the trade by the Banks or Offices of Credit in London as it hath been considered and agreed upon by a committee of Aldermen and Commons appoin ted by the Righ Honourable the Lord Mayor. (1682).

England's Wants (1667).

English Early Economie History.

ERNOUF. — Maret, Duc de Bassano.

EVELYN. — Diary.

FAIRBAIN. — Iron Manufacture.

FENN. — English and Foreign funds.

FLEETWOOD. — Sermon prêché en décembre 1694 devant le Lord
Maire et les Aldermen réunis.

— « Chronicon Pretiosum » or an account of English Gold and
Silver Money.

FOLKES (Martin). — A table of Silver Coins.

FOX (Charles-James). — Speeches (6 volumes edit. 1815).

FRANCIS. — History of the Bank of England.

FRENCH. — Life and Times of Compton.

FROUDE. — History of England.

GARDINER. — History of England.

— History of the Commonwealth and Protectorat.

GERBIER (Balthazar). — Some Considerations on the two great staple
commodities of England, and on certains establishments wherein
the Publike good is very much concerned. Humbly presented to
the Parliament.

GIBBART. Works. — Currency and Banking.
— History, Principles and Practice of Banking (edit. 1883
revue par A. S. MICHIE).

GIBBINS (de). — Industrial History of England.

GIDE. — Principes d'Economie politique.

GLADSTONE. — Discours du 8 mai 1854.

GLASSON. — Histoire du Droit et des Institutions d'Angleterre.

GODFREY. — A short account of the Bank of England.

GOODWIN. — History of the Commonwealth.

GRELLIER. — Terms of all the public loans. With an appendix by
R. W. WADE.

Grenville (Lord). — Essay on the supposed advantages of a Sinking Fund.

Guizot. — Histoire de la République d'Angleterre.

Hamilton. — Inquiry concerning the Rise and Progress, the Redemption, and the Management of the National Debt.

Harrison (Frederic). — Oliver Cromwell.

Haussonville (Comte d'). — La Duchesse de Bourgogne et l'Alliance Savoyarde sous Louis XIV.

Hawkins (Edward). — The silver coins of England.

Historical Review (July 1896).

Is not the hand of Joab in all this? or an Enquiry into the grounds of a late pamphlet entitled « the Mystery of the new fashioned Goldsmiths » (1676).

Jacques II. — Life of king James II.

Jessop. — Lives of Norths.

Jonstone (William). — England as it is.

Joplin. — Supplementary observations to the third edition of an Essay on Banking (1823).

Jucker (Dr J.). — A letter to a friend concerning naturalizations.

Justice (Alexander). — General Treatise on Moneys and Exchanges.

Kenett (White). — Wisdom of Looking Backward.

King (Lord). — Thoughts on the Restriction of Payments in Specie at the Banks of England and Ireland.

Kulpraper (Sir Thomas). — Tract against usury.

Laing. — History of Scotland.

Lamb (Samuel). — Seasonables observations humbly offered to his highness the Lord Protector.

Lang (Andrew). — Prince Charles-Edward.

Lassalle (J. H.). — Des Finances de l'Angleterre (1803).

Law. — Mémoire sur les Banques.

LAWSON. — History of Banking.

LEAKE. — An Historical Account of the English money.

LECKY. — History of England in the Eighteenth Century.

LETI. — Storia e Vita di Ol. Cromwell.

LEWIS (D^r). — A large model of a Bank (1678).

LINGARD. — History of England.

LISOLA (Baron de). — Bouclier d'Etat et de Justice contre le dessein manifestement découvert de la Monarchie Universelle (1667).

LIVERPOOL (Lord). — A Draft on an intended report on the state o Coinage.

LOCKE. — On the lowering of interest and raising the value of money.
— Of raising the value of our coin.
— On the coining of Silver Money.
— Further Considerations concerning raising the value o money.

London Journal (11 Juin et 19 Novembre 1720).

LOUIS XIV. — Œuvres de Louis XIV, tome IIIe.

LOWNDES. (William). — A Report containing an Essay for the amendment of the silver coins.

LUTTREL. — A Brief Relation of State affairs (edit. 6 volumes).

MACAULAY. — Essays.
— History of England.

MACHIAVELLI. — Storie Fiorentine (livre VIII v. tome IV, Traduction Giraudet).

MAC'CULLOCH. — A Collection of Scarce Tracts on Money (avec notice) :
— — A Collection of Tracts on the National Debt (avec notice),
— Account of the British Empire

—   Essay on Manufactures (dans Treatises of Economical
             Policy).
—   The Principles of Political Economy.

MACKAY. — Popular Delusions.

MACLEOD. — Theory and Practice of Banking.
—   Dictionnary of Political Economy.

MACPHERSON. — Annals of Commerce.

MAHON (Lord). History of England (XVIIIe siècle).

MAITLAND. — History of London.

MARNIÈRE. (J. H.). Essai sur le Crédit Commercial (1801).
—   Considérations sur la facilité d'établir à Paris une
             Banque égale à celle de Londres (1802).

MARSHALL. — History of Washington.

MARTIN (Henry). — Histoire de France (tome XVIIIe).

MAZURE. — Histoire de la Révolution d'Angleterre.

Memorie sopra l'antico debito publico mutui, compere, e banche di
San Giorgio in Genova.

MENTET DE SALMONET. — Histoire des Troubles d'Angleterre.

METEYARD. — Life of Wedgood.

MIGNET. — Histoire des Négociations relatives à la succession d'Espagne.

MORLEY (John). — Oliver Cromwell.
—   — Walpole.

MOTLEY. — Dutch Republic.

MURRAY (H.). — Proposal for advancement of Trade.

NEWENHAM. — View of the Ressources of Ireland (1809).

NEWMARCH (William). — On the Loans raised by M. Pitt during the
             first French War.
—   — The recent financial panic (1866).

NOEL (Octave). - Les Banques d'Emission en Europe.

Norman (Geo Warde). — Remarks on some prevalent errors with respect to currency and banking.

North (Roger). — Life of Dudley North.

Observations upon the constitution of the Company of the Bank of England with a narrative of their late proceedings.

Overstone (Lord). — Tracts and other publications on Metallic and Paper Currency.
> — Reflections suggested by a perusal of. M. Palmer's pamphlet.
> — Remarks on the condition of issues of the Bank of England and the country Banks during 1839-1840.
> — Thoughts on separation of Departments of the Bank of England.

Pagan. — The Birthplace and Parentage of W. Paterson.

Paine (Tom).— The decline and fall of the English System of Finance.

Palmer (J. H.). — The causes and consequences of the pressure on the Money Market.

Parlementary History.

Parlementary Debates (à partir de 1803).

Paterson (William). — A brief account of the Intended Bank of England.
> — Memorial to George I.
> — An Enquiry by the Wednesday's Club in Friday Club.

Pepys. — Diary.

Petty (William). — Quantuluncunque.

Philips. — History of Inland Navigation.

Pope. — Epistle to Allen Lord Bathurst.

Postlethwayt. — History of the English Revenue

Proposals for restoring credit, for making the Bank of England more useful and profitable, and for relieving the sufferers of the South Sea Company (1721).

Reasons for Encouraging the Bank of England (1708).

Reasons offered against the continuation of the Bank. In a letter to a Member of Parliament (1707).

Remarks on the Bank of England, with regard more especially to trade and Government (1706).

Remarks on the proceedings of the Commissionners for putting in execution an Act passed last session Establishing a Land Bank (1696).

REYNAL (V. C.). — The true English Interest.

RICARDO. — The High price of Bullion a Proof of the depreciation of money.

    —   A reply to M. Bosanquet's Practical Observations.

    —   Essay on the Funding System.

RICKARDS. — The financial Policy of war.

ROBINSON (H.). — England's Safety in trade increased.

ROGERS (Thorold). — The first nine years of the Bank of England.

ROSEBERY (Lord). — Pitt.

ROUSSET (Camille). — Histoire de Louvois.

RUDING. — Annals of the Coinage of Great Britain.

SCOBELL. — A Collection of Acts and Ordinances of general use 1640-1656.

SEELEY. — The Growth of British Policy.

Several Objections sometimes made against the office of Credit fully answered (d'après Stephens 1682).

SINCLAIR (Sir John). — Letters written to the Governor and Directors of the Bank of England in September 1796.

SMILE. — Life of Engineers (v. les vies de Bridley et de Watt).

Smith (Adam). — Wealth of Nations.

Smith (John). — England's improvement revived.

Smollett. — History of England.

Some account of the Transactions of Mr. W. Paterson in relation with the Orphans' Fund (1695).

Some calculations relating to proposals made by the South Sea Company and the Bank of England to the House of Commons (1720).

Some Thoughts in the Interest of England.

Stanhope (Lord). — Life of Pitt.
      —   History of Queen Anne's Reign.

Stephens. — A Contribution to the Bibliography of the Bank of England.

Stewart (Sir J.). — Enquiry into the Principles of Political Economy.

Stowe. — A Survey of the cities of London and Westminster.

Swift. — Works. The South Sea project.

Taine. — Histoire de la Littérature Anglaise.
      —   Les Origines de la France contemporaine.

The arguments and reasons for and against engrafting upon the Bank of England with taillies, as they have been debated at a late general court of the said Bank (sans date, mais certainement début 1697).

The Bank of England and their present method of paying defended (1697 écrit en 1696).

The case of the Bank Contract (1735).

The History of the Bank of England from the establishment of that institution to the present day (1797).

The Life and adventures of the Old Lady of Threadneedle Street (1832).

The Mystery of the New Fashioned Goldsmiths or Bankers Discovered (1676).

The Statutes at large.

THIERS. — Histoire de Law.

THORNTON. — An Enquiry into the nature and effects of the paper credit of England.

THURLOE — Thurloe's Papers.

TINDAL. — History of England.

TOOKE. — History of Prices.

TORRENS. — A letter to the Right Honourable Viscount Melbourne on the causes of the recent Derangement of the Money Market.

TRAILL. — Social England.

TURNOR (Th.). — The case of the Bankers and their creditors, more fully stated and examined.

VAN RANKE (Leopold). — History of England principally in the seventeeth Century (Vol. VIᵉ).

VIOLET (V. J.). — Petition against the Jews.

VOLTAIRE. — Histoire de Charles XII.

WALPOLE (Horace). — Letters to Sir Horace Mann.

RICE WAUGHAN. — A Discourse of Coin and of Coinage.

WATSON (Robert). — Life of Lord George Gordon, with a philoso-phical review of his political conduct.

WILFREDO-PARETO. — Cours d'Économie Politique professé à la Faculté de Lausanne.

WILLIAMS (Basile). The Foreign Policy of England under Walpole (dans The English Historical Review 1901).

WOLF. — Resettlement of the Jews in England.
   —   Crypto-Jews under the Commonwealth.

WOLOWSKI. — La Banque d'Angleterre et les Banques d'Écosse.

YOUNG (Arthur). — Political Arithmetic.

ESSAI SUR LA FONDATION

ET

L'HISTOIRE DE LA BANQUE D'ANGLETERRE

(1694-1844)

INTRODUCTION

« Les Banques, dans le sens moderne du mot, dit
M. Macleod (1), n'existaient pas en Angleterre avant
l'année 1640 ».

Cette situation aurait pu se prolonger assez longtemps, car les marchands, ayant pris l'habitude de
déposer leurs lingots et leurs espèces à la Tour, le
besoin de simples banques de dépôts se faisait lui-
même moins sentir. Mais un incident des luttes
intestines prochaines hâta l'apparition des banquiers
et des banques.

Pour mieux faire comprendre cet incident, il convient de rappeler en deux mots la situation politique.
Charles Ier, alors roi d'Angleterre, était monté sur le

(1) V. Macleod, *Theory and Practice of Banking*, t. 1, p. 443.

trône non seulement avec les idées politiques de son père, mais aussi avec le ferme dessein de les appliquer. Pour appliquer ces idées, dont les principales étaient celles du droit divin, et partant d'un pouvoir absolu, il fallait une armée permanente. Pour maintenir cette armée, il fallait de l'argent. Cet argent, le roi était décidé à l'avoir et les Communes à ne pas l'accorder. La situation était sans issue. Charles ne tarda pas à le comprendre. Après avoir dissous deux Parlements et convoqué un troisième, il résolut de dissoudre celui-ci, à n'en pas convoquer un nouveau, et à faire en Angleterre ce que son beau-frère faisait en France, à établir un pouvoir absolu. Ce point de vue, étant donné l'état de choses au milieu du xviie siècle, pouvait se défendre. Charles-Quint n'avait pas agi autrement en Espagne; le même système triomphait en France; c'est grâce à lui aussi que Cromwell allait bientôt faire de l'Angleterre un État puissant et respecté. Le roi fut en outre particulièrement heureux dans le choix qu'il fit de son premier lieutenant. Wentworth, mieux connu sous le nom de comte de Strafford, était certainement alors l'homme le plus capable du royaume. Par la force et la fermeté de ses desseins, par son courage personnel, par ses qualités multiples, il m'apparaît comme le seul homme de son temps qui pût rivaliser avec Richelieu.

Ainsi les défenseurs de Charles Ier peuvent expliquer son idée suprême et louer le choix de son favori,

mais les éloges doivent s'arrêter là. Non seulement il
ne s'en remit pas à Strafford du soin de gouverner en
son nom, mais il voulut, et c'est là la cause principale
de sa ruine, donner à l'Eglise anglicane un pouvoir
indiscuté, établir dans ses royaumes une espèce de
papauté. L'idée n'était pas bonne, le choix de son
lieutenant ecclésiastique fut déplorable. William
Laud, archevêque de Canterbury, prélat obtus et into-
lérant, était un des hommes les plus impopulaires
de son temps.

Bien des fautes furent commises encore. Cependant, grâce surtout aux talents de Strafford, l'Angleterre vécut 11 ans sous un pouvoir absolu. Le grand
problème de ces onzes années fut de se procurer de
l'argent. Ce problème n'était pas aisé à résoudre.
Comme, le dit M. Cunningham (1), Charles était plus
cruellement pressé que son père, et ses besoins réclamaient beaucoup d'adresse et d'invention. Pendant
les premières années de son règne, encore que les
Communes tinssent serrés les cordons de la bourse,
et n'accordassent plus à Charles des concessions sur
la base de dîmes et quinzièmes, forme de taxation
dès lors disparue, elles lui accordaient tout au moins
de nombreux subsides selon une coutume qui datait
des Tudors. Cette source de revenus allait se tarir

____

(1) The Growth of English Industry and Commerce (Modern Times),
p. 217.

d'elle-même sous le régime du pouvoir absolu. Et cependant les dépenses, loin de subir une diminution correspondante, allaient s'accroissant par la nécessité d'une armée permanente, qui seule pouvait consolider l'édifice laborieusement échafaudé de la monarchie absolue.

On recourut à l'art et à l'invention, c'est-à-dire aux expédients. Un des divers moyens par lesquels on se procura quelque argent fut celui des concessions de monopoles, accordés sous le prétexte de développer l'industrie nationale, et sur lesquels on prélevait des impôts pour compenser la Couronne des pertes que les douanes auraient subies (1). Mais l'expédient qui procura le plus d'argent et qui eut les conséquences les plus funestes, fut la levée illégale d'un impôt destiné à des cas exceptionnels, et connu dans l'histoire des impôts anglais sous le nom de Ship-Money.

Du Ship-Money. — Voici en quoi consistait cet impôt. Les comtés maritimes anglais étaient tenus, en cas de guerre maritime, à fournir un certain nombre de navires pour la défense des côtes. A la place de ces navires, on avait quelquefois accepté des prestations en argent. Le garde des sceaux Finch s'avisa qu'on pouvait lever cet impôt en temps de paix : c'est ce qu'on fit par simple décret (2), sous le prétexte des

---

(1) Ceci se passa surtout pour les salines.

(2) V. pour l'assiette de cet impôt. Davenant, *Ways and Means Works*, Vol. 1., p. 37.

dangers que les pirates faisaient courir aux vaisseaux anglais qu'ils capturaient jusque dans le Canal, et qu'il était nécessaire de pourvoir « à la défense du royaume et à la sauvegarde de la mer ». Cet impôt donna 100,000 livres la première année. Mis en appétit, le gouvernement en leva 200,000 l'année suivante, en frappant toutes les villes, maritimes ou non, sans distinction aucune (1). On levait ainsi par tout le royaume et en temps ordinaire un impôt n'existant qu'en temps extraordinaire et ne devant être supporté que par un nombre de citoyens déterminé.

C'en était trop, et cette double illégalité fit déborder la coupe ; une vive agitation se produisit. Un gentilhomme dont le nom allait devenir célèbre, John Hampden, prit sur lui de discuter la légalité de cet impôt. La Chambre de l'Échiquier le condamna à une très faible majorité il est vrai. Ce jugement ne fit qu'augmenter l'irritation publique, car chacun voyait avec Strafford que si on pouvait légalement lever sans autorisation des impôts destinés à la flotte, il n'y avait point de raison pour que la levée, dans des conditions analogues, d'impôts destinés à l'armée, ne fût légale également.

Ce fut ce moment que Charles choisit pour se mettre une nouvelle affaire sur les bras, en provoquant une crise religieuse en Ecosse. Cette crise

____

(1) V. Dowell. *Taxation.* t. I., p. 234, 263.

religieuse dans les détails de laquelle nous n'entrerons
pas (1), aboutit à une guerre civile, et l'entretien d'une
armée eut bientôt fait d'épuiser les coffres mal garnis
de l'échiquier royal (2). L'armée écossaise ne connaissait pas ces soucis, étant maintenue par des sub-
ventions de son gouvernement national et surtout
par les confiscations des biens des adversaires. Charles n'avait aucun de ces moyens ; il continua à recourir aux expédients. Il ne fut que trop heureux de
trouver un prétexte pour convoquer le Parlement dans
une lettre interceptée contenant selon lui des preuves
d'intelligence entre le roi de France et les Ecossais (3).
La lettre en question avait été bel et bien écrite. Et
en cela les adversaires du roi n'avaient fait que suivre
la politique traditionelle de l'Ecosse, qui était de
recourir à la France en cas de conflit avec l'Angleterre (4). Il semble cependant que cette lettre n'a
jamais été expédiée. C'est sur l'indignation causée

(1) V. sur la crise en Ecosse: Clarendon, *History of the Rebellion and
civils Wars in England*, Livre 11., vol. I., p. 137-218 de l'édition en
six volumes par Macray, et John Hill Burton, *History of Scotland*, vol.
6. chap. 68-72.

(2) Elle lui avait coûté 300,000 livres.

(3) On trouvera cette lettre adressée, mais non envoyée par les Ecossais au roi de France, dans Mazure, *Histoire de la Révolution d'Angleterre*, t. II. p. 405.

(4) La réciproque était également vraie. V. dans Shakespeare (*King
Henry V*, acte I, scène II), le commentaire d'un vieux proverbe :

     If that you will France win
     Then with Scotland first begin.

par cette lettre que Charles comptait pour avoir un Parlement docile et peu parcimonieux.

Le Parlement se réunit au début du printemps de l'année 1640. La nouvelle assemblée était, au témoignage d'un écrivain fameux, plus modérée et plus respectueuse des droits de la Couronne qu'aucune des assemblées antérieures depuis la mort d'Elisabeth. Cependant elle ne l'était pas encore assez au gré du roi ; à peine se rendit-il compte que la Chambre n'avait pas complètement oublié les droits et les souffrances du peuple, qu'il se hâta de la dissoudre, sans lui donner le temps de voter un seul *act*. Le Parlement fut en effet dissous trois mois après sa convocation.

Les besoins d'argent n'en étaient pas moins pressants. L'impôt ne pouvant suffire à maintenir une armée et à repousser une invasion imminente, on songea à un emprunt. Pour l'obtention de celui-ci le gouvernement s'adressa au roi d'Espagne, au Pape, à la Cité de Londres. Le Roi d'Espagne refusa les 400,000 livres demandées. Le Pape n'était prêt à accorder à Charles une aide efficace qu'en cas de conversion au catholicisme. La Cité, définitivement hostile au roi, était décidée à ne rien faire pour le secourir (1).

______

(1) Pourtant au moment de la convocation du Parlement, la cité consentit un petit prêt, qui ne fut d'ailleurs payé que par versements.

Le roi fut plus heureux auprès des particuliers.
Des personnes occupant des situations officielles consentirent des emprunts dont le total atteignit 60,000
livres ; les catholiques et l'administration des domaines avancèrent des sommes importantes. Mais ce qui
était considérable pour des particuliers n'était rien
pour un gouvernement aux abois.

Aussi la détente ne fut que de courte durée. Il fallait inventer de nouveaux moyens pour trouver de
l'argent (1).

Le premier moyen proposé n'était pas précisément
neuf ; jadis il avait été d'un usage courant ; c'était tout
simplement l'altération des monnaies. Il s'agissait de
frapper pour 300,000 livres de shillings, contenant
3 pence d'argent pièce, avec la devise *Exsurgat Deus,
dissipentur inimici* (2).

Ce projet souleva une grande indignation. Il ren-
contra une opposition très chaleureuse de la part de
Sir Thomas Rowe, dont les nobles paroles auraient
pu d'après Macleod être encore étudiées presque
deux siècles plus tard (3). Malgré ces nobles paroles,

(1) V. Gardiner, *History of England*, tome 9, p. 169.
(2) Ces nouveaux shillings étaient réservés aux civils, les soldats, sur
les conseils de Strafford, devant toujours être payés en bonne monnaie.
(3) Macleod fait probablement allusion à un discours très remarquable
(*A speech touching the alteration of Coin*) publié en 1641 et attribué
à Sir Thomas Rowe. Le même fut republié en 1651 dans Cottoni Posthu-
ma comme ayant été prononcé par Sir Robert Cotton devant le Conseil
privé. Ruding (*Annals of the coinage of Great Britain*, tome I, p.
382) penche vers cette dernière version, car ce discours plein d'éloquence

la Monnaie reçut l'ordre de frapper les nouvelles monnaies et l'attorney général prépara une proclamation en ce sens. Cependant le roi qui avait déclaré ces altérations inévitables, envoya Cottington et Vane à la Cité, déclarant que si les marchands consentaient à l'emprunt si longtemps demandé de 200,000 livres, on ne parlerait plus de l'altération des monnaies. Le Common-Conseil, réuni pour la circonstance, répondit qu'il n'avait pas les pouvoirs de disposer de l'argent des citoyens. De nouveaux ordres furent donnés à la Monnaie. A cette nouvelle, le prix de toutes choses augmenta de 10 °/₀, et Charles recula, ayant, dit M. Gardiner (1), recueilli toute l'impopularité de cette mesure, sans les quelques avantages immédiats qu'elle pouvait aussi conférer.

Le roi, à bout de ressources, sentant tout crouler autour de lui, saisit 130,000 livres en lingots, déposées à la Tour par les marchands de la Cité. Ces lingots venaient en fait d'Espagne, et devaient être transportés à Dunkerque, alors port espagnol.

On se figure aisément la consternation des marchands. Cette saisie, outre la perte immédiate, ruinait

ne se ressent pas de l'anxiété qui devait régner en 1640, ni de l'énormité de l'altération. En 1626, il s'agissait simplement de hausser la valeur nominale de la livre d'argent de 62 shillings à 70, et non d'ajouter des quantités considérables d'alliage.

(1) p. 174.

le commerce métallique, alors florissant à Londres.

Ils se réunirent immédiatement et rédigèrent une vigoureuse protestation qu'ils remirent à Strafford. Celui-ci leur répondit que cette mesure n'avait été prise que par suite de leur refus de prêter au roi. Finalement, après une discussion qui dura une journée entière, Charles se décida à rendre les sommes saisies contre un emprunt de 40,000 livres, avec garantie pour le remboursement du capital et des intérêts sur les recettes des douanes.

Pour juger sainement les étranges procédés de notre monarque, il faut se rappeler la position dans laquelle il se trouvait. On l'a merveilleusement résumée en disant que « l'ennemi était orgueilleux et insolent, l'armée corrompue et découragée, le pays prêt à se révolter ; la cour réunissait toutes ces qualités ». Les actes du roi ne s'expliquent que par la situation où il était tombé. Pareil à un noyé qui se raccroche à la première branche venue, sans s'occuper de sa solidité, Charles se livrait à une série d'actes plus insensés et plus infructueux les uns que les autres. Ce qui confirme ce point de vue, c'est que dans le cas de la saisie des lingots comme dans le cas précédent de l'altération des monnaies, Charles n'a pas même osé aller jusqu'au bout, et le déshonneur est tout ce qu'il a tiré de son action. Cette saisie était cependant un acte particulièrement grave, n'ayant pas même l'excuse d'un précédent. Comme le dit

M. Francis (1): « Si la politique à courte vue des premiers rois anglais avait dépouillé les Juifs et les Lombards, du moins épargnait-elle ses propres sujets. Il était réservé à l'aimable Stuart de souiller sa brillante mémoire en les dépouillant. » Il est vrai qu'en fait de sujets, l'aimable Stuart, comme l'appelle M. Francis dans son style imagé, n'en avait pas de moins fidèles ni de moins dévoués que nos marchands de la cité lesquels, avec raison d'ailleurs, l'accueillaient mal, se refusaient à lui prêter de l'argent, mettaient peu d'empressement à payer les impôts (2), et allaient être dans la lutte prochaine le plus ferme soutien de ses ennemis.

Au surplus l'appréciation de la saisie des lingots n'est pas de notre ressort. Cette saisie ne nous touche que par ses conséquences, mais, à ce point de vue, cet acte est pour nous d'un intérêt capital. Il aboutit au résultat double et, semble-t-il, contradictoire :

1° De donner naissance aux opérations de banque.

2° De retarder l'éclosion d'une banque nationale.

Disons d'abord seulement quelques mots de ce second point, quitte à y revenir plus tard. Cette saisie produisit un tel effet sur le pays, que, pendant longtemps, le public ne put concevoir un établisse-

____

(1) V. *History of the Bank of England*, p. 21.

(2) Du moins c'est ce que prétendait le roi, qui n'hésita pas à poursuivre le lord Mayor et les Sheriffs, pour la négligence qu'ils apportaient à percevoir les impôts de *coat and conduct*. V. Gardiner *loc. cit.*

ment officiel de banque, vu la difficulté qu'il y aurait
à mettre les capitaux métalliques de celui-ci à l'abri
d'un coup de main royal. Les procédés de Charles II
ne furent pas pour calmer ces appréhensions.

Il importe d'insister davantage sur la première conséquence, à savoir la naissance des opérations de
banque. Par là, l'acte pratique du Roi eut des résultats tellement considérables que nous n'avons pas
hésité à prendre la question dès son origine, *ab ovo*.
Et ainsi s'explique le début de cette thèse, début qui
ne semblait avoir avec le sujet que des rapports lointains.

Voici au surplus l'historique du développement des
opérations de banque.

*Naissance et développement des opérations de
Banque*. — Après une pareille aventure, les commerçants ne pouvaient songer à confier leur argent
à la Tour. Ils furent donc réduits à le garder chez
eux, sous la garde de leurs serviteurs et commis. Mais
la guerre civile éclata, un esprit belliqueux enflammait
tous les esprits, y compris ceux des caissiers, qui
allaient rejoindre l'une ou l'autre des armées belligé-
rantes, en emportant la caisse de leurs patrons. C'était
jouer de malheur, d'autant plus que les caissiers plus
pacifiques n'étaient pas plus scrupuleux, et prêtaient
clandestinement aux orfèvres les sommes à eux confiées, à raison de quatre pence ou deniers (1) par jour.

____

(1) Nous nous servirons de préférence pour les monnaies de termes

Les orfèvres inspiraient généralement confiance. Aussi les marchands se rendirent bientôt compte qu'il y aurait pour eux tout profit et toute sécurité à déposer directement leurs capitaux chez les orfèvres, leurs commis ne les ayant pas mieux traités que les rois.

L'exemple des commerçants fut bientôt suivie par les gentilhommes de province. Ces *country gentlemen,* voyant leurs châteaux exposés à tous les risques de la guerre civile, étaient trop heureux de confier leurs revenus aux orfèvres, même sans intérêt aucun.

Si bien que très rapidement et à très peu de frais, les orfèvres se trouvèrent à la tête de sommes considérables. Un champ nouveau d'opérations s'offrait à eux, et ils entrevirent les opérations de banque modernes.

Opérations des orfèvres (2). — Ces opérations étaient diverses, mais toutes éminemment lucratives sinon scrupuleusement correctes.

A. — Tout d'abord, à côté de leur ancien commerce d'orfèvrerie, que beaucoup n'abandonnèrent pas de

anglais. Ainsi notamment toutes les fois que nous parlons de livres il est entendu que nous parlons de livres sterling. En Italien on évite toute confusion, en désignant les livres anglaises du nom de *Sterline.* Un usage analogue n'a malheureusement point prévalu en France.

(2) V. sur ces opérations un pamphlet bien précieux, bien qu'il soit fort court (il ne compte que 8 pages) « *The Mystery of the New Fashioned Goldsmiths or Bankers discovered* » (1676). Ce pamphlet, dirigé contre les orfèvres, donne une analyse fort intéressante de leurs opérations.

V. aussi Macpherson, *Annals of Commerce,* t. II., p. 427 etc., et différents autres ouvrages que nous citons au cours de cette étude.

sitôt (1), ils s'étaient assez vite, grâce à leur connaissance en matière de monnaies, adonnés au commerce essentiellement lucratif du change des monnaies (2). Charles 1er qui n'était pas homme à perdre une occasion de gagner quelque argent, les en avait, il est vrai, privés, en s'en adjugeant le monopole, et en ressuscitant la charge de changeur Royal (3). Mais cette charge disparut avec le Roi, et pendant toute la révolution, les orfèvres reprirent les opérations de change, d'autant plus lucratives que les monnaies frappées en ces temps de troubles étaient d'un poids très inégal. Elles différaient parfois de 3 pence par once. Et nombre de ces pièces étaient plus lourdes que les pièces étrangères de même valeur. Les orfèvres firent ce qu'on fait toujours en pareille occurrence. Ils mirent de côté toutes les bonnes pièces, et les destinèrent à l'exportation. Si l'on considère qu'à en croire l'auteur d'un pamphlet fort précieux, le Parlement fit frapper pour sept mil-

(1) Maitland déclare qu'encore de son temps, on trouvait beaucoup de banquiers importants joignant à leur maison de banque une boutique d'orfèvre. The *History of London* de Maitland parut en 1739.

(2) Copernic dans son *Traité de la monnaie* prétendait que l'état des monnaies, qui était de son temps déplorable ne servait qu'à faire gagner de l'argent aux orfèvres. V. Deschamps, *Cours de doctrines économiques*, 1897-98.

(3) Cet office était très ancien, son possesseur devait acheter les lingots pour de l'or, changer les pièces d'un métal contre celles d'un autre et les monnaies anglaises et étrangères. Il paraît que cela gênait beaucoup le commerce et c'est pourquoi Henri VIII abrogea cet office en 1539 sur l'avis de Sir Thomas Gresham. Charles 1er le ressuscita en 1627 sous prétexte d'éviter les altérations scandaleuses des monnaies, et le concéda pour 21 ans au comte de Holland. (Ruding. *op. cit.* p. 383-385)

lions de demi-couronnes, on découvrira aisément quels ont pu être les bénéfices résultant seulement de ce chef. Ce n'était pas d'ailleurs là l'unique profit que les orfèvres retiraient de leurs connaissances en métaux ; on les accusait fort explicitement et de toute part d'altérer les monnaies. Il se pourrait que ces accusations ne fussent pas sans fondements. « Si, dit l'un des fondateurs de la Banque d'Angleterre (1), les sommes énormes de monnaie confiées aux orfèvres avaient été déposées à la Banque il y a 4 ou 5 ans, on aurait prévenu les scandaleuses altérations de monnaie, qui, un jour ou l'autre, coûteront à la nation de un demi million à 2 millions (de livres) sous forme de réparation ».— Et les fondateurs de la Banque d'Angleterre n'étaient pas les seuls à médire. Voici ce que dit l'un de leurs adversaires (2) : « En ce qui concerne les orfèvres, nul n'en attend quelque amendement, et la seule chose qui pourrait les rendre honnêtes serait la perspective d'un recors ».

Mais quels qu'aient été les gains que les orfèvres tirèrent de leur métier de changeur, c'est à la suite d'autres opérations qu'ils firent des bénéfices plus considérables encore, et qu'ils inaugurèrent en Angleterre les opérations de Banque.

B. — Nous avons vu comment, grâce aux incertitudes

---

(1) Godfrey, *A short Account of the Bank of England.*

(2) *Remarks on the proceedings of the Commissionners for putting into execution an Act passed last session for Establishing a Land Bank.*

de la guerre et aux infidélités de certains caissiers, des capitaux considérables s'étaient accumulés entre les mains des orfèvres. Ces capitaux, qu'ils se procuraient à un taux minime ou même gratuitement, ils les employèrent à l'escompte des billets et à des prêts à taux élevés. Comme ces opérations étaient fort profitables, les orfèvres s'efforcèrent d'attirer à eux tout l'argent disponible, en accordant aux déposants un bon intérêt, et en leur permettant de retirer leurs dépôts quand bon leur semblerait. Le succès dépassa toute prévision et au bout de quelques années tous les citoyens prirent l'habitude de déposer leurs économies chez les orfèvres (1).

Contre ces dépôts ils délivraient des reçus, qui connus sous le nom de *Goldsmiths'notes* billets d'orfèvres, circulèrent bientôt de main en main, mieux que de l'argent comptant à quoi ils suppléeront souvent. Ces billets reçurent très rapidement une consécration officielle, le *Long Parliament* ayant accepté les billets de l'orfèvre Hall pour le paiement des *Bishops Lands* (2). Et cette vogue ne fut pas passagère, car

(1) Sir Dudley North, retournant en 1680 à Londres après plusieurs années d'absence, fut très étonné de voir tout le monde déposer son argent chez les orfèvres. Il ne put se faire à ces nouvelles pratiques, d'autant plus que la seule fois où il eut le malheur de confier 50 ls. à un banquier il tomba sur un banqueroutier V. la vie de Dudley North par son frère Roger dans *The Lives of Norths* (edited by A. Iessop. 1890) t. II, p. 174.

(2) V. Scobell, *A Collection of Acts and Ordinances of General Use* 1640-1656 (Tome II, p. 86).

encore en 1696, pendant la crise que suscita la refonte des monnaies (1), Davenant (2) nous apprend qu'à défaut de numéraire les transactions étaient effectuées par des tailles, billets de banque *et notes d'orfèvres* (3).

Les billets d'orfèvres doivent donc être considérés comme la première espèce de billets de banque émis en Angleterre.

On ne s'étonnera pas, à la tête d'opérations aussi avantageuses, de voir les orfèvres prospérer avec une rapidité prodigieuse. Cinq ou six d'entre eux, dit Clarendon, acquirent une telle réputation sur la place de Londres (4), qu'on aurait pu leur confier toute la

(1) V. plus bas le chapitre V[e].

(2) *Discourses on the public revenues and Trade of England*, t. II, p. 161.

(3) « All great dealings were transacted by tallies, bank bills and Goldsmiths' notes. »

(4) Au premier rang des orfèvres brillait un homme qui a laissé un nom dans l'économie politique, sir Francis Child. Dans un chapitre assez intéressant, le seul qui offre quelque intérêt de son « *History and Progress of Banking* » M. Collins nous donne quelques détails sur chacun des Banquiers primitifs de Londres (V. chap. IV, p, 39-59. *The Early London Bankers*). Il nous donne, entre autres choses, une liste des personnages ayant des dépôts chez sir Fr. Child. Dans le nombre figurent Cromwell, Nell-Gwyne, Churchill, depuis duc de Malborough, Guillaume III etc. (V. p. 49 et 50). La maison existe encore.

On trouvera aussi quelques anecdotes amusantes dans un article de Disraeli, *Usurers of the Seventeeth Century* (V. *Curiosities of Litterature*, p. 228-233). Ceci est joliment conté, et sans prétention scientifique aucune, comme d'ailleurs toutes les historiettes innombrables et diverses, contenues dans le même volume.

monnaie du royaume. *Et les premiers ils furent appelés banquiers* (1).

Cette prospérité prodigieuse n'alla pas sans faire
des jaloux. Et les nouveaux banquiers prêtèrent par
leur conduite à des attaques multipliées. On les accusait non seulement du crime d'altération (2), mais
aussi d'une série d'autres méfaits ; surtout à partir du
moment où ils se mirent à prêter au gouvernement.
On trouvera ces attaques non seulement dans le
Mystery of the new Fashioned Goldsmiths mais
en général dans toutes les brochures économiques de
l'époque.

On les accusait d'abord de prêter de l'argent à des
taux exorbitants et alors que le taux légal était de
six pour cent, ils en demandaient 33 et quelquefois
davantage (3).

On les accusait encore du peu de sécurité qu'ils
offraient aux déposants. D'après Godfrey, 2 ou 3 millions (4) auraient été perdus grâce aux faillites des
orfèvres et aux fuites de leurs commis.

Les orfèvres enfin recherchant moins les place-

(1) V. Macleod. *op. cit.* p. 367.
(2) V. *supra*, p. 11.
(3) V. *Bank of Credit : or the usefulness and security of the Bank of
credit examined in a dialogue betwen a country Gentleman and a
London merchant*, p. 18. On trouvera plus loin une analyse de cette
brochure.
(4) On ne sait si Godfrey comprend dans cette somme l'argent appartenant aux orfèvres et saisi par Charles II.

ments sûrs que les placements avantageux prêtaient
à des gens de peu de consistance. Du moins c'est
ce qu'affirme le Dr Lewis. Parlant de la Banque de
Venise, cet auteur nous apprend (1) « que l'origine
de celle-ci vient de la malhonnêteté des banquiers. Les
banquiers de Venise firent exactement ce que font nos
banquiers ici, ils recevaient l'argent des particuliers
et s'efforçaient d'en tirer le meilleur profit possible.
Pour que ce profit fût plus grand que l'intérêt qu'ils
avaient eux-mêmes à payer, ils prêtaient, tout comme
nos banquiers, à des personnes insolvables ou se
trouvant dans des situations désespérées. Cette conduite rendit indispensable l'intervention du gouvernement vénitien ».

Ces attaques ne semblent pas sans quelque consistance (2). Et tout ceci explique pourquoi si les orfèvres inaugurèrent en Angleterre les opérations de banque, ils ne purent entièrement suppléer à une banque
véritable, et plus tard succombèrent devant la Banque
d'Angleterre ; cet établissement, soutenu par l'État,

---

(1) V. *A large Model of a Bank* (1678), p. 40. L'auteur de *England's
Glory*, pamphlet sur la question des banques, publié en 1694, et qu'on
cite assez souvent, a fait de larges emprunts à la brochure du Dr Lewis.

(2) Les orfèvres publièrent une réponse à ces attaques, sous le titre
bizarre de « *Is not the hand of Joab in all this? or an Enquiry into
the grounds of a late pamphlet entitled* « *the Mystery of the new fashioned Goldsmiths* ». Cette seconde brochure compte 17 pages, malheureusement elle est loin de valoir la première. On n'y trouve rien
d'intéressant. L'auteur proteste contre les faits dont on accuse les orfèvres, et notamment (p. 4) : 1° leurs crimes, 2° leur insécurité.

ayant évité de tomber dans les errements de ses devanciers.

Nous avons ainsi assisté à la naissance des opérations de banque en Angleterre; nous allons maintenant les voir se développer sous les gouvernements successifs de Cromwell et de Charles II.

Ce développement fut favorisé par une série d'événements économiques et politiques dont nous parlerons immédiatement, et l'importance des orfèvres se trouva augmentée par ce fait qu'ils se mirent à prêter au gouvernement.

Nous allons examiner successivement la période républicaine, et celle de la monarchie restaurée, mais pour donner quelque unité au récit et éviter les redites nous réservons la question des prêts aux chefs de l'État pour le règne de Charles II. Aussi bien n'est-ce que sous ce règne que ces emprunts devinrent d'un usage courant.

§ 1. — *Les Banques sous la République et Cromwell.*

La situation commerciale et industrielle de l'Angleterre s'améliora grandement sous la République et le gouvernement quasi-monarchique du protecteur.

Ceci d'abord par les progrès incessants de la civilisation, puis et plus particulièrement par le rétablissement de l'ordre à l'intérieur, par une politique extérieure changeante mais heureuse, par l'act de navigation et des guerres qui portèrent atteinte au monopole néerlandais du commerce des mers, enfin par des mesures libérales qui ouvrirent la porte de l'Angleterre à une race éminemment commerçante, qu'on avait ignominieusement dépouillée puis chassée quelques siècles auparavant.

Cette prospérité commerciale devait naturellement favoriser le développement des opérations de banque, et nous voyons, dès l'année 1651, apparaître le premier ouvrage préconisant la fondation d'une banque. Il est intitulé « Quelques considérations sur les deux grandes denrées commerciales de l'Angleterre » (1), contient seulement 9 pages, et est dû à la plume de sir Balthazar Gerbier, auteur de plusieurs opuscules économiques.

Les deux denrées principales sont la pêche et les draps (2), leur commerce est entre les mains des Hollandais, il s'agit de l'attirer en Angleterre. La question des pêcheries est étrangère à notre étude (3). Pour

(1) En voici le titre exact. *Some considerations on the two grand staple commodities of England, and on certain establishments wherein the Publike good is very much concerned. Humbly presented to the Parliament by sir Balthazar Gerbier Kt.* — London, printed by 1. Mab. and A. Coles, 1651. Cette brochure qu'on a parfois signalée, n'avait pas eu jusqu'ici l'honneur d'une analyse, elle avait pourtant, à défaut d'autres qualités, le mérite de la nouveauté.

(2) V. page 3.

(3) V. sur cette question de la pêche et sur l'importance qu'on lui attribuait alors, non seulement au point de vue commercial, mais aussi à celui du recrutement d'une flotte, Cunningham, *The Growth of English Industry and Commerce* (Early and Middle Age, p. 443) Motley

le commerce et la manufacture des draps l'auteur propose l'exemple de la France, qui établit une manufacture à Sedan, et depuis fournit la moitié de l'Europe. En outre, afin de donner un plus grand crédit aux opérations anglaises, une *Banque de paiements* devait être créée dans la cité de Londres. Gerbier indique divers avantages qui découlent dans certains pays d'établissements analogues, et il considère notamment, car il est nettement mercantiliste, que les capitaux de divers commerçants étrangers pourront y être attirés, d'où il résultera un grand bénéfice pour l'État (1).

Quelques années après, en 1658, une autre proposition plus caractéristique encore émane de Samuel

Dutch Republic (t. I. p. 43), pour les auteurs modernes. Et parmi les auteurs du temps, v. H. Robinson, *England's Safety in Trade Encrease*, (1641), p. 16 — John Smith, *England's Improvement revived* (1673), p. 262.

Il y eut une série de mesures législatives remontant à Henri VIII pour protéger la pêche, surtout celle du hareng. On proposait aussi d'établir des primes. V. C. Reynal, *The true English Interest* (1674), p. 28. On se figure difficilement l'importance qu'on accordait à ce commerce. On allait dit M. Cunningham, jusqu'à le considérer comme le fondement de la prospérité des Pays-Bas. Aussi est-ce à ce regret que nous nous bornerons à cette note. — Ajoutons cependant que l'*Acte de Navigation* fut manifestement dirigé contre la suprématie maritime des Hollandais (l'Act fut voté en 1651). Et c'est également à des raisons de rivalité commerciale, plus qu'à la parenté des Stuarts avec les princes d'Orange qu'il faut attribuer la guerre de 1652. V. Morley, *Cromwell* p. 336. et Seeley, *The Growth of the British Policy* (Vol. II, chap. i). Ce dernier ouvrage abonde en vues neuves et en détails intéressants mais est un peu confus.

(1) V. page 9 Conf. Banque de Lyon.

Lamb, sous le titre de « *Seasonables observations humbly offered to his highness the Lord Protector* ».

Cette fois, c'est bien une banque qui est le principal
objet de l'auteur. Celui-ci examine les avantages que
les Hollandais tirent de leur Banque. Il en trouve
huit principaux, et montre que ces avantages, principalement l'augmentation du capital national et la
baisse du taux de l'intérêt apparaîtront également en
Angleterre, la Banque une fois établie.

Ce même Lamb soumettait bientôt un projet sous
forme de pétition au Parlement. Un comité fut
nommé pour l'examiner. Mais on ne sait ce qu'il en
advint.

Il est superflu de faire ressortir les différences entre
les deux brochures, et de faire valoir la supériorité
de la seconde. Sept années s'étaient écoulées depuis
leur publication respective, et pendant ce temps il
se produisait un événement qui, à en juger par celle
qu'il avait eue en d'autres pays, dut avoir, sur le développement des banques en Angleterre, une influence
considérable. Je veux parler du retour des Juifs.

*Retour des Juifs en Angleterre. — Son influence
sur les Opérations de Banque.* — On connaît
l'influence de l'arrivée des Juifs espagnols sur
le développement du commerce hollandais. L'influence des Israélites ne fut pas moindre à Venise (1). Ce furent deux Juifs qui les premiers obtin-

____

(1) V. Macléod, *Dictionary of Polit. Economy*, p. 216, au mot *Bank of*

rent du Sénat (en 1400) l'autorisation de fonder une maison de banque proprement dite. Leur succès fut tel, que de nombreux nobles Vénitiens fondèrent des maisons rivales. Il y eut alors des abus qui, joints à des difficultés monétaires, poussèrent le gouvernement à fonder la Banque de Venise en changeant le caractère d'une institution publique préexistante (1).

La même influence dut se faire sentir en Angleterre. Mais à partir de quelle date? En d'autres termes, quand et comment le retour des Juifs en Angleterre fut-il autorisé ? C'est ce que nous allons rechercher, et ce qu'il n'est pas très facile de savoir (2).

Il est certain que, dès la mort de Charles, les Israélites s'efforcèrent de rentrer en Angleterre.

L'opinion publique ne leur était pas défavorable. Devant le comité pour la propagation de l'Évangile, nommé par la Chambre le 18 février 1652, le major

Venise. Ce dictionnaire qui, achevé ,aurait pu rendre des services inappréciables s'arrête à la lettre C. Il date de l'année 1863.

(1) V.*supra*, p. 19, et *infra*, p. 97.

(2) Les historiens les plus fameux de Cromwell en disent peu de choses. Morley et Carlyle n'y consacrent qu'un peu plus d'une page et se bornent à apprécier l'événement. V. *Ol. Cromwell*, p. 433-434, et *Cromwel's Letters and Speeches* p. 175, vol. IV. Goodwin, *History of the commonwealth*, t. IV, qui en parle pendant un chapitre ¡(chap. xvii) ne nous en apprend pas beaucoup plus long. On trouvera des renseignements intéressants dans Gardiner, *History of the Commonwealth and Protectorat*, t. II. p. 30; dans Leti, *Storia e Vita di Ol. Cromwell*, tome II, et surtout dans une conférence, publiée de M. Wolf : « *Resettlement of Jews in England.* » On consultera également avec fruit Guizot, *Histoire de la République d'Angleterre*, tome II, p. 154-157.

Butler, combattant le projet Owen comme insuffisamment libéral, s'écriait en concluant : « N'est-il pas aussi du devoir des magistrats de permettre aux juifs, à la conversion desquels nous.tendons, de vivre librement et paisiblement parmi nous ». Le capitaine Norwood s'exprimait bientôt dans le même sens. Ce urent là les premières manifestations officielles.

M. Gardiner signale (1), vers la même époque, l'apparition d'une brochure, où, pour montrer l'importance de Dunkerque, il est dit que si on tolère une synagogue pour les Juifs, ils sont prêts à donner 60 à 80,000 livres, et cette liberté amènera tous les marchands portugais d'Amsterdam, d'où il résultera un bénéfice plus grand encore (2).

Les marchands d'Amsterdam n'avaient pas attendu ces manifestations de sympathie. Prenant les devants, deux habitants d'Amsterdam présentèrent dès 1649 une pétition à Fairfax et au Conseil de l'année, pour la révocation du banissement des Juifs (3).

Une autre pétition est mentionnée par divers historiens. Divers israélites auraient demandé la révocation des lois passées contre eux, et pourvu que la *Bodleian library* leur fut cédée avec la permission additionnelle de transformer la cathédrale de Saint-Paul

(1) V. Gardiner, *loc. cit.* conf. *Historical Review*, July 1896, p. 485.

(2) V. dans le même sens une lettre du major Whalley à Thurloe. *Thurloë's Papers*, tome IV, p. 308.

(3) V. *Clarke Papers*, tome II, p. 172, note *a*. On trouvera cette pétition à la suite du « *Resettlement* » de Wolf.

en synagogue, ils s'engageaient à payer six millions de livres françaises selon les uns, 500,000 livres selon les autres. On ajoute que les négociations furent rompues, les parties n'étant pas arrivées à s'entendre sur le prix, le gouvernement anglais demandant 8 millions ou 800,000 livres. Il est fâcheux pour l'authencité de cette histoire que les renvois de nos historiens (1) soient insuffisants ou erronés ; nous ne la signalons donc qu'à titre de curiosité.

Ces négociations n'aboutirent à rien. Mais M. Wolf a prouvé que, malgré cet échec, de nombreux Juifs étaient secrètement établis à Londres pendant la durée du « Commonwealth » (2).

La situation allait redevenir meilleure, avec la fondation du protectorat. Cromwell était en avance sur les idées de son temps, et ainsi que le dit (3)

(1) Ces historiens sont Francis et Goodwin. Francis (p. 24) renvoie à Thurloe. Selon son habitude. il n'indique ni le volume, ni la page, en quoi il a bien raison car toutes les fois qu'il en use autrement, ses renvois sont faux. Goodwin (t. IV, p. 246 note) qui ne croit pas d'ailleurs à l'authenticité de la pétition, la cite d'après l'*Histoire des Troubles de la Grand'Bretagne* » (page 309) de Salmonet. Or Mentet de Salmonet, page 309, parle de l'année 1642 et du séjour du roi à York. Aussi bien cet ouvrage, imprimé en 1649, s'arrête à l'année 1646. Guizot et les autres historiens ne font pas la moindre allusion à toute cette aventure. Je n'ai rien trouvé non plus dans Thurloe, ouvrage où les recherches sont grandement facilitées par une excellente table des matières.

(2) V. *The Crypto-Jews under the Commonwealth*, conférence extraite de *The Jewish Chronicle* et les premières pages du *Resettlement* du même auteur.

(3) V. Frédéric Harrison, *Oliver Cromwell*, p. 216. — V. Même sens,

M. F. Harrison : « Nobles furent les efforts du Protecteur pour imprimer son propre esprit de tolérance
sur l'intolérance de son âge; et il lutta avec persistance contre les Parlements et les conseils de
Quakers, Juifs, Anabaptistes, Sociniens et même avec
des blasphémateurs fous. Il protégea efficacement les
Quakers, il admit les Juifs après une expulsion de
trois siècles, et il prouva à Mazarin qu'il avait donné
aux Catholiques toute la protection qu'il osait ».
Cromwell était plus spécialement bien disposé avec
les Juifs avec lesquels il avait, dit M. Guizot (1),
d'assez fréquents rapports. Ceux-ci semblent lui avoir
rendu de nombreux services. Ils n'ignoraient pas les
sentiments que le Protecteur nourrissait à leur égard
et s'efforcèrent d'en profiter.

Le Rabbi Manasseh Ben Israel prit l'initiative du
mouvement. Ce Rabbi est une figure bien originale.
Né en Portugal, vers 1604, il avait émigré encore
enfant avec sa famille en Hollande. Là il fit des
études des plus brillantes, écrivit des livres, et fonda
même à Amsterdam la première typographie israélite. Mais sa principale préoccupation était l'amélioration du sort de ses coréligionnaires, et leur admis-

Glasson, *Hist. du droit et des Institutions d'Angleterre*, t. V., p. 194-
195.

(1) V. *op. cit.* p. 154. V. aussi p. 154-155 sur la cause de ces rapports
« Probablement les juifs lui avaient déjà rendu plus d'une fois, soit
comme espions, soit dans ses besoins d'argent, d'utiles services ».

sion dans les différentes contrées d'Europe. Il s'efforça, plus particulièrement, par différents moyens, comme la dédicace de son ouvrage *Spes Israelis*, au Parlement britannique (1), d'obtenir pour eux la permission de revenir en Angleterre, où il savait le Protecteur et une partie de l'opinion publique prédisposés en leur faveur (2).

En 1655, pour obtenir gain de cause, Manasseh entreprit le voyage de Londres, accompagné de son fils et de plusieurs notables israélites d'Amsterdam. Le 31 octobre de la même année il publia une « humble adresse au protecteur » demandant pour les Juifs le droit de résider et d'avoir des synagogues dans toute l'étendue de la République. Il publia simultanément une déclaration au Commonwealth « montrant les motifs de son arrivée en Angleterre, combien est profitable la nation des Juifs et combien elle est fidèle ». Quelques jours après il présenta une nouvelle pétition au protecteur, demandant une série de me-

(1) La traduction anglaise de cet ouvrage fut publiée en 1650.

(2) Ces dispositions favorables étaient dues en partie à l'esprit biblique qui régnait alors, et aussi à l'exemple de la Hollande, pays que les Anglais s'étaient proposé comme constant modèle. On avait pu se rendre compte des services que les Juifs y rendaient et Chanut, ambassadeur de France en Hollande, écrivait, le 16 octobre 1654, à Bordeau, son collègue à Londres, que les trois généraux de la flotte avaient présenté une pétition à Son Altesse le Protecteur, afin d'obtenir l'autorisation pour les Juifs d'habiter l'Angleterre et d'y exercer le commerce. V. Thurloë's, *State Papers*, tome II, p. 652.

sures tendant à sanctionner les vœux de sa première adresse (1).

Une commission fut nommée pour examiner la question. Elle se composait de juristes, de prêtres et de commerçants (2). Cromwell qui présidait posa deux questions : 1° Est-il légal d'admettre à nouveau les Juifs ? 2° Sous quelles conditions, cette admission doit-elle prendre place ?

Les débats furent des plus diffus. Les juristes étant favorables à ce retour, et les commerçants indécis. Les membres du clergé répondirent affirmativement quant au premier point. Mais cette admission qu'ils considéraient regrettable à six points de vue (3) ne devait avoir lieu qu'à des conditions excessivement sévères. Une longue discussion s'engagea là-dessus. Elle se prolongea pendant trois séances. Et finalement l'assemblée fut dissoute, Cromwell ayant déclaré que la question compliquée à plaisir était plus inextricable que jamais, et que, quoique il ne désirait plus entendre leurs raisonnements, il priait cependant

(1) Cette dernière pétition est écrite en Français, et a été publié par M. Wolf à la suite de sa brochure souvent citée.

(2) V. Collier, *Ecclesiastical History*, tome VIII p. 380-382. Il ne faudrait pas s'étonner de trouver cette célèbre discussion rangée dans le règne de Charles II. Collier était un royaliste intransigeant, qui ne reconnut jamais la Révolution et refusa de prêter serment à Guillaume III.

(3) Collier, p. 381.

les membres de l'assemblée de ne pas l'oublier dans leurs prières (1).

Aucun résultat ne découla donc de cette conférence. Les espérances de Manasseh paraissaient déçues. En fait cependant les Juifs furent tacitement autorisés à résider en Angleterre. Manasseh, comme compensation de ses déboires, reçut une pension annuelle de 100 livres. Et 3 ans après, le 15 février 1658, à une réception à Witehall, Cromwell aurait donné à Carvajal et à ses coréligionnaires l'assurance de sa protection.

Peut-être Cromwell serait-il allé plus loin sans la conduite de Manasseh, que M. Wolf juge des plus extravagantes. Selon le témoignage de Sagredo, ambassadeur de Venise, il aurait véritablement adoré Cromwel, lui demandant s'il n'était pas un être surhumain. D'autre part, un ou plusieurs de ses compagnons ayant obtenu l'autorisation de visiter Cambridge se rendirent à Huntingdon, lieu de naissance de Cromwell. Le bruit se répandit qu'ils y étaient allés pour examiner les origines du Protecteur, lui retrouver une origine israélite, et prouver qu'il était le Messie (2). Les ennemis de Cromwel exploitèrent ces rumeurs, et celui-ci, soucieux de s'épargner le ridicule et les

(1) V. Francis, p. 26.

(2) V. sur ce voyage à Huntingdon qu'on a contesté : Leti, *Storia et Vita di Ol. Cromwello,* t. II, p. 443.

sarcasmes, ordonna aux compagnons du Rabbi de retourner à Londres.

Quoiqu'il en soit de ce dernier point, il est probable que Cromwel ne prit aucune mesure législative à l'égard des israélites, mais il est certain qu'il toléra leur retour, et qu'à la fin du protectorat nombre d'israélites habitaient l'Angleterre. Ils durent prendre une part active au commerce, car de nombreux marchands signèrent bientôt une pétition se plaignant que les juifs, n'étant pas soumis au droit alien, il en résultait pour le Trésor une perte annuelle de dix mille livres (1).

§ 2. — *Les Banques sous la Restauration.*

Ce qui caractérise plus spécialement cette période, ce sont les transactions des banquiers avec le Gouver-

(1) V. Stowe, *A Survey of the cities of London and Westminster*, t. II, p. 243. D'autres demandaient qu'on édictât contre les israélites des réglementations sévères. V. J. Violet, *Petition against the Jews* (1661) et *England's Wants* (1667), p. 40. Ces sentiments défavorables persistèrent longtemps ; la question de la naturalisation des juifs donna lieu à de longs débats parlementaires. En 1753, elle fut accordée, puis, devant la clameur publique, révoquée. V. Dr J. Jucker, *A letter to a friend concerning Naturalizations* (1753). Encore en ce sièle, Macaulay fut obligé d'écrire un essai pour protester contre les incapacités civiles des israélites.

Il est intéressant de noter qu'à peine les israélites furent-ils mis sur un pied d'égalité avec les autres citoyens, ces sentiments tendirent très rapidement à disparaître. Aujourd'hui je n'ai pour ma part rencontré en Angleterre aucune trace d'antisémitisme.

nement, transactions affectant la forme d'emprunts
et d'avances sur les revenus. Ces opérations dataient
déjà du protectorat. Cromwell, très gêné pécuniaire-
ment (1), ayant à entretenir une grande armée, engageant sans cesse des guerres dont l'une, celle contre
l'Espagne, était très impopulaire, se trouvant d'autre
part en relations plutôt tendues avec une Chambre
jalouse de ses pouvoirs, et n'osant par conséquent lui
demander le vote de nouveaux impôts, fut réduit à
recourir souvent aux bons offices des orfèvres.

Charles II, revenu sur le trône de ses pères, devait, à
ce point de vue du moins, continuer, en l'accentuant,
la politique de son prédécesseur. Il n'avait pas, il est
vrai, à maintenir une armée aussi considérable que
celle du protecteur, n'ayant pas à proprement parler
d'armée régulière et permanente (2). Il n'avait pas
non plus un tempérament décidément belliqueux,
n'ayant entrepris, pendant les 24 années de son règne,
que deux guerres européennes, guerres qui d'ailleurs
ne rapportèrent à l'Angleterre ni honneur ni profit.
Ses Parlements furent de leur côté assez libéraux, et
votèrent, surtout au début de la Restauration, les subsides avec un empressement inusité.

(1) *V.* Goodwin, t. IV, p. 552.

(2) Toute l'armée permanente de Charles se borna pendant longtemps
à sa garde personnelle. Cette armée fut, il est vrai, augmentée par la
suite, mais, même à la fin de son règne, après l'évacuation de Tanger,
dot de son épouse Catherine de Bragance, le roi ne disposait pas de plus
de 7,000 fantassins et de 1,700 cavaliers et dragons.

Mais les vices et les courtisans de Charles II suffisaient amplement à dévorer en un an plus d'argent
que toutes les armées et toutes les guerres de Cromwell n'auraient coûté en deux lustres. D'autre part ses
appétits pressants s'accommodaient mal des lenteurs
et des délais, compagnons ordinaires de la perception
des impôts. Il lui fallait de l'argent, et de l'argent tout
de suite; les orfèvres se chargèrent de lui en procurer.

Il n'est que juste d'ailleurs d'indiquer que Charles
fut réduit à s'adresser aux banquiers dès le début de
son règne. Il s'agissait alors de dissoudre les armées
permanentes de Cromwell qui étaient à la fois un
objet de haine pour le peuple, un danger pour la
couronne et un lourd fardeau pour le trésor. Or on
devait à ces armées des sommes considérables. Il
s'agissait de trouver 200 à 300 mille livres en quelques jours. Cette somme, la Chambre l'avait volontiers votée, mais on ne pouvait la demander à l'impôt d'un seul coup. Différer le licenciement des troupes, c'était s'exposer à accroître chaque mois les
charges de la nation dans des proportions incroya-
bles. « Nul, dit Clarendon (1), ne pouvait suppléer à
cette nécessité sauf les banquiers. Cette occasion mit
ceux-ci en rapport avec les ministres du roi, et ils
les satisfirent si bien qu'ils déclarèrent toujours
désormais que « les banquiers étaient si nécessaires

(1) V. Clarendon, *op. cit.*, II, p. 218.

aux affaires du roi qu'ils ne savaient pas, comment ils les auraient conduites sans leur assistance. »

Cette satisfaction fut en effet si grande que bientôt la Couronne ne put plus se passer des banquiers, et elle entra en rapports constants avec eux.

Voici, selon Clarendon (1), la méthode suivie pour ces opérations.

Les subsides une fois votés, le roi, après avoir consulté ses ministres sur les sommes immédiatement requises, faisait venir les banquiers devant lui, car jamais contrat ne fut conclu hors de sa présence. Chacun des banquiers était interrogé sur le montant des sommes qu'il pouvait avancer et les sûretés qu'il réclamerait le cas échéant. Chacun répondait selon ses moyens, car il n'y avait pas de société entre eux. Les banquiers désiraient avoir 8 % de leur argent, ce qui n'était pas déraisonable, et le roi était prêt à le donner; mais après une délibération ils se déterminèrent à laisser la fixation du montant de l'intérêt au bon vouloir du roi, de peur que cela ne tournât plus tard à leur désavantage, mentionnant en même temps, qu'ils payaient eux-mêmes 6 % à leurs propres créanciers, ce qui était connu pour être vrai (2).

(1) Nous empruntons tout ce qui va suivre à la *Continuation of Life*, de Clarendon, en nous bornant à résumer un peu le texte original. Nul mieux que notre auteur, alors premier ministre, ne pouvait connaître les pratiques financières qu'il avait inventées.

(2) p. 219.

Ils reçurent alors transport de créances pour le paiement des premiers impôts votés par le Parlement et des tailles sur les branches du budget qui étaient les moins grevées. Mais même ceci n'était pas une sécurité suffisante, car le roi et le ministre des finances pouvaient consacrer les sommes ainsi perçues à d'autres objets. Par conséquent, ils n'avaient d'autre sûreté que leur indiscutable confiance dans la justice du roi et l'honneur et l'intégrité de son trésorier ; c'étaient là les vrais fondements de ce crédit qui pourvoyait aux nécessités de la couronne. Le roi, d'ailleurs, les traitait toujours très gracieusement comme ses très bons serviteurs et les ministres les considéraient comme de très honnêtes gens.

Et de cette façon, et pour beaucoup d'années, même jusqu'au malheureux début de la guerre de Hollande, les dépenses publiques étaient menées avec peu de difficulté, mais avec peut-être quelques frais supplémentaires, et nul n'ouvrait la bouche contre les banquiers qui chaque jour augmentaient en crédit et réputation, et avaient l'argent de tout le monde à leur disposition.

Il est probable qu'au moment dont parle Clarendon, c'est-à-dire avant 1665, les orfèvres n'exigèrent pas plus de 8 0/0, mais cela ne dut pas durer longtemps et, à mesure que les besoins du roi grandissaient, leurs exigences grandirent proportionnellement, d'autant mieux qu'ils avançaient sur des reve-

nus de plus en plus éloignés, et qu'ils avaient déjà
accaparé tous les revenus prochains de la couronne.
Ils demandaient bientôt, au dire des contemporains (1), 20 et 30. 0/0. Pepys nous apprend (2) que,
dès 1663, le trésor payait 15 et quelquefois 20 0/0, ce
qui, dit-il, est une honte horrible (*a most horrid shame*)
et ne doit pas être souffert, pas plus que le fait de voir
l'orfèvre Maynell se faire de ce chef un revenu annuel
de 10,000 livres.

Peut-être les auteurs contemporains exagèrent-ils
un peu, mais il n'est pas douteux que les orfèvres
recevaient du roi 12°/₀ de leur argent (3). Si l'on
considère qu'ils payaient à peine la moitié de cet
intérêt à leurs déposants, on conçoit l'indignation du
public. Indignation augmentée par le dépit de voir le
roi entre les mains des usuriers (4), et par la dureté,

(1) « Charles being in want of money the bankers took 10 per cent of
him barefacedly, and by private contracts on many bills, orders, tallies,
and debts of that King, they got 20, foretimes 30, per cent, to the great
dishonour of governement. This great gain induced the goldsmiths to
become more and more lenders to the king, to anticipate all the revenue,
to take every grant of parliament into pawn as soon as it was given ;
also to outvie each other in buing and taking to pawn bills, orders
and tallies, so that in effect all the revenue passed through their hands. »
V. *The new fashioned Goldsmiths*, Conf. Macpherson, p. 428.

(2) V. Pepys, *Diary*, t. II, p. 97. Ce journal de Pepys, ainsi que
celui d'Evelyn, sont de la plus grande utilité pour l'étude de l'histoire et
des mœurs du temps. L'auteur fut secrétaire de l'amirauté sous les rè-
gnes des deux Stuarts.

(3) V. W. D. Christie, *Life of Shaftesbury*, t. II, p. 57.

(4) « Sir John Hebden, the Russian Resident, cries out against the King's
dealing so much with goldsmiths and suffering himself to have his
Kingdom kept and commanded by them ». Pepys, tome II, p. 170.

commune à tous les fermiers d'impôts, avec laquelle
les orfèvres levaient ceux qui leur étaient concédés.

Mais si même les fermiers tiraient des vices du roi
tous les bénéfices que prétendaient leurs adversaires,
ils allaient bientôt, grâce à cette même immoralité
royale, les expier cruellement.

Ici encore l'histoire des opérations de banque, se
mêle étroitement à l'histoire générale de l'Angleterre.
Nous allons prendre à tour de rôle les deux guerres
européennes de Charles.

A) *Guerre contre la Hollande. — La flotte hollan-
daise remonte la Tamise. — Premier « run » sur les banques.* Charles s'était engagé en une guerre contre la Hol_
lande. Après plusieurs péripéties, au moment même où
on croyait la paix près de se conclure, Ruyter remonta
la Tamise, prit Sheerness, brûla les bateaux qui se
trouvaient à Chatam, et sembla menacer sérieusement Londres. On trouvera dans Clarendon le récit
de cette aventure (1). La consternation se répandit
dans Londres, où la population se croyant à l'abri, le
Parlement ayant voté (2) de grandes sommes pour la
flotte et les fortifications du fleuve, fut épouvantée au
delà de toute description (3) en entendant pour la
première fois le bruit des canons ennemis. On crut

____

(1). V. p. 414-419.
(2) V. *contra* : *Life of King James* II, tome I, p. 425.
(3) V. sur cette panique et les incidents qui l'accompagnèrent, Evelyn,
Diary, t. II, p. 24-25.

que les Hollandais avaient pris Greenwich et, sans le sang-froid du roi et du duc d'York, on évacuait la Tour.

Tous ceux qui avaient quelque argent l'avaient déposé chez les orfèvres. Cet argent étant, on le savait, prêté à un gouvernement qui en ce moment ne semblait offrir aucune sûreté, chacun se précipita donc chez son banquier dans l'espoir qu'il arriverait à sauver quelques bribes de sa fortune, et Londres vit se produire un phénomène, qui, hélas! devait lui devenir familier, le premier afflux de demandes de remboursement, le *premier « run » sur les banquiers* (1).

Ces craintes furent calmées par un édit du roi (2) proclamant que les paiements de l'Échiquier se feraient comme à l'ordinaire, et assurant qu'il ne souffrirait ni permettrait jamais qu'une atteinte fut portée aux droits de ses sujets (3).

Nous allons voir maintenant comment Charles sut garder sa promesse et ce qu'il appelait « our royal word and declaration ».

B) *Nouvelle guerre contre la Hollande — Traité de Douvres — Suspensions des paiements de l'Echiquier.*

(1) Ce même phénomène se reproduisit à Amsterdam cinq ans plus tard.

(2) V. la proclamation royale à la suite d'une brochure très intéressants de Th. Turnor : *The Case of the Bankers and their creditors, more fully stated and examined* (1675).

(3) « And that we will not upon any occasion whatsoever permit or suffer any alteration, anticipation, or interruption to be made to our said subjetcs ».

—Un traité de paix suivit l'expédition de Ruyter. Dans
les années postérieures à ce traité, Charles sembla
décidé à s'entendre cordialement avec les Pays-Bas.
Par les bons soins de sir William Temple (1), ambassadeur en Hollande, une triple alliance protestante
fut conclue entre les États Généraux, l'Angleterre et
la Suède. Mais Charles II, en signant ce traité, ne voulut que donner une satisfaction temporaire à l'opinion
publique anglaise, et surtout mettre définitivement
en conflit la Hollande avec Louis XIV, jusque là son
allié, tout au moins nominal. Bientôt il signait avec
Louis XIV un second traité, en date du 20 mai 1670,
le traité de Douvres (2), du nom de la ville où le roi
l'avait négocié en personne. Ce traité, auquel Madame
prit une si grande part, Charles se garda bien de le
rendre public, ne l'ayant pas même communiqué à
tous ses ministres. Il s'engageait à s'allier avec
Louis XIV dans une guerre contre la Hollande, à se
convertir au catholicisme, et à quelques autres obli-

(1) V. sur ce traité l'Essai de Macaulay sur « sir William Temple »
dans l'édition des *Essais* en un volume, p. 418-468 et, cela va sans dire,
l'*Histoire des Négociations relatives à la succession d'Espagne* de M. Mignet, dans l'espèce, t. II, p, 549, etc. On trouvera l'expression des sentiments divers par lesquels ce traité fit passer le Roi de France dans les
Œuvres de Louis XIV t. III, p. 83-85.

(2) V. sur le traité de Douvres, Mignet, vol. III et le texte du traité
même volume p. 187. V. aussi, comme ouvrages anglais du temps : *An
account of the private league* dans *State Tracts*, 1705, 37-44 ; conf.
Secret History of Whitehall lettre XIX. Ce dernier ouvrage publié en.
1697 est manifestement dirigé contre la France, il offre quelque intérêt
de curiosité historique.

gations. En revanche, Charles devait recevoir deux millions de francs en deux paiements, et trois millions par an pendant toute la durée de la guerre.

Les écrivains Anglais n'ont épargné au traité de Douvres aucune flétrissure. Et cependant une guerre contre la Hollande pouvait se justifier, l'Angleterre pouvant en tirer des bénéfices considérables, et prendre, dès 1670, l'hégémonie des mers. Une alliance avec la France n'était pas non plus un fait absolument nouveau, puisque dix ans ne s'étaient pas écoulés depuis que les armées réunies de Cromwell et de Mazarin avaient pris Dunkerque. Les paroles de M. Camille Rousset (1) : « Entre l'Angleterre et la Hollande, il n'y avait qu'un conflit d'intérêts ; entre l'Angleterre et la France, il y avait une antipathie passionnée. Pour lutter contre un pareil courant d'opinion, qui n'avait cessé de grossir pendant tout son règne, il a fallu à Charles II une habileté qui touche presque au génie. Avec dix fois moins de ressources d'esprit et de talents politiques, en marchant avec son peuple, il aurait pu être un grand roi d'Angleterre, il a mieux aimé se faire le pensionnaire et l'obligé du roi de France », ces paroles, dis-je, ne sont absolument vraies qu'à partir du passage du Rhin (2), à partir du

_____

(1) V. *Histoire de Louvois*. t. I p. 85-86.

(2) Même au point de vue religieux , la France n'était pas encore devenue l'objet de la haine de tous les protestants, l'Espagne étant encore le champion du catholicisme. On se souvenait des alliances de Richelieu,

moment où le peuple anglais découvrant la faiblesse
extrême des Hollandais, que jusque là, il jalousait si
fort, commença à prendre ombrage de la puissance
de Louis XIV.

En théorie, le traité de Douvres se peut donc justifier.

Le malheur est que le principal souci de Charles II
n'était ni la politique extérieure, ni la conversion des
Anglais au catholicisme, mais bien de pouvoir satisfaire ses fantaisies et celles de son entourage, en un
mot d'avoir de l'argent.

Sans doute il était porté vers le catholicisme, religion dans laquelle il est mort, et à laquelle il semble
s'être converti assez vite (1). Sans doute aussi, élevé
par une mère française, subissant l'influence française
de sa sœur, de Louis XIV son cousin, alors au zénith
de sa gloire, et plus tard de la duchesse de Port-
smouth, toutes ses sympathies étaient pour la France.
Mais souple, intelligent, et sceptique comme il était, il
n'était pas homme à risquer sa couronne pour le Pape
ou le roi de France. Et il saura exploiter les terreurs
qu'inspirait Louis XIV à son Parlement, et les appré-

et on ne prévoyait pas la révocation prochaine de l'Edit de Nantes,
encore que cette mesure fût déjà irrévocablement prise dans l'esprit de
Louis XIV.

(1) V. sur cette conversion, qui aurait été même antérieure au traité de
Douvres, un récit plein de détails romanesques et bizarres, mais qui
semble cependant authentique, dans un ouvrage d'un jésuite Italien :
*Storia della Conversione alla Chiesa Cattolica de Carlo II, re d'In-
ghilterra. Cavata de Scritture authentiche ed originali, per Giuseppe
Boere D. C. D. G. Estratto della Civilta Cattolica*, Roma, 1863.

hensions qu'inspirait celui-ci à Louis XIV, dans le
but toujours unique d'en tirer quelques subsides.

Nous allons le voir à l'œuvre à l'instant. Le traité
de Douvres n'était pas plutôt signé, que le garde des
sceaux Bridgam (1) pressa le Parlement à voter des
nouveaux fonds pour que la marine anglaise pût rivaliser avec les marines, sans cesse accrues, de la France
et de la Hollande. Le Parlement vota 1,300,000 livres
pour le paiement des dettes et 880,000 livres pour
l'équipement de la flotte, en ajoutant un long rapport
demandant au roi de prendre des mesures contre le
papisme menaçant. Charles promit tout ce qu'on voulait, édicta une proclamation religieuse dans le sens
demandé, prorogea le Parlement, dépensa les 800,000
livres votées à toute autre chose qu'à l'équipement de
la flotte, et, à la fin de l'année, signa un nouveau traité
avec Louis XIV, obtenant des conditions plus avantageuses que six mois auparavant (2).

Charles continua par la suite un système qui lui
avait si bien réussi (3).

---

(1) Ce ministre, porte-parole du gouvernement en la circonstance,
ignorait le traité de Douvres.

(2) Dans l'intervalle Madame était morte, mais cette mort n'apporta
pas dans les rapports des deux rois le relâchement, que d'aucuns
escomptaient.

(3) Ainsi en retour de la prorogation du Parlement pour quinze
mois, qui prit place en novembre 1675, Louis paya 100,000 livres. En
1677, quand le Parlement présenta une adresse « montrant le danger
résultant des agressions françaises et implorant le roi de s'assurer
telles alliances qui sauveraient les Flandres, et calmeraient les inquié-

Cependant après une première remise (1), Louis XIV décida d'entamer la guerre contre la Hollande. Le ministère de la Cabale (2) était aux affaires. Charles était toujours sans argent, il n'osait pas réunir le Parlement, et les subsides du roi de France étaient insuffisants. Il se décida donc à un acte arbitraire, injuste, et stupide, acte dû à Clifford, encore que l'invention en soit souvent attribuée à Shaftesbury. Celui-ci, ainsi que le démontre son historiographe, M. Christie, l'aurait au contraire, condamné et combattu (3).

tudes du peuple anglais » le Parlement est également prorogé, mais cette fois Louis XIV doit payer 180,000 livres. D'autre part, quand au début de 1678, Charles ayant demandé 600,000 livres se buta à un refus du Roi de France, il se décide à déclarer la guerre et obtient du Parlement un subside de 600,000 livres, pour permettre à Sa Majesté d'entrer dans une guerre effective contre le roi de France. V. Séeley, *op. cit.*, t. II, p. 214.

(1) Cette remise était due à ce fait que la réforme que Louvois avait fait subir à l'armée avait bien été effectuée, mais l'épreuve de la nouvelle armée n'avait pas encore été faite. V. Camille Rousset, *op. cit.*, t. I, p. 294. Les affaires de Lorraine fournirent une merveilleuse occasion pour mettre le nouveau régime à l'épreuve.

(2) Ministère de la « *Cabal* », des initiales des noms des cinq ministres de Charles : Clifford, Arlington, Buckingham, Ashley, et Lauderdale.

(3) Lord Ashley, depuis comte de Shaftesbury, soumit même au roi une protestation écrite contre la suspension des paiements de l'Échiquier. V. aussi une lettre de lui à Locke, et le témoignage concordant de Sir W. Temple, dans Christie, t. II, p. 58-70. V. aussi dans le même sens Evelyn, t. II, p. 70. Pourtant Burnet (*History of his own time*, t. I, p. 532-533) accuse formellement Shaftesbury d'être l'instigateur de l'acte du roi (*Shaftesbury was the chief man in this advice*). Il prétend tenir cela de lui-même, et qu'en outre, Shaftesbury aurait retiré à temps son argent des mains des banquiers. J. Lingard (*History of*

Voici en quoi consistait le remède inventé par Clifford.

Un ordre fut émis le 2 janvier 1672, juste deux mois avant le début de la guerre, prohibant tous paiements de l'Échiquier, sur tous warrants, ordres ou sécurités quelconques, pour une période de douze mois.

Quand cet ordre fut donné, le gouvernement devait aux orfèvres 1,300,000 livres dont 416,724 apparte-

England, t. IX, p. 202, note b') incline aussi dans le sens de Burnet. Je ne crois pas que Burnet ait raison. Ce qui me laisse cependant quelques doutes sur les assertions de Christie c'est que, sans parler de la moralité de Shaftesbury, personnage qui aurait servi de modèle à Otway pour son sénateur de _Venetia Preserved_ notre biographie, publiée avec le consentement et l'appui de la famille, le septième comte de Shaftesbury, à qui le livre est dédié, ayant fourni de nombreux documents, notre biographie, dis-je, a un peu les allures d'une apologie. Par ailleurs, l'ouvrage de M. Christie n'a rien de commun avec ces biographies que Macaulay traitait de résultat d'une convention d'après laquelle la famille s'oblige à fournir des documents et l'historien des éloges. Bien au contraire cet ouvrage est ce que nous avons de mieux sur le règne de Charles II. Entre parenthèses il est triste de constater que nous n'avons pas une bonne histoire du règne de Charles II, et plus triste encore de voir que cette lacune ne soit pas particulière à ce règne. Il n'y a guère que deux périodes de l'histoire moderne sur lesquelles on puisse trouver des ouvrages scientifiques, à savoir celle qu'embrassent les études de M. Gardiner, et les 15 années (1685-1700) auxquelles Macaulay a consacré son histoire d'Angleterre. Sans doute on trouvera des tableaux du règne de Charles II, aussi bien dans l'ouvrage de Macaulay, que dans le _James II_ de Fox, mais si bons qu'ils soient, ce ne sont là guère que des tableaux servant d'introduction à des études plus approfondies.

naient à Sir Robert Wyne (1). Cette mesure, qui n'était rien moins qu'un acte de banqueroute nationale, fut prise si soudainement, et était si peu escomptée par le public, qu'une confusion générale et inimaginable régna aussitôt dans la ville, et engendra des désastres financiers. Cette confusion se conçoit, car si le nombre des banquiers immédiatement lésés était relativement restreint, comme tous ceux qui avaient quelque argent avaient pris l'habitude de le confier à ces banquiers, il n'y avait pas moins de dix mille personnes acculées à la ruine.

Les banquiers en effet arrêtèrent immédiatement leurs paiements, et les marchands qui avaient des fonds chez les orfèvres laissèrent protester leurs effets (2). Colbert, qui approuvait la mesure dans l'intérêt de la guerre, rapporte la grande opposition qu'elle excita et mentionne que des lettres de change de la

(1) Voici d'après Collins *op. cit.*, p. 43-44, la liste des banquiers et des sommes dont ils furent respectivement désouillés.

Sir Robert Wyne	416,724
Edmond Backwell	295,994
G. Whitehall	248,866
J. Horneby	22,548
G. Snell	10,894
J. Snow	59,780
J. Colville	85,832
Thomas Rowe	17,615
Divers	93,305

(2) On trouvera des détails poignants sur cette crise, dans la brochure déjà citée de Turnor.

valeur de 30,000 livres dûrent être renvoyées en Italie protestées (1).

Quatre jours après, le 6 janvier, une déclaration explicative fut émise, promettant aux banquiers 6 0/0 d'intérêt, et constatant que la cessation des paiements ne dépasserait pas douze mois. Le jour suivant le roi mandait les orfèvres à la trésorerie. Il les tranquillisa et les persuada de payer aux marchands les sommes déposées par eux entre leurs mains. Ceci fut fait et diminua les troubles, mais les banquiers n'en furent pas plus payés pour cela. Il était probablement dans les idées du roi que le Parlement fournirait les moyens de payer les banquiers, à l'expiration des douze mois. Il n'en fut rien, la Chambre ayant repoussé des demandes réitérées en ce sens. On se con_

---

(1) Ceci d'après Christie, *loc. cit.* Janvier 4 et 8 (1672), dans les Archives du ministère des affaires étrangères. Colbert fixerait également le nombre des intéressés à dix mille.

V. deux récits sensiblement identiques de ce procès dans Macleod. p. 373-375, et dans Broom *Constitutional Law*, (*The Bankers case*) p. 248-234. L'auteur traite des devoirs d'un souverain envers ses sujets. A côté du droit à une liberté personnelle, existe le droit à la propriété privée. C'est à ce sujet que Broom conte avec beaucoup de détails tout cet imbroglio.

Ce qui fournit surtout aliment à la chicane, c'est que les lettres patentes par lesquelles Charles II reconnaissait un droit de créance à chacun des orfèvres et à ses descendants, furent bien enregistrées par la Chambre des Lords, mais ne furent pas présentées devant la Chambre des Communes et n'acquirent point force de Loi.

Aussi, quand les orfèvres intentèrent un procès devant la cour de l'Échiquier en 1689, et finirent par le gagner après deux ans d'attente, le gouvernement souleva deux objections, car il restait à savoir :

tenta de payer un intérêt de 6 0/0. A partir de 1677 le roi inaugura sur son excise héréditaire un système d'amortissement. Mais les paiements d'un intérêt quelconque furent arrêtés en 1683, et ne furent pas repris après la révolution, en dépit d'un procès unique en son genre intenté par les orfèvres (1). Finalement, en 1701, un acte fut passé chargeant l'excise héréditaire d'un intérêt annuel de 3 0/0, payable à partir de 1705, non pour le montant intégral de la dette, mais pour le capital primitif. Ce n'est pas tout, ces annuités de 3 0/0 comportaient amortissement et elles devaient cesser par le paiement de la moitié de ce capital primitif, c'est-à-dire de 664.263 livres. C'était là une filouterie pure et simple, car on devait aux banquiers six fois autant. On calcule que ceux-ci perdirent de ce chef 3 millions, sans compter les frais

1° Si les lettres patentes étaient valables et de nature à obliger la couronne.

2° Si la Chambre de l'Échiquier était compétente, et si les demandeurs n'auraient pas dû s'adresser directement au roi.

(1) Le débat porta sur le second point, la première question ne pouvant être sérieusement controversée. Le Chancelier Lord Somers, malgré l'avis de la majorité des juges, proclama l'incompétence de la Chambre de l'Échiquier.

Le point de savoir si Lord Somers pouvait rendre une décision contraire à l'opinion de la majorité des juges donna lieu à un pourvoi devant la Chambre des Lords, tribunal suprême, qui le 23 janvier 1701 rendit une sentence contraire à celle de Lord Somers. Mais, et c'est là comme le dit si bien M. Macleod la partie la plus surprenante d'un procès déjà singulier ; si cette cour reconnut bien le droit incontestable des demandeurs, elle se garda de leur accorder la moindre indemnité. Et c'est ainsi que prit fin ce procès qui dura 12 ans.

du procès. Mais ce qu'il y a de mieux dans l'affaire, c'est que cette dette, dite *Banquers Debt,* ne fut elle même jamais payée et fait encore partie de la dette anglaise, ayant été consolidée avec l'annuité de la mer du Sud.

C'est par cette aventure déplorable que nous en finirons avec notre Introduction.

Il est impossible de faire pour Charles II, ce que nous avons fait pour un acte analogue de son père, c'est-à-dire lui trouver quelque excuse. Mais en revanche on a pu voir combien la suspension des paiements de l'Échiquier cadrait bien avec le caractère et les idées politiques de ce prince, homme charmant, mais né avec des goûts au-dessus de sa position, et ne se souciant pas de sacrifier ces goûts aux intérêts de son pays. Voici cependant la défense qu'un économiste, justement célèbre, a présentée pour lui. « On a beaucoup blâmé Charles, dit M. Wilfredo Pareto (1), pour un fait, qui ne diffère guère des opérations qu'ont faites, et que continuent de faire les gouvernements qui s'approprient les trésors des banques ». Il est vrai également que le gouvernement de Guillaume III n'a pas mieux traité les banquiers que celui de Charles. Mais malgré tout ce sont là de pauvres excuses.

---

(1) V. *Cours d'Economie Politique, professé à la Faculté de Lausanne* (tome I, p. 363).

PREMIÈRE PARTIE

FONDATION DE LA BANQUE D'ANGLETERRE

CHAPITRE PREMIER

NÉCESSITÉ D'UNE BANQUE NATIONALE

Cependant malgré les échecs à l'extérieur et des désordres internes, l'industrie et le commerce prospérèrent sous le gouvernement de la Restauration. La paix relative dont jouissait l'Angleterre et les guerres dans lesquelles l'ambition insatiable de Louis XIV avait plongé l'Europe contribuèrent grandement à ce développement commercial. Les progrès naturels de la civilisation y furent aussi pour quelque chose et une action législative énergique y fut pour beaucoup. De nombreuses mesures protectionnistes furent en effet votées par le parlement (1). Quelques-unes de ces lois, telle l'extension et le perfectionnement de l'act de navigation, furent très heureuses pour le pays. D'autres portent l'empreinte de l'extravagance

(1) V. Glasson, *op. cit.* t. v., p. 201-202.

à laquelle le protectionnisme à outrance aboutit souvent: tel ce statut, rapporté par M. Glasson, qui prescrivait d'ensevelir les morts dans des linceuls de flanelle, afin de développer l'industrie naissante de cette étoffe.

Cette prospérité commerciale appelait en complément la création d'une Banque, établissement qui pouvait singulièrement consolider la situation de l'Angleterre, en réglant et assurant la circulation fiduciaire, en réduisant le taux de l'intérêt, et en pourvoyant à mille autres besoins secondaires. Les orfèvres, s'ils avaient retardé, n'avaient pas réussi à rendre inutile la création d'une institution de ce genre. Ils avaient été depuis dépouillés par le roi, et, même auparavant par leur avidité ils s'étaient rendus parfaitement impopulaires (1).

Aussi voyons-nous, pendant tout le règne de Charles II, une éclosion spontanée de brochures proposant la fondation de banques de tous genres, et trouvant l'opinion publique très favorable à leurs suggestions. Sans compter que nos promoteurs avaient beau jeu à faire valoir les services que les banques rendaient à Venise, à Gênes, et principalement à Amsterdam, ce qui n'était pas un petit argument dans un pays et à une époque où l'imitation des hommes et des choses de Hollande était érigée en véritable système (2).

(1) V. *supra*, pag. 18 et 36. V. aussi p. 45.
(2) V. sur l'influence générale de cette imitation sur le commerce et l'industrie anglaise, Cunningham, *op. cit.* (*Modern Times*), p. 101.

Ces projets n'aboutirent pas pour des raisons accidentelles, que nous examinerons tout à l'heure, mais le monde commercial n'en désirait pas moins la fondation d'un établissement dont il sentait vivement le besoin. Bientôt il ne fut pas seul à la désirer.

La révolution de 1688 était survenue, entraînant une guerre contre la France. Le gouvernement de Guillaume III, engagé dans une guerre coûteuse et pendant longtemps malheureuse, ne pouvant compter sur un rendement avantageux des impôts, ayant essayé toute espèce de combinaisons financières, vit que la création d'une banque serait pour lui d'un intérêt énorme, une Banque nationale pouvant seule lui fournir un emprunt important, et supporter le Roi même après la conlusion de cet emprunt.

Désormais les intérêts du pays et ceux du gouvernement se rencontrent. Un projet avantageux, facilement réalisable est présenté par Paterson. *La Banque est fondée.*

Notre premier chapitre, portant sur les raisons qui ont amené cette fondation, se divise donc tout naturellement en deux parties.

1° Nécessité Commerciale de la fondation d'une Banque.

2° Nécessité Politique.

Dans la première partie, nous examinerons, à côté des besoins commerciaux, les différents systèmes proposés pour y faire face, en un mot les différents projets de banque, ainsi que les raisons pour lesquelles ces projets n'ont pas abouti.

Dans la seconde, nous examinerons les raisons financières et politiques, qui amenèrent le gouvernement à créer une banque, et ces raisons expliqueront l'opposition que notre institution trouvera dès ses débuts.

§ 1. — *Nécessité commerciale de la fondation d'une Banque.*

A. — *Exposé des besoins commerciaux.* — Nous avons déjà indiqué les raisons principales qui militaient au point de vue commercial en faveur de l'établissement de notre institution ; elles correspondent aux trois ordres principaux d'opérations que peut faire une banque : recevoir des dépôts, prêter de l'argent, et dans l'espèce émettre des billets. Nous avons déjà parlé des dépôts chez les orfèvres et vu qu'ils n'offraient pas toujours toutes les garanties de sécurité désirables. Au premier rang des autres services que le public attendait de la banque étaient : 1° qu'elle réduirait le taux de l'intérêt ; 2° qu'elle assurerait une circulation fidiciaire.

I. — *Question du taux de l'intérêt.* — L'intérêt fut d'abord interdit en Angleterre par deux synodes en 787. Mais la codification du droit canonique ne commença en Angleterre que du temps d'Henri III, sous l'influence des études de droit canon dont Théobald, évêque de Canterbury, fut l'initiateur. Or même à cette époque, nous trouvons des constitutions d'évêques et des écrits contre l'usure, mais pas de constitution royale (1). Ce ne fut qu'en 1364 qu'Edward III donna pouvoir à la ville de Londres d'édicter une *Ordinatio contra Usurarios*. Un *act* parlementaire fut passé en 1390 dans le même sens. Les usuriers éludant ces lois par mille détours, un *act* très sévère fut voté en 1487. Mais cet *act* échoua également et une loi de 1495 le révoqua, et tout en condamnant toujours l'usure permit la « *pœna conventionalis* ou usura *punitoria* ». C'était ouvrir la porte à ce qu'on prétendait défendre. Finalement un *act* d'Henri VIII (1545) rendit légale une demande d'intérêts et en fixa le taux à 10 0/0. Nouvelle prohibition en 1552, nouvel échec, et nouvelle reconnaissance de la légalité de l'intérêt par Elisabeth (2),

---

(1) V. *English early economic History*, sur la collection des constitutions de l'Eglise anglaise sous le règne de Henri V, qui forme le droit canon du royaume.

(2) On a prétendu voir ici l'influence du protestantisme ; on cite la lettre de Calvin à Oekolampadius sur les théories aristotéliques. Il est certain que la Hollande ou l'intérêt fut permis très vite était un pays protestant, et que vers cette époque le *Tractatus contractarum et usurarum* de Dumoulin fut censuré. Mais je crois qu'il est difficile d'émettre une opinion définitive ; les canonistes n'étaient pas aussi sévères qu'on veut bien le dire, et craignaient surtout le prêt à consommation. Au surplus je ne fais que signaler ici cette question très complexe, et j'avoue que je n'ai pas eu le temps de l'approfondir comme il convenait.

avec l'ancienne limitation à 10 0/0. Celle-ci fut réduite à 8 0/0 en 1624.

La réduction de 1624 (1) fut suivie d'une nouvelle réduction à 6 0/0 en 1652. Et sir Josiah Child (2), considérant que la baisse de l'intérêt avait grandement contribué à la prospérité de la Hollande et trouvant la limite de 6 0/0 insuffisante, proposait, dès 1668, une réduction supplémentaire à 4 0/0. Bientôt on ne discutait plus la légitimité de l'intérêt, mais bien celle d'un taux légal. William Petty, dans son *Quantulumcumque* (3), condamne toutes les lois réglant l'intérêt. Et les arguments, contenus dans les *Considerations of the Lowering of Interest and raising the value of money*, de Locke, tendent vers une conclusion analogue, encore que l'auteur, pour deux raisons, dont Adam Smith devait lui emprunter la seconde, se déclare partisan d'un taux légal.

Pendant notre période, le taux de l'intérêt ne pouvait donc dépasser 6 0/0(4). Les commerçants peuvent sembler mal venus à se plaindre, si l'on considère la situation financière de leur pays. Malheureusement,

---

(1) La réduction de 1624 comme celle de 1652 sont dues principalement à sir Thomas Kulpraper, qui ne fit qu'aider à l'application des idées qu'il avait développées dès 1621 dans son *Tract against usury*. — Son fils écrivit aussi différents ouvrages sur le même sujet.

(2) V. *A. New Discourse of Trade* (1re édition), p. 7.

(3) Question 23.

(4) Cette limite, fixée par un Parlement républicain, fut confirmée par un *Act* de Charles II.

cette limitation était théorique et rien que théorique.
Les orfèvres n'étaient pas hommes à se contenter de
si peu (1). Nous avons vu les intérêts qu'ils réclamaient du roi ; ils étaient encore plus âpres envers
les vulgaires commerçants, surtout les commerçants
pauvres à qui ils réclamaient des taux exorbitants (2).
Il importait donc de porter remède à une situation
très gênante pour le monde commercial, et seule une
Banque nationale pouvait avoir assez d'influence pour
pouvoir le faire, et pour procurer au commerce le
crédit, « une des conditions essentielles de son développement (3) ». Cette Banque pouvait aussi avoir une
influence bienfaisante à un second point de vue, celui
de la circulation fiduciaire.

2° *La Circulation Fiduciaire.* — La banque future
devait aussi émettre des billets. Les contemporains
avaient très bien démêlé les avantages qui pouvaient
résulter de l'emploi de la monnaie métallique désormais disponible. Voici ce que dit W. Petty dans sa

(1) C'était du reste l'intérêt qu'ils payaient eux-mêmes à leurs déposants (v. *supra*, p. 24).

(2) C'est là un fait hors de doute qui résulte d'une série de documents
déjà cités (v. *Bank of Credit*, p. 18). Le Marchand dit « qu'encore que
le taux de l'intérêt ait été réduit à 6 0/0, il résultait d'enquêtes privées
que les pauvres ne pouvaient obtenir emprunt à moins de 33 0/0, heureux encore si on ne leur en demandait pas 60, 70 et même 80, comme
cela s'était vu. (V. aussi *supra*, p. 18 et 36.)

(3) Lyon-Caen et Renault. *Manuel Droit Commercial*, p. 510. —
Dans notre hypothèse, les prêts ne devaient pas avoir lieu sous forme
d'escompte, mais encore de prêts sur gages.

brochure déjà citée du *Quantulumcumque* (1). Il répond à la question de savoir si la quantité de monnaie existante suffit aux besoins de la population. « L'auteur considère que la quantité de monnaie est amplement suffisante, et que la nation ne devait pas laisser une portion indue de ses richesses demeurer paresseuse sous forme de monnaie, et qu'il se pouvait faire qu'on eût trop de monnaie, alors que la création d'une banque était le meilleur moyen d'augmenter le numéraire (2). Si, continue Petty, nous avons trop d'argent, *nous le transformerons en vaisselle, ou bien mieux l'enverrons à l'étranger et le prêterons dans les pays où nous trouverons un bon intérêt.*.

Ces vues avaient d'abord été présentées par un marchand nommé Francis Cradocke, qui en 1660, écrivit à Charles II sur les avantages qui résulteraient de l'établissement d'une banque. Il croyait que les profits en seraient tellement grands, qu'il serait possible de supprimer tous les impôts, aussi intitulait-il sa brochure : « An expedient for taking away all impositions, and for raising a revenue without taxes by creating Banks, for the encouragement of Trade ». Cet

----

(1) Question 26, p. 165 de la réédition par Mac Culloch dans *Select Tracts.*

(2) V. Question 26, Il ajoute : Un pays n'est pas toujours pauvre pour n'avoir pas de monnaie, car si les hommes prospères ne gardent pas leur argent, mais le transforment à leur grand profit en différents produits, une nation peut faire de même.

opuscule a 7 pages, mais les vues qu'il contient ne sont pas exposées scientifiquement, et l'auteur s'exagère le résultat de son invention.

La brochure de Petty date de 1682. C'est donc à tort qu'on a attribué à Adam Smith l'honneur d'avoir découvert comment l'émission de papier monnaie peut accroître la quantité de richesses d'un pays donné. Ici comme ailleurs le père de l'économie politique n'a rien inventé, il a bien développé son idée et surtout a trouvé pour la rendre plus tangible une comparaison des plus heureuses celle de la Route dans les airs.

Le second avantage que le public espérait du papier monnaie est plus inattendu. Toutes les fois en effet qu'on compare le papier monnaie à la monnaie métallique, les économistes, ont soin de noter au passif du premier que sa valeur est bien plus variable que celle du second. Or, à l'époque dont nous parlons, une telle confusion régnait dans la circulation métallique, les monnaies anglaises étaient si altérées, rognées et falsifiées que le public ne s'y reconnaissait plus, et préférait recevoir un billet de banque qu'il pouvait raisonnablement espérer passer le lendemain au prix où il l'avait reçu la veille.

. Sans nous attarder à l'énumération des autres avantages que le public attendait de la banque, nous arrivons à notre second point.

B) *Exposé des projets proposés.* — Nous croyons cet exposé nécessaire. Sans doute, aucun de ces projets ne fut pleinement réalisé, mais ils ont préparé l'opinion publique, qui fut mûre pour le projet de Paterson. A ce titre seul, sans parler de l'intérêt intrinsèque que parfois ils peuvent offrir, ils méritent de ne pas être négligés.

Ces projets, pour des raisons déjà montrées, furent très nombreux. Leur éclosion fut aussi stimulée par le fait de la ville de Londres. Celle-ci avait depuis longtemps été chargée de la tutelle des enfants des citoyens (*freemen*) défunts. L'administration des biens des orphelins était confiée à la *Court of Orphans*, Ainsi s'était accumulée une grosse somme formant le *Orphans' Fund*, et qui, imprudemment prêtée au roi avait été dévorée. La corporation essaya de parer aux obligations qu'elle avait assumées, par les bénéfices pouvant résulter de la création d'une banque. Le lord Maire avait nommé un comité pour examiner des propositions en ce sens (1). Parmi ces propositions était un plan, que le comité avait accepté, et qu'il s'agissait de réaliser. C'est à quoi devait contribuer un opuscule très succinct intitulé *Corporation Credit or a Bank of credit made currant by common consent in London more useful and safe than Money*

____

(1) Pour examiner, dit le texte *all such propositions as should be made by any persons for the Improvement of the Chamber of London.*

Cette brochure, publiée en 1682, compte 4 pages
(numérotées 6), et finit par un appel à aller signer dans
différents cafés. Il ne semble pas que cet appel ait été
entendu. (1).

Indépendamment de ces projets municipaux, il faut
citer le projet d'une banque foncière, prônée par le
Dr Chamberlain, banque qui faillit causer la ruine de
la Banque d'Angleterre, et dont il nous faudra parler
longuement (2). Il faut citer encore une brochure du
Dr Lewis (3), publiée en 1678 : *Proposal for a large
model of a Bank*, et nous arrêter à une banque de
crédit qui fut fondée et fonctionna pendant un certain
temps.

Le fonctionnement et l'utilité de cette banque de
crédit sont exposés, sous forme de dialogue entre un
gentilhomme provincial et un marchand londonien,
dans une brochure, claire et fort amusante à lire,
intitulée « *Bank of Credit or the usufulness and*

(1) On trouvera un exposé plus complet de ce projet dans « *England's
Interest or the great benefit to the trade by the Banks or offices of
credit in London as it hath been considered and agreed upon by a
committee of Aldermen and commons appointed by the Right
Honorable the Lord Mayor* (1682), La brochure a huit pages.

(2) V. plus bas, chap. VI. Avant de proposer une banque foncière,
le Dr Chamberlain semble avoir participé à la proposition de M. Murray pour établir des magasins où les commerçants pourraient déposer les
marchandises dont ils n'avaient pas immédiatement besoin, et recevoir
contre ces dépôts des avances qui leur permettraient de mener à bien
leurs affaires. V. Murray, *Proposals for advancement of Trade* (1676)
4 pages.

(3) V. sur cette brochure *supra* p. 19.

security of the Bank of Credit examined in a dialogue between a Country Gentleman and a London Merchant ».

Le projet ne comportait du reste qu'une banque de crédit ; il n'était point question d'une banque de dépôts.

On trouvera la raison assez curieuse de cette restriction dans la réponse faite au gentilhomme provincial, lequel semblait priser fort les avantages d'une pareille combinaison (1). Les directeurs, dit le marchand londonien (2), ne veulent pas s'occuper de cette question, car la rareté du munéraire leur serait peut-être imputée par des gens ignorants ou malicieux, et comme ceci ne peut jamais être leur crime, ils désirent également éviter d'en être accusés

Quels étaient donc les opérations que les directeurs se proposaient de faire ?

Le premier objet poursuivi (3) était que les com-

----

(1) « Let me ask you, dit p. 16, le gentilhomme, for what reason the Bank will not meddle with money ; for in my opinion considering the great security and safety of their constitutions, they might very well and without any domage to themselves, have secured the running cash of the Nobility, Gentry, Merchants and Traders of this city and kingdom from all hazard of loss That would have been a great ease and benefit to all concerned who know not now where to deposit their cash securely; especially if running cash should prove, as some imagine, to be within the state of bankrupt. »

(2) Les terreurs des directeurs n'étaient point imaginaires, cette accusation fut depuis portée contre la Banque d'Angleterre.

(3) V. p. 5-6-7. En un mot cette banque devait être utile spécialement en cas de surproduction, mais elle était dangereuse par cela même, car

merçants quand ils auraient une quantité considérable de marchandises, pussent, à l'aide de cette
banque, déposer leurs biens, obtenir un crédit sur
leur capital improductif, et grâce à lui employer leurs
commis, et augmenter leurs affaires, jusqu'à ce qu'ils
trouvent une occasion favorable, au lieu de vendre à
perte « en tombant entre les mains de ces personnes
qui prennent en général avantage des nécessités des
autres ».

Les commerçants pourraient d'ailleurs donner en
gage non seulement des marchandises mais tous autres
biens improductifs, tels que soies, rubans, argenterie,
joyaux, linge (1), qu'ils pourraient ainsi utiliser en cas
de besoin « sans risques et sans déranger leurs amis ».
La Banque consentait également des prêts sur sûretés
immobilières, et même sur baux à long terme.

L'intérêt sur les sommes prêtées était de six pour
cent.

En cas de perte des biens gagés, la Banque perdait
les sommes prêtées contre eux. Ces sommes ne pouvaient dépasser les 2/3 ou 3/4 de leur valeur. Mais,

mettant provisoirement les marchands à l'abri d'un *glut*, elle les
poussait à spéculer par une production exagérée ou des achats commerciaux imprudents. C'est ce dont ne s'est point avisé notre gentilhomme, mais on ne peut lui en faire un reproche, car ce mal n'était
pas encore à la mode, et les Stanley Jevons de l'époque n'en avaient pas
fixé les causes.

(1) La Banque de Hambourg, fondée en 1619, sur le modèle de la Banque d'Amsterdam, prêtait aussi bien sur des bijoux que sur des lingots.

même pour le surplus, le danger sera neutralisé par les assurances, à raison d'un paiement mensuel de 2 shillings par cent livres (1).

Les directeurs se proposaient aussi d'encourager « toute invention ingénieuse » tendant à favoriser les manufactures de dentelles, coton, soie, passementerie et autres industries de même nature.

Des billets devaient être émis. Mais le danger de contrefaçon ne troublait pas la sérénité de notre marchand (2). « Je suis, dit-il, parfaitement assuré que les billets sont combinés de telle sorte, qu'il est matériellement impossible qu'ils soient imités » ; et il énumère les précautions prises. La liste en est longue, et son interlocuteur ne peut s'empêcher d'admirer et d'applaudir les soins et les précautions que la banque avait pris dans ce cas particulier (3).

Les dangers pouvant découler de l'émission n'arrêtaient pas davantage le marchand londonien. Les porteurs seront, estime-t-il, suffisamment garantis par

(1) V. p. 15.

(2) Du reste, les promoteurs de la banque de crédit, n'étaient pas les seuls à croire très aisée la solution de cette question. Dans un pamphlet publié en 1694, *England's Glory*, l'auteur dit *en passant* que les billets seront imprimés sur un papier spécial, de façon à éviter les contrefaçons. Ce qu'il y a de curieux, c'est que leurs prévisions optimistes se réalisèrent pendant très longtemps. La première condamnation pour contrefaçon ne date que de 1758, 64 ans après la fondation de la Banque. Le coupable était un drapier de Strafford, nommé Richard Waughan.

(3) *I cannot but admire and applaud the care and caution of the Bank in this particular.* On trouvera la liste des précautions, p. 12-13.

l'honorabilité des directeurs qui, au surplus, seront responsables sur tous leurs biens (1). Cela suffit au gentilhomme campagnard qui, en sage, se contentait de peu.

Les arguments du marchand londonien n'étaient pas présentés pour la première fois (2). On pouvait les lire dix-sept ans plus tôt dans une brochure intitulée : *A description of the Office of Credit* (3). Dans une première partie, contenant 11 pages, l'auteur explique le fonctionnement du système. Puis dans une seconde, qui en contient 15, il répond aux objections qu'on peut lui faire. La brochure *Several Objections sometimes made against the office of credit fully Answered* (4), n'est qu'une seconde édition un peu corrigée de cette seconde partie. Enfin, *An account of the constitution and security of the General*

(1) Il ne faut cependant pas oublier qu'alors le monde commercial étant restreint, la personnalité des directeurs jouait un bien plus grand rôle qu'aujourd'hui, et que la Banque d'Angleterre n'allait pas offrir aux porteurs de ses billets beaucoup plus de garanties.

2) Voyez la brochure de Murray, *supra* p, 59.

(3) En voici le titre exact : *A description of the office of credit by the use of which, none can possibly sustain loss, but every man may certainly receive great gain and Wealth. — Printed by the order of the society*, 1665.

(4) Sans date. M. Stephens, dans sa *Contribution to the Bibliography of the Bank of England*, la range dans l'année 1682. On trouvera au British Museum deux circulaires annonçant l'inauguration de cette *Bank of credit for the city of London*, reliées avec la brochure précitée.

Bank of Credit (1), ne contient rien que nous n'ayons déjà vu (2).

Après beaucoup d'incidents cette banque de crédit finit par être fondée, ses bureaux se trouvaient dans *Devonshire House, Bishopgate Street*. Son fonctionnement rappelait celui de certains Monti Italiens. On avançait les 3/4 de la valeur des marchandises déposées, et des billets étaient donnés pour le montant de cette somme au déposant. Pour rendre la circulation de ces billets courante, on avait fondé une société composée de personnes appartenant aux différentes branches du commerce, lesquelles s'engageaient à recevoir ces billets en paiement. Tout individu possédant des billets, pouvait obtenir de cette compagnie des marchandises avec autant de facilité que s'il offrait de l'argent monnayé.

Cette Banque ne semble pas avoir prospéré. Son mécanisme étant trop compliqué, et les risques de dépréciation de la valeur des marchandises trop grands.

Echec des projets. Raisons de cet échec. — En somme, aucun de ces projets, auxquels il faut joindre un projet de crédit foncier, la *Land Bank*, ne put aboutir ou réussir.

Il faut chercher la raison de ces échecs, non seule-

____

(1) 1683, page 14.

(2) On peut en dire autant des arguments contenus dans *England's Interest*. V. *supra* p. 59.

ment dans la faiblesse de ces projets, dans la crainte très réelle des saisies royales (1), dans la répugnance qu'éprouvent certains peuples pour la nouveauté, mais surtout dans une folie de spéculation qui s'était répandue dans la population et détournait l'attention publique des projets sérieux et à longue échéance, au profit de charlatans promettant des gains rapides, réalisables par des loteries, l'exploitation de mines inconnues, des pêcheries de perles, ou des trésors enfouis au fond des mers.

Anderson nous trace un vivant tableau de ce véritable accès de fièvre chaude, que nous allons voir reparaître en Angleterre avec le projet de la mer du Sud et en France avec la Compagnie des Indes. — Les lanceurs de ces entreprises faisaient grand bruit par la ville, dit Anderson, pour pousser le public à se joindre à eux et usaient d'artifices et de stratagèmes variés. Ils prétendaient qu'une veine d'or, d'argent ou de bronze avait été découverte dans un terrain de leur connaissance, qu'ils avaient passé un contrat avec le propriétaire de ce terrain, qui, moyennant une petite rente viagère, ou une part de bénéfices, leur avait cédé à bail la mine pour une période de 21 ans, à charge par eux de l'exploiter et d'en tirer la véritable richesse. Puis ils fondaient une Société, la divisaient

---

(1) V. Pepys *Diarry*, (17 août 1666) sur une discussion qui eut lieu pendant une excursion que fit Pepys avec quelques amis.

généralement en 400 actions, et prétendaient partager les bénéfices éventuels de tous les actionnaires. Les actions étaient d'abord vendues à très bas prix, par exemple dix ou vingt shillings. Puis, tout à coup, on les faisait monter à 3, 5, 10 et même 15 livres, et alors ils s'empressaient de vendre. Par des manœuvres de ce genre la Société ne tardait pas à s'écrouler !

Il n'est pas étonnant que, dans ces conditions, un projet sérieux de banque ne pût aboutir. Les spéculateurs, qui formaient en ces jours la majorité, ne se souciaient pas d'engager des capitaux dans des opérations de longue haleine qui ne leur rapporteraient pas plus de 10 à 15 0/0, quand du jour au lendemain ils pouvaient tripler leur fortune. Les gens prudents ne voyaient eux que les ruines qui se produisaient journellement, et pour plus de sûreté s'abstenaient de se compromettre dans quelque projet que ce fût?

Est-ce à dire que cependant les raisons profondes qui exigeaient la création d'une banque avaient disparu?

Bien au contraire, car aux nécessités économiques que nous avons exposées, s'étaient ajoutées des raisons politiques qu'il nous faut examiner.

(1) V. dans le même sens Defoë (*Essay on projects*), p. 11-13 (1697), publié en 1698; l'une des innombrables œuvres économiques de l'auteur de *Robinson*.

(2) On trouvera un écho des ruines occasionnées alors par des spéculations, dans les appréhensions du gentilhomme souvent cité. V. *Bank of credit*, p. 20.

§ 2. — *Nécessité politique d'une Banque*.

Nous avons essayé de peindre en deux mots la dé
tresse du gouvernement; elle était extrême. Guillaume
devenu roi d'Angleterre avait trouvé la situation financière suivante. Le revenu total du royaume, après
qu'il eut aboli dans un but de popularité la taxe sur
les cheminées (1), était de 1,600,000 — 1,700,000
livres, sur lesquelles il fallait prélever pour une armée
minime et une flotte en fort mauvais état 1,101,839.

C'étaient là des ressources bien minces, même en
temps de paix ; en temps de guerre, elles étaient d'une
insuffisance ridicule. Or Guillaume parvint vite à son
but, qui était d'entraîner l'Angleterre dans la coalition Européenne. Et à la guerre contre la France
s'adjoignit bientôt la guerre civile, la guerre en
Irlande et en Ecosse.

On essaya de faire face à tous les besoins par une
série d'impôts (2). Le poll-tax, impôt de capitation,

---

(1) L'impôt connu sous le nom de *hearth-money ou chimney money*
fut établi en 1662 pour toutes les maisons excepté les cottages. La taxe
était de 2 shillings pour chaque âtre ou poêle dans chaque maison
habitée (*every hearth or stove in every dwelling house*). Extrêmement
impopulaire à cause de son caractère inquisitorial et perçue d'abord avec
difficulté (V. Davenant, t. 1. p. 208), cette taxe était bonne pour le
trésor, étant baillée à ferme pour 170,000 livres. Elle fut supprimée par
un *act* de William and Mary (1 et 2 chap. X), à ce moment elle produisait 200,000 (V. Rapport Sir Robert Howard, *Commons Journal*,
vol II).
(2) V. sur tous ces impôts dans Dowell, *History of Taxation and*

très lourd et très impopulaire fut importé de Hollande.
On importa aussi (1) le timbre, on augmenta dans des
conditions considérables les douanes et l'octroi, on
finit même par ressusciter le heart-money sous forme
d'impôt sur les fenêtres (2), et on leva un grand
nombre d'impôts directs (3).

Mais l'administration était tellement corrompue
que les revenus n'augmentaient pas en proportion
des impôts votés (4). Le *poll-tax* ne produisait que la
moitié de ce qu'il devait produire, et les autres impôts
ne rendaient guère mieux.

L'administration des finances, eût-elle été honnête,
que les revenus n'eussent pas suffi à couvrir les frais

Taxes in England dans le volume II, les pages 41-66 consacrées au
règne de Guillaume III,

(1) En 1694.

(2) En 1796.

(3) A savoir, outre la land-tax et les fenêtres, la taxe sur les colpor-
teurs, 1697, celle sur les carrosses, 1694, celle sur les naissances, maria-
ges et enterrements, 1695, et enfin celle sur les célibataires 1695. La
proposition de M. Piot donne à cette dernière taxe quelque actualité : ce
n'était pas un impôt successoral, mais bien un impôt direct, chacun
payant selon sa qualité. Un Duc payait 12 livres 11 shillings par an,
ceux qui étaient à l'autre extrémité de l'échelle sociale ne payaient qu'un
shilling ; les gentlemans en payaient 6. et les esquires ainsi que les
docteurs (Doctors of Divinity, Law or Physic) payaient une livre 6
shillings. V. La liste dans Dowell, t. II. p. 440. Cette taxe fut abolie
en 1706.

On proposa également, ce que Macaulay qualifie de pure mesure de
confiscation, à savoir de lever un impôt de 100,000 livres sur les Israélites. Ceux-ci évitèrent cette taxe, en déclarant que si elle était votée ils
s'empresseraient de quitter l'Angleterre. V. Macaulay, *History of
England*, Chap. XV, p. 125 *dans mon édition en deux volumes.*

(4) Ils furent même parfois inférieurs à ceux de l'année 1688.

de la guerre, non seulement parce que ces frais étaient
énormes, mais aussi parce que le commissariat militaire et les fournisseurs aux armées étaient tels, que
les impôts perçus ne parvenaient pas à destination.
Le roi restait sans carrosse et ses troupes sans souliers (1).

La machine administrative, civile et militaire, était
complètement pourrie. Tant qu'elle restait immobile
elle pouvait, vue de loin, faire encore quelque effet
sur les ignorants (2). Mais quand, les Stuarts une fois
tombés, on voulut la mettre en mouvement elle se
brisait en miettes. Guillaume fit beaucoup pour améliorer cette situation, mais assis sur un trône mal
assuré, se sentant très impopulaire, il n'osait faire
des changements qu'avec une grande prudence.

Enfin ses ministres n'avaient pas la ressource, dont

(1) V. Macaulay, chap. XIV vol. II p. 89 de mon édition. Il parle de
la campagne d'Irlande de 1689 et plus spécialement d'Henry Shales,
commissaire général : « Le bœuf et le brandy qu'il fournissait étaient
tels que les soldats s'en détournaient avec dégoût : les tentes étaient
pourries, l'habillement insuffisant, les mousquets éclataient dans la main
une grande quantité de souliers avaient été achetés pour le gouvernement, mais deux mois après que la Trésorerie eut payé les notes les
souliers n'étaient pas arrivés en Irlande. Une grande quantité de chevaux avaient été achetés, mais Shales les loua pour la moisson aux fermiers du Cheshire, empocha le loyer, et laissa à Ulster les troupes arriver comme elles le pourraient ».
La flotte ne valait guère mieux. V. même auteur, chap. XV, vol. II,
p. 127.
(2) Je dis les ignorants, car des gens comme Bonrepaux, que
Louis XIV avait envoyé en 1686 examiner l'état de la marine anglaise,
ne s'étaient pas trompés sur le véritable état des choses.

avaient tant usé leurs devanciers, d'hypothéquer les impôts votés par le Parlement, car on avait décidé de n'accorder des subsides que pour des périodes limitées, et bientôt le Parlement ne votait plus que des impôts perceptibles par annuités.

Cette limitation était inspirée par une idée de défiance envers Guillaume III, et comme la meilleure garantie que la nation pût avoir de voir le Parlement régulièrement réuni.

L'impôt ne suffisait donc pas aux frais de la guerre. Aujourd'hui c'est là la situation habituelle, et nous voyons les gouvernements à la veille d'une guerre émettre un emprunt. Alors il n'en était pas ainsi, le public n'était pas habitué aux emprunts d'État. L'eût-il été que Guillaume n'aurait pas trouvé plus facilement de l'argent, car il n'avait pas de crédit. Sans parler des souvenirs que les banquiers avaient gardé de Charles II (1), le public n'avait pas confiance dans la stabilité de son gouvernement, les Jacobites étant très nombreux et Louis XIV ne cessant de remporter des victoires (2). Guillaume fut réduit à solliciter de

---

(1) Le procès des orfèvres battait alors son plein. On eut l'idée de leur offrir 6 0/0 de leur argent, à condition qu'ils accordassent, au même taux, une somme égale à cette dette qu'on estimait à 1,340,000 livres. Mais ces propositions eurent peu de succès.

(2) A l'époque dont je parle, l'Irlande n'avait pas été complètement reconquise, la rébellion sévissait en Ecosse, Tourville commandait la Manche et Luxembourg battait Guillaume dans les Flandres. Sans parler des exploits personnels de Louis, de la prise de Mons, et de cette prise de Namur qui inspira une telle terreur en Europe et de si mauvais vers en France.

la ville de Londres un emprunt de 100,000 livres.
Paterson (1) dit que, pour le lui procurer, les ministres
et les aldermen furent obligés de courir de boutique
en boutique, et de bureau en bureau. Encore n'arriva-
t-on à compléter la somme, qu'en consentant des
commissions et en donnant des primes qui réduisirent
le total de près de 30 0/0.

Il fallait cependant pourvoir aux frais de la guerre,
et Montague se chargea d'attirer le public par des
combinaisons ingénieuses (2).

La première de ces combinaisons, que les gens
sévères pourraient nommer des expédients, fut un
emprunt, levé en 1692, et conçu sous forme de ton-
tine (3). Les souscripteurs auraient reçu 10 0/0 jusqu'en 1,700, après quoi on devait diviser entre les
survivants 7,000 livres, jusqu'à ce que leur nombre
se réduisît à 7, et à la mort de chacun de ces 7, son

(1) V. *Wednesday Club in Friday Street*.

(2) Il en est une qui eut de gros résultats quoique minime en elle-
même. On frappa d'un impôt les actions de la Compagnie des Indes-
Orientales, et celles de Hudson's Bay Company. Cette taxe, dit M. Dowell,
p. 63, éveilla les appréhensions du créancier public, qui est le plus
inquiet des hommes. Et même après que cet impôt fut rapporté, on jugea
nécessaire d'introduire dans les emprunts une clause déclarant que les
rentes payées par le gouvernement ne seraient jamais frappées par une
taxe ou un droit quelconque.

Dans l'emprunt demandé à la Cité, le conseil ne l'aurait assisté que
contre une commission. V. en ce sens, *Remarks on the proceedings of
the commissioners for putting in execution the act passed last session
for establishing a Land Bank* (1696).

(3) Macleod. p 376. — Les intérêts de cet emprunt devaient être
payés par un nouvel impôt sur la bière.

annuité devait revenir à la couronne. L'ingéniosité de cette combinaison était plus grande que le crédit du gouvernement et on ne réunit que 108,000 livres. On obtint de meilleurs résultats, en ajoutant une clause en vertu de laquelle les souscrpiteurs pouvaient recevoir 14 0/0 pendant la vie de telle personne qui leur plairait de désigner (1).

Cet emprunt de 1692 qui finit par rapporter 881,493 livres, les produits de la Land Tax (2), qui fut portée cette année a 4 sh. par livre et produisit 1,922,000 livres (3), une amélioration relative de la situation politique permirent de vivre jusqu'en 1694. Mais à cette date on se trouvait dans une situation politique aussi difficile que deux ans auparavant. Les évaluations pour l'année étaient énormes : plus de cinq millions ; l'armée seule (4) devait en dévorer près de la moitié. Pour les trouver on admit tous les impôts que l'on

(1) Beaucoup de personne percevaient des revenus de ce chef pendant toute la duré du xviiie siècle pour quelques livres prêtées en leur jeunesse à Guillaume III. On inscrivit 100 livres au nom de Charles Duncombe, alors âgé de 3 ans, et depuis traducteur d'Horace. Cet auteur toucha 77 annuités en vertu de l'Act de 1692. V. Macaulay, chap. XIX, vol. II. p. 398.

(2) Impôt perçu sur le revenu foncier.

(3) L'année 1693, l'impôt ne donna pas un revenu de 2 millions, comme le prétend, Macaulay (chap. XIX.), mais 100,000 de moins que l'année précédente. Le revenu total fut cet année fixée par le contribuable sous la foi du serment. C'est à quoi Davenant (*Essay upon ways and Means. Works*, t. p. 33) attribue la baisse.

(4) Le roi voulait porter l'armée à 94,000 hommes ; on finit par lui en accorder 83,000, nous sommes loin des 8,700 hommes de Charles, nous sommes loin aussi de ses budgets de 1,500,000 livres.

sait plus un emprunt-loterie (lottery-loan) nouvelle invention de l'infatigable Montague.

Cette loterie n'a de commun que le nom avec nos loteries modernes. La somme à fournir était divisée en 10,000 actions de 10 livres. L'intérêt annuel payable à chacune de ces actions était de 20 shillings, c'est-à-dire de 10 o/o pendant 16 ans. Mais comme ceci était insuffisant pour attirer le public, on y joignit l'attrait des lots. 40,000 livres devaient être chaque année partagées entre les heureux gagnants (1).

On devait se procurer cette somme aussi bien que les intérêts de dix pour cent, grâce à un nouvel impôt sur le sel.

Un million fut obtenu par ce moyen, il en fallait un autre pour atteindre la somme exigée de 5,030,000 livres, il ne restait qu'un seul moyen de l'obtenir, c'était d'admettre le plan de Paterson (2). C'est à quoi

(1) Le plus gros lot, une rente de 100 livres, fut gagné par quatre Huguenots, qui avaient abandonné leur patrie pour ne pas quitter la religion. Le public anglais crut reconnaître la main de Dieu dans ce tirage.

(2) V. les rapports de F. Bonnet à Frédéric III électeur de Brandebourg retrouvés dans les archives secrètes de Berlin par Léopold Van Ranke, et publiés par ses soins, à la suite de son *History of England princc pally in the Seventecth Century.*, vol. 6., p. 144-278. Ces pages sont d'un puissant intérêt ; l'auteur décrit, avec une vie très grande, les difficultés financières au milieu desquelles ne cessait de se débattre le gouvernement de Guillaume III. V. notamment lettre 12-22 janvier, où il est question de la future Banque, et lettres p. 238, 239, 240.

Sa lettre du 20-30 avril 1684, (V. p. 246) est la plus intéressante de toutes. Il explique le mécanisme de la Banque, et les raisons pour lesquelles cet établissement a été voté. Il finit en constatant que l'impôt

s'employa Montague, qui connaissait ce projet depuis quelques années, et la Banque d'Angleterre fut créée.

Nous allons maintenant connaître Paterson et son projet. Nous tracerons d'abord une esquisse biographique de cet homme extraordinaire ; puis, cela fait, nous examinerons son projet ou plutôt ses projets, et nous en montrerons les principales dispositions.

sur le papier a été voté, et qu'on votera peut-être un impôt sur les carrosses. Mais, dit-il, on compte que ce dernier subside est surnuméraire, parce que la Chambre n'a consenti qu'à la somme de 5 millions et 30 mille livres pour cette année, laquelle on trouve en ne mettant :

La Taxe sur les Terres qu'à	1,500,000 L. St.
La Taxe par Teste	0.700,000
L'Impost sur le Papier	0,330.000
La Loterie à	1,000,000
La Banque à	1,200,000
Et le fonds perdu à	0.300,000
	5,030,000

CHAPITRE II

PATERSON, SA VIE, SON ŒUVRE. FONDATION DE LA
BANQUE D'ANGLETERRE.

§ 1. — *La vie de William Paterson.*

W. Paterson naquit à Fraidflalt (1), dans le comté
de Dumfries, probablement en 1658 (2). Il vint très
jeune en Angleterre, puis erra longtemps à travers le
monde, ainsi qu'il résulte d'une de ses lettres à
Georges Ier (3). Il visita notamment les Indes Occidentales et put constater l'importance que devait prendre
une colonie à l'isthme de Panama, ou Darien, comme
on le nommait alors. Mais la légende (4), d'après
laquelle il se serait associé aux boucaniers américains,
après être parti d'Angleterre comme missionnaire,
tout en étant possible, reste dépourvue de toute
preuve décisive.

Vers 1685, Paterson se rendit à Amsterdam, qui
était alors le centre des Whigs anglais; il paraît avoir

(1) V. Pagan, *The Birthplace and Parentage of W. Paterson.*
(2) Cette date semble résulter de son testament, fait en juillet 1718, où
il déclare avoir 60 ans. La ferme où il naquit ne fut jetée bas
qu'en 1864.
(3) V. Paterson, *Memorial to George I* (8 mars 1714).
(4) V. Francis, p. 45-46.

participé au mouvement révolutionnaire de 1688, et a dû être étroitement mêlé à l'agitation libérale qui préparait la campagne d'Angleterre. En tout cas il fréquentait assidûment les cafés d'Amsterdam.

Après la Révolution, il se fixa à Londres, où il acquit de grands biens et une grande influence. Dès 1691, il proposa, de concert avec Michel Godfrey et autres marchands londoniens, la fondation de la Banque d'Angleterre, faisant simultanément ressortir la nécessité d'une refonte des monnaies. Paterson était le principal promoteur de ce projet mais, malgré ses efforts réitérés, on n'aboutit à rien pendant trois années. Durant ce temps, Paterson, qui était loin d'être l'aventurier qu'on a bien voulu dire, prit part à diverses affaires fort importantes, contribua à l'adduction d'eaux potables au nord de Londres, et fut, en 1692, le principal témoin dans la commission parlementaire d'enquête « sur les moyens de lever des subsides ».

Ce fut pendant ces négociations qu'il eut le bonheur de se lier avec Montague, alors un des commissaires du Trésor, qui aperçut les avantages qui pourraient résulter pour l'État de la réalisation du projet de Paterson et fut pour beaucoup dans le vote de ce projet qui, comme chacun sait, eu lieu deux ans plus tard.

A la fondation de la banque, Paterson en devint directeur avec un traitement de 2,000 livres, mais la banque ne réalisait pas ses projets dans toute leur étendue, (1) et un an après, à l'occasion d'un dissentiment avec ses collègues, il se démit de ses fonctions.

On ne sait très exactement quelle fut la cause précise de son départ. Paterson dans son *Enquiry* (2), s'exprime en termes volontairement très vagues. Sir W. Scott et Chambers semblent tous deux croire que ses collègues ayant profité de son expérience, désiraient maintenant profiter de sa place. Cette opinion semble à M. Stephens (3) complètement erronée ; cet écrivain croit impossible qu'un corps composé d'individus aussi réputés ait agi si mesquinement et ait été assez aveugle pour sacrifier un individu d'une pareille expérience (4).

La raison de ces divergences m'apparaît assez facile à trouver, si l'on considère la différence de caractère et d'éducation financière qui séparait Paterson de ses collègues. Le premier était un homme de génie, audacieux jusqu'à la témérité, prompt à

(1) *An Enquiry by the Wednesday's Club in Friday Street* (1717), p. 68.

(2) V *Enquiry, loc. cit*.

(3) V. la notice que M. Stevens, a consacrée à Paterson. *A Contribution to the Bibliography of the Bank of England*, p. 160.

(4) V. *Observations upon the Constitution of the Company of the Bank of England, with a narrative of their late proceedings*. L'auteur se plaint entre autres choses d'un certain directeur qui attendait une récompense irraisonable (*unreasonable reward*), et commença à exprimer son sentiment sur ce point dans les cafés. Il est permis de supposer que l'auteur fait allusion à Paterson et nous avons dès lors une nouvelle explication de sa démission.

entreprendre des opérations difficiles, ou à découvrir
les avantages et à courir les risques de tentatives
sans précédent, tentatives qui, comme nous le verrons par la suite, ne furent pas toujours couronnées
de succès. Tout autres étaient les collègues de Paterson. Ils étaient des marchands, à la tête de maisons
considérables, n'ayant pas, comme notre héros, fait
une fortune rapide, mais qui au contraire, ayant acquis
la leur par de longs efforts, ne tenaient pas à compromettre en un jour ce qu'ils avaient eu tant de
peine à acquérir. La longue pratique qu'ils avaient
des affaires les poussait à agir avec une prudence
extrême. Paterson avait, malgré toutes ses qualités,
un tempérament d'aventurier qui devait quelque
peu effrayer les bons bourgeois qui étaient ses collègues. Tant que Godfrey avait vécu, il avait su maintenir le bon accord entre ces deux éléments dispa-
rates. Lui mort, les dissentiments apparurent et
Paterson comprit qu'il n'avait plus qu'à se retirer,
c'est ce qu'il fit avec beaucoup de dignité (1). Il allait
du reste être entraîné dans de nouvelles aventures.
Il allait reprendre un projet qu'il avait autrefois
caressé, pour la réalisation duquel il s'était adressé

---

(1) Il semble cependant avoir gardé quelque ressentiment de cet incident, car quelques années après, le 4 avril 1709, dans une pétition à
Godolphin, lord trésorier, il rappelle les services rendus et constate qu'il
n'a reçu aucune récompense pour les grandes peines et les dépenses
qu'il a eu à faire.

à l'électeur du Brandebourg et s'était même sans succès rendu en Prusse, il s'agit du projet fameux de l'expédition de Darien ou Panama.

Nous n'avons pas à faire ici le récit de cette désastreuse aventure (1), dans laquelle se jeta avec un aveuglement et une fièvre inattendue toute la nation écossaise. La fin en fut déplorable, mais le rôle qu'y joua Paterson n'a rien pour lui que de très honorable (2). Aussi, à son retour à Londres (3), fut-il reçu très gracieusement par Guillaume III qui lui accorda de nombreuses entrevues et l'engagea à formuler ses projets par écrit.Ses projets portent sur différentes questions financières et quelquefois politiques : telles l'union réelle entre l'Angleterre et l'Écosse (4). Beaucoup de ces propositions devinrent la base de grandes réformes financières, telles le *Sinking Fund de Walpole*, et la consolidation de la dette nationale en 1717 (5).

(1) On trouvera des détails sur l'*Expédition de Darien* dans Macaulay chap. 24 et dans Jonh Hill Burton *History of Scotland*, vol. VIII, chap. 84.

Les Écossais étaient 1,200, l'expédition comprenait cinq grands navires.

(2) Paterson faillit laisser la vie dans cette colonie, il montra toujours un grand courage et une grande diligence en toutes choses. Aussi ses compatriotes ne lui en voulurent jamais de leur commun échec, si désastreux qu'il ait été pour l'Ecosse. Dumfries l'élut comme député au premier parlement unitaire. Déjà le dernier parlement d'Ecosse l'avait recommandé à la reine Anne pour les bons services rendus. V. Defoë, *History of the Union* p. 525.

(3) Avril 1701.

(4) *Enquiry*, p. 84.

(5). J'oubliais de dire que Paterson, qui décidément se mêlait de toutes choses se trouva mêlé dans la question du *Orphan's Fund*. Le

William Paterson mourut à Londres en janvier 1712. D'après certains auteurs il aurait passé dans la misère les dernières années de sa vie (1). Il est certain qu'il perdit 10,000 livres dans l'expédition de Darien, et qu'il ne cessa de crier famine jusqu'à ses derniers jours (2). Il semble cependant qu'il ait été remboursé en 1715 de ses dépenses pour la compagnie écossaise, car non seulement à cette date les deux chambres finirent par lui voter, sur les instances du roi, une somme de 18, 241 livres, mais encore il est probable qu'il a dû toucher cette somme, ayant par son testament légué à diverses personnes des sommes importantes (3).

Telle fut dans ses grandes lignes la vie du fondateur de la Banque d'Angleterre (4). Il n'en est pas de

British Museum contient en effet une brochure *Some account of the Transactions of M. W. Paterson on relation to the Orphans' Fund* (1695). Mais de ce volume dit le catalogue, il manque tout sauf la couverture (*wanting all but titlepage*), et il ajoute pour notre édification définitive et en hommage à la mémoire de M. de la Palisse, que cet ouvrage est *incomplet*.

(1) V. Dalymphe, *Memoirs on Great Britain and Ireland*. Vol. II 3 partie, 89—123.

(2) La dernière pétition qu'il adressa au gouvernement est une lettre adressée à Lord Stanhope, un mois avant sa mort en décembre, 1718.

(3) Il laissait 6,000 livres à divers parents, 1,000 livres à Paul Daranda, son exécuteur testamentaire etc. Le testament fut rédigé en 1718.

(4) Ceux qui seraient curieux de détails plus circonstanciés sur la vie extraordinaire de Paterson peuvent consulter, outre les ouvrages déjà cités, une notice biographique précédant l'édition de ses œuvres par S. Bannister, l'*Histoire de l'Ecosse*, de Laing, tome IV, p. 299 ; *Domestic Annals of Scotland*, de Chambers, tome III, p. 121, 124, 131 ; et enfin un ouvrage français de Paul Coq sur la *Monnaie de banque,*

plus agitées, mais il n'en est pas, il faut bien le dire
de plus fécondes, et de plus honorables. Toutes les
fois qu'il fut le promoteur d'une entreprise, il
déploya beaucoup de talent et d'activité, et quelles que
fussent les fautes qu'il ait pu commettre, il ne
ménagea jamais sa personne ou sa fortune. Il montra
son courage et la noblesse de son cœur dans
l'expédition de Panama, expédition heureusement
conçue et qui méritait de réussir. Il montra des
qualités de diplomate dans les négociations dont
la reine l'avait chargé en Ecosse vers 1706, et des
qualités d'homme d'Etat dans les différentes mesures
qu'il avait proposées de 1701 à sa mort, et que d'autres eurent l'honneur de faire aboutir. Il avait enfin
non seulement une facilité prodigieuse, don assez
ordinaire alors (1), mais aussi des qualités exception-
nelles d'écrivain politique (2). Malgré tout cela son
nom sera surtout retenu par l'histoire pour le rôle

dédié à Paterson et précédé d'un essai sur l'ingénieux Ecossais. Paterson a été aussi le héros d'un roman historique publié en 1852, *Darien*,
par Eliot Worburton, roman qui eut son heure de célébrité.

(1) Le cas le plus fameux de la polygraphie et de la diversité d'écrits
qui caractérise les pamphéltaires de l'époque est celui de Daniel de Foë.
« Il écrivit, dit M. Taine, en vers, en prose, sur tous les sujets politiques et religieux, d'occasion et de principes, satires et romans, histoire
et poèmes, voyages et pamphlets, traités de négoce et renseignements de
statistique, en tout 210 ouvrages. V. *Histoire de la Littérature anglaise*,
livre III, chap. VI, p, 264.

(2) L'édition de Bannister, *The Writings of William Paterson
with a biographical notice*, n'est pas complète. On trouvera la liste
complète des œuvres de Paterson à la suite de la notice de Stephens.

qu'il joua dans la fondation de la Banque d'Angleterre.

Il eut la gloire de proposer le premier projet vraiment pratique et mûrement conçu; il eut le talent et la ténacité de le faire aboutir au milieu d'obstacles sans nombre ; enfin il guida les premiers pas de son nourrisson à travers des difficultés plus grandes encore tant politiques que financières. Il fut, il est vrai, mal récompensé de toutes ses peines. Il n'occupa jamais les postes officiels auxquels il pouvait prétendre, et si je ne crois pas exact qu'il soit mort dans la misère, il y passa du moins la plus grande partie de ses dernières années. La postérité sera pour lui plus juste que ses contemporains, et son nom sera pour jamais lié à la glorieuse institution qui lui doit sa naissance.

§ 2. — *William Paterson et la Banque d'Angleterre*

Le projet qui, adopté par Montague, devait se réaliser et devenir la Banque d'Angleterre, ne fut pas le seul projet de Paterson; il y en eut deux autres. Dès 1691, il proposa, avec différents notables de la cité, de prêter un million au gouvernement, contre une rente annuelle de 65,000 livres, dont 5,000 pour frais d'administration, à condition que les billets de la Banque à fonder reçussent cours forcé. La commission à qui ces propositions étaient faites se refusa à donner

cours forcé à ces billets, mais se montra disposée à
leur accorder le cours légal, ce que Paterson proposait d'accepter, mais que ses collègues ne voulurent
admettre.

Le second projet, tendant à trouver 2 millions pour
le gouvernement, n'aboutit pas davantage. C'est pour
parer cet échec que Montague inventa le *lottery-loan*,
mais les ressources qu'on en tira étaient, nous l'avons
montré, insuffisantes, et on eut encore recours à Paterson qui, dans l'intervalle, avait formé son projet définitif.

Il s'agissait d'obtenir 1,200,000 livres qu'on devait
prêter au gouvernement, contre un intérêt annuel de
cent mille livres. Les souscripteurs de cette somme
devaient former une société avec pouvoir d'émission
jusqu'à concurrence du montant de leur capital. Cette
société devait s'appeler le « Directeur et la Compagnie
de la Banque d'Angleterre (1) ».

(1) V. Bonnet, lettre citée, p. 246. Le grand profit de 8 0/0 qu'on
donne à ceux qui presteront la somme de 1,200 mille L. ne regarde
qu'un petit nombre de personnes et la plupart de la Chambre Basse
qui seront en état d'avancer 10, 20, ou 30 mille L. Car le total de la
somme est partagé en portions, de 10 mille L. chacune, dont on ne
pourra prendre moins d'une ni plus de trois. Ceux qui presteront cette
somme feront une compagnie, qu'on appelle ici corporation, qui leur
paicra à raison de 4 1/2 pour cent et qu'ils la pourront retirer toutes
fois et quantes ils voudront, par où les intéressés gagneront 8 pour cent.
sur l'argent qu'ils auront presté, et 3 1/2 sur celui qu'on leur prestera,
Mais le Parlement rend responsable la corporation de toutes les sommes
qu'elle recevra au delà de 1,200 mille L. et oblige tous les intéressés
à pouvoir estre poursuivis solidairement.

Paterson écrivit une brochure pour montrer sur quels principes économiques devait être fondée la future Banque d'Angleterre.

Il y a, dit-il (1), une erreur courante, à savoir que l'effigie ou la dénomination donne ou ajoute à la valeur de la monnaie. La fausseté de cette opinion fut montrée par ceux qui, quelques années auparavant, avaient projeté la fondation de la Banque. Les promoteurs de la Banque ont vu qu'elle doit être basée sur les principes suivants (2).

1° Que toute monnaie, ou crédit, n'ayant pas une valeur intrinsèque correspondant à son titre, est fausse, ou falsifiée, et la catastrophe doit arriver un jour ou l'autre.

2° Que les monnaies d'or et d'argent étant acceptées et choisies par tout le monde commercial comme la commune mesure des autres objets, toute chose doit être évaluée en comparaison avec elles.

3° Par conséquent tout crédit, non fondé sur la matière universelle d'or et d'argent, est impraticable, et ne peut subsister sûrement et longtemps, au moins tant qu'une autre espèce de crédit n'a pas été inventée, et choisie par la partie marchande de l'humanité.

Après avoir décrit la situation assurée de la banque, ses perspectives de succès, et constaté que nul dividende ne sera payé sans un avertissement de quel-

____

(1) V. *A brief account of the Intended Bank of England* (1694), |p. 3.
(2) V. p. 9-10.

ques mois, afin de donner aux actionnaires le choix
entre la garde où le dépôt de leurs capitaux, Paterson
dit que « les politiciens distinguent entre les intérêts
de la terre et ceux du commerce, comme ils le firent
entre ceux du roi et ceux de son peuple (1) : or, si
les directeurs de la Banque arrivent à faire circuler
leur propre capital sans avoir immobilisé plus de 200
à 300,000 livres, cette Banque aura le même effet que
900,000 ou 1,000,000 livres de nouvelle monnaie
apportées à la nation. Et la Banque loin d'être un danger pour les emprunteurs, commerçants ou propriétaires fonciers, leur sera un avantage car elle amènera
une baisse du taux de l'intérêt, ainsi que le firent les
Banques d'Amsterdam et de Gênes ».

Et Paterson conclut que les ennemis de la Banque
sont seulement : 1° les Jacobites qui savent quels
en seront les effets pour Louis XIV, leur patron ;

(1) V. p. 12. Allusion à la Banque foncière.

(2) Paterson s'efforce de tranquilliser les commerçants et surtout les
propriétaires fonciers à qui on faisait croire que la banque absorberait
tout l'argent du pays et ne consentirait des prêts qu'à des taux phéno-
ménaux. Godfrey, le second fondateur de la banque, essaya de son côté de
dissiper les mêmes appréhensions. Il disait, p. 7 de sa brochure déjà
citée. « La banque réduira le taux de l'intérêt à 3 0/0 dans quelques
années, sans la nécessité d'aucune loi, ainsi que cela se passe dans les
pays ou les banques sont établies. La conséquence de cette baisse de l'intérêt sera l'immédiate hausse des prix des terres, car la baisse du taux
de l'intérêt avancera le prix d'achat des terres de 30 années, ce qui
augmentera la valeur des terres de près de cent millions et dédomma-
magera la nation des charges de la guerre. Godfrey ne dit pas du reste
sur quoi Il se fonde pour promettre cette hausse merveilleuse, et paraît
surtout occupé à désarmer l'opposition des propriétaires fonciers.

2° quelques usuriers ; 3° ceux qui n'ont rien avec quoi faire le commerce, excepté comme Haman l'ancien, une nation ou un peuple entier d'un coup.

Cette conclusion nous amène à parler des protesta‑ tions qui accueillirent la nouvelle que le projet de Paterson avait été adopté par le gouvernement (1) et le plan de la nouvelle Banque inséré dans le *Tonnage Bill.* Ces protestations venaient de tous les côtés, et si les ennemis de la Banque peuvent à la rigueur être rangés dans les trois catégories dans lesquelles Paterson les a classés, cette classification demande à être expliquée et précisée. Ceci fera l'objet de la troi‑ sième partie de notre second chapitre. Nous explique‑ rons aussi pourquoi ces objectious furent sans effet.

§ 3. — Les ennemis de la Banque.

Ces ennemis étaient des ennemis politiques et com‑ merciaux,

C'était d'abord tout le parti tory et tous les Jaco‑ bites qui craignaient de voir le gouvernement conso‑ lidé par une banque triomphante et qui, en cas d'échec, serait réduit faute d'argent à l'impuissance.

C'était toute la noblesse provinciale qui était portée à prendre parti non seulement à cause de ses opinions

_____

(1) Le statut constituant la ¦Banque avait reçu la sanction royale le 25 avril.

politiques, mais aussi à cause de l'horreur que les marchands et les gens d'argent, promoteurs de la Banque, ont toujours inspirée aux petits propriétaires fonciers condamnés à vivre misérablement sur leurs terres. Sans compter qu'on avait persuadé à ces propriétaires que cette Banque allait attirer à elle tout l'argent du royaume, et qu'ils ne pourraient plus empruter qu'à des taux exagérés (1).

La nouvelle Banque avait encore à lutter contre les orfèvres et usuriers que la nouvelle entreprise privait du plus clair de leurs profits, et contre les promoteurs de projets rivaux, principalement contre Chamberlain et les autres promoteurs de la *Land Bank*.

Enfin, à tous ces gens venaient se joindre quelques whigs dissidents dont l'opposition ne fut pas complètement inefficace.

Cette réunion de tous les adversaires du gouvernement suffisait à donner l'éveil à ses partisans (2).

Mais malgré tout, les arguments de l'opposition ne paraissaient pas sans valeur. En voici les principaux. On prétendait :

1º Que la Banque, qu'on surnommait *Tonnage Bank*, devait absorber tout l'argent du pays, et soumettre le commerce à des exactions usuraires. Singu-

____

(1) Nous avons vu que Paterson et Godfrey s'efforcèrent de dissiper ces préventions. Le second allant jusqu'à faire des promesses inconsidérées. V. *supra*, p. 85.

(2) V. Burnet, *op. cit.*, t. IV, p. 246.

lière objection de la part d'orfèvres qui ne passaient pas pour donner leur argent gratis; ils n'en représentaient pas moins les honnêtes marchands abandonnés aux doigts crochus de la harpie de Grocers'Hall (1).

2° Que la banque attirerait toujours à elle tout l'argent du pays séduit par le taux élevé qu'elle payait et qu'on ne trouverait plus de capitaux pour le commerce et l'industrie. C'est l'objection de Davenant qui dit (2) que les fonds sont aujourd'hui si attrayants et d'un tel profit, que peu de gens sont disposés à prêter leur argent à six pour cent comme auparavant, si bien que tous marchands subsistant par le crédit finiront par disparaître.

3° Que la banque prenant une trop grande importance, elle deviendrait la clef de voûte du monde commercial, et que, si elle venait à s'écrouler, elle entraînerait dans sa chute tout le commerce anglais.

4° Que la banque pouvait ne favoriser qu'un nombre déterminé de commerçants, et ceux-ci, grâce à un escompte très bas, et des facilités de tout genre, pouvaient vite arriver à ruiner tous leurs adversaires (3).

(1) Du nom du siège de la société.

(2) V. *Essay upon Ways and Means* (2ᵉ edit., 1695, p. 44). « *The funds are so inviting and of such infinite profit that few are now willing to let out their money to six per cent as formerly. So that all merchants who subsist by credit must in time give over.*

(3) Cette objection ne fut, à vrai dire, formulée qu'en 1707. C'est la seule objection originale que contient un ouvrage contre le renouvellement du privilège de la banque : *Reasons offered against the continuation of the Bank. In a letter to a member of Parliament.* C'est

5° Au point de vue politique les tories prétendaient qu'une Banque d'Etat serait un pas vers la République, car les établissements de ce genre sont incompatibles avec le régime monarchique (1). Les faits semblaient d'ailleurs donner quelque consistance à cette théorie› les trois grandes Banques du temps existant dans trois Républiques.

6° Partant du même point de vue, mais aboutissant à des résultats radicalement contraires, les whigs dissidents craignaient que la création d'une Banque n'aboutît à la monarchie absolue, car le roi ayant par cet établissement des facilités de se procurer de l'argent, pouvait neutraliser le contrôle financier du Parlement.

Pour éluder cette critique, on introduisit dans la loi une clause interdisant à la Banque de prêter au gouvernement sans l'autorisation expresse du Parlement. On ne sentit toute la sagesse de cette prohibition, que quand celle-ci fut violée par W. Pitt, cette violation ayant produit une crise à laquelle sera consacrée toute la troisième partie du présent ouvrage.

peut être en partie pour une considération de ce genre que la Banque de France est forcée par son privilège d'avoir le même taux d'escompte pour tout le monde.

(1) V. Paterson. *Intended Bank*, p. 8. « *Another tells us, that in all his peregrinations he never met in Banks but only in Republics. And if we let them let footing in England we shall certainly be in danger of a commonwealth* ». V. aussi p. 7 et 9.

Toutes ces critiques, si contradictoires qu'elles paraissent, avaient vivement ému l'opinion, et inspiré de grandes craintes aux propriétaires fonciers qui peuplaient la Chambre des Lords. Le projet ne fut voté que parce que le gouvernement avait besoin d'argent, et qu'il ne pouvait s'en procurer autrement.

Voici ce que dit Bonnet (1) pour le débat à la Chambre des Communes. « On juge que cet establissement à ses bons et ses mauvais costez, mais sans le temps qui pressoit on ne croit pas qu'il eût passé dans la Chambre basse, s'y estant fait de fortes oppositions au dernier moment, dont une des principales estoit, que ce sera une banque dans l'Estat sans estre entre les mains du gouvernement. »

Cependant le bill passa sans scrutin. Il n'en fut pas de même à la Chambre des Lords. « Aucune affaire, dit notre auteur, n'a été débatue avec plus de force dans ce parlement, que celle de l'establissement d'une Banque entre les mains d'une corporation Ce fut hier à la Chambre haute, et l'on avait besoin de tous les seigneurs affectionnez à la cour, pour l'emporter comme on le fit. — Le marquis d'Halifax, et les comtes de Rochester, Nottinghan, et Monmouth haranguèrent à plusieurs reprises contre cet establissement et alléguèrent beaucoup de raisons, pour prouver qu'il seroit désavantageux au roy, n'estant pas de son

____

(1) *Op. cit.* p. 247.

intérest que le maniement d'un fonds aussi considérable soit en d'autres mains que celles du gouvernement. Qu'il le seroit encore plus au public, parce qu'au lieu de faire rouler l'argent dans le commerce, on le mettroit dans cette banque, et qu'il ne le seroit pas moins aux particuliers, estant fort apparent qu'on ne trouvera plus à vendre ni à engager des terres qu'avec beaucoup de perte. — Le marquis de Camarthen et le comte de Malgrave furent les principaux de ceux qui soutinrent qu'il fallait passer le bill sans y faire aucun changement, non pas que les raisons qu'on alléguait contre la Banque ne fussent bonnes, mais parce que les inconvénients qui résulteroient du refus, et le départ du roy, qui s'en trouveroit reculé de 10 à 12 jours au moins, paraissaient plus réels que ceux dont on les menaçait.

« Mais ce fut par le nombre des voix et non des raisons qu'on l'emporta : car dans la division dans laquelle on fut obligé d'en venir, il y eut 12 voix de plus pour ne faire aucun changement au bill, et aujourd'hui il a esté lu pour la dernière fois. Le roi partit le lendemain (1) ».

(1) Lettre 24 avril — 4 mai. V. p. 248.

CHAPITRE III

Organisation de la Nouvelle Banque. — Comparaison avec les différentes Banques Continentales.

Ainsi, malgré la violence des opposants, le projet finit par être voté, et le *Tonnage Bill* devint l e *Tonnage Act*. Nous allons en étudier l'économie. Nous comparerons ensuite la Banque d'Angleterre avec les principales Banques continentales d'alors et nous montrerons l'originalité du nouvel établissement, et par quel côté il constituait un progrès sensible. Cette comparaison nous conduira à examiner les opérations que la jeune Banque se proposait de faire.

§ 1. — *Principales dispositions du « Tonnage Act »* (1).

L'*Act* du Parlement par lequel la Banque est établie est intitulé: « Un *Act* pour accorder à leurs majestés différents droits sur le tonnage des navires et bateaux, et sur la bière, l'ale et différentes autres liqueurs, pour assurer certaines récompenses et avan-

---

(1) V. une bonne analyse de cet *act* dans Gibbart. *History, Principles, and Practice of Banking*, p. 31 (édit. 1883 revue par A. S. Michie). C'est là le seul point pour lequel ce volume ait pu nous servir.

tages mentionnés dans ledit *Act*, en faveur de telles
personnes qui avanceront volontairement la somme
de quinze cent mille livres, afin de mener à bonne
fin la guerre contre la France (1).

Après divers articles relatifs aux droits à établir,
l'*Act* autorise la levée de 1,200,000 livres par souscription, les souscripteurs devant former une société dont
le titre serait « Le gouverneur et la Compagnie de la
Banque d'Angleterre» (2). Nul ne pouvait souscrire
pour plus de dix mille livres jusqu'au premier jour
de juillet prochain, et même après cette date, la souscription individuelle ne pouvait passer 20,000 livres.
La société devait prêter la totalité de son capital à
l'État, lequel lui paierait un intérêt de 8 0/0 et 4,000
livres pour frais d'administration, en tout 100,000
livres par an. Les privilèges d'une banque étaient
assurés à la société pendant 12 ans, mais le gouvernement se réservait la faculté d'éteindre la Charte après
avoir donné à notre compagnie un avertissement
préalable d'une année. La nouvelle société n'était
pas autorisée d'emprunter ou de devoir plus que son
capital, et si elle le faisait, les actionnaires devenaient
personnellement responsables, proportionnellement

---

(1) «An Act fort granting to their Majesties several duties upon tonna-
ges of ships and wessels, and upon beer, ale, and other liquors, for se-
curing certain recompenses, and advantages, in the said act mention-
ned, to such persons as shall voluntarily advance the sum of fifteen
hundred thousand pounds, toward carrying on the war with France ».

(2) C'est le titre officiel encore en vigueur.

au montant de leur stock. La corporation ne pouvait non plus se livrer au commerce de marchandises quelconques, mais elle pouvait opérer sur des lettres de change, l'or ou l'argent, et vendre tous biens ou marchandises sur lesquels elle aurait avancé de l'argent, et qui n'avaient pas été retirés dans les trois mois après l'échéance de la dette ».

La souscription fut ouverte à Mercers' Chapel, alors siège de la société (1), le jeudi 21 juin 1694. D'après Luttrel le montant de la souscription pendant le seul jour de l'ouverture, fut de 300.000 livres, la reine ayant souscrit pour 10,000. Pour encourager les capitalistes à souscrire on accordait une réduction de 2 1/2 0/0 pendant les 3 premiers jours, et une réduction de 2 0/0 pour le quatrième jour qui se trouvait être un lundi. Après quoi, comme on avait déjà souscrit 900,000 liv. et que les 600,000 liv. souscrites pendant les trois premiers jours suffisaient pour convertir les souscripteurs en associés, on réduisit les avantages accordés à 5 sh. par cent livres (2). A peu près 0, 1/4 0/0. La souscription fut totalement couverte en dix jours.

A la suite de ce grand succès la Charte de la com-

---

(1) La Banque resta à Mercers'Chapel jusqu'au 28 septembre, quand on se transféra à Grocers'Hall qu'on avait loué pour 11 ans et où on en resta 40.

(2) Ces primes furent défrayées par la liste civile V. Postlethwayt, *History of the Revenue*.

Ce fait rapproché de la souscription de la reine, démontre le grand intérêt que le parti orangiste avait à voir réussir la Banque.

pagnie fut concédée le 24 juillet 1694. Voici ses principales dispositions.

« Que l'administration et la direction de la Société sera confiée aux gouverneur, député-gouverneur, et à 24 directeurs qni seront élus parmi les membres de la Société entre le 25 mars et le 25 avril de chaque année.

« Que nul dividende ne sera jamais accordé par lesdits gouverneurs et administrateurs, en dehors des intérêts ou gains résultant du capital ».

« Que le gouverneur et les administrateurs doivent être nés Anglais ou naturalisés tels. Ils devront avoir en leur propre nom et à leur usage, le gouverneur 4,000, le député-gouverneur et chaque directeur 2,000 livres en actions de la Société.

« Que 13 ou plus desdits gouverneurs ou directeurs formeront un comité d'administration dont le gouverneur et son adjoint sont membres de droit ».

Chaque électeur doit posséder au moins 500 livres. Il y a quatre assemblées par an. Et la charte prévoit les conditions selon lesquelles pourront être tenues les assemblées supplémentaires. Enfin les assemblées décrèteront les règlements d'administration (1).

Au surplus le nouvel établissement était monté sur un pied assez modeste, il y avait 54 secrétaires et

____

(1) Les règlements de la Banque « conformes aux statuts du royaume » furent rédigés d'après les avis de Serjeant Levinz, célèbre avocat du temps.

employés et leurs salaires n'excédaient pas 4,350 livres (1). Les affaires s'accomplissaient dans une seule pièce avec une simplicité primitive. Il en était encore ainsi 16 ans plus tard. « J'ai jetté un regard, dit Addison (2), sur le grand Hall dans lequel se tient la Banque, et je ne fus pas peu satisfait de voir les directeurs, secrétaires et commis, rangés dans leurs postes respectifs, selon l'importance que ceux-ci avaient dans l'administration ».

§ 2. — *Comparaison de la Banque d'Angleterre avec les Banques de Venise, de Gênes, d'Amsterdam et de Suède.*

Lors de la fondation de la Banque d'Angleterre, il existait déjà au moins trois grandes banques en Europe, celle de Venise, celle de Gênes et celle d'Amsterdam.

De ces trois banques, celle de Venise était la plus ancienne, remontant à 1156 (3) ou à 1171. Mais à sa fondation, cette banque ne présentait pas les caractères qu'elle eut depuis, et qu'on imita dans toute l'Europe.

(1) V. Francis, p. 65.

(2) V. *Spectator*, n° 3 (3 mars 1701). On trouvera cet essai dans la collection de Chalmers, *The British Essayists with prefaces historical and biographical*, vol. 6. p. 13. Mais j'ai été étonné de ne pas le retrouver dans l'édition des *Essais* d'Addisson qu'à donnée, en 1894, sir John Lubbock. V. *Sir John Lubbock's hundred Books* Ce même essai contient une allégorie, montrant l'étroite union de la Banque et du parti whig ; nous en reparlerons plus tard.

(3) 1156, d'après Gide, p. 335, note, mais l'éminent économiste ne donne pas cette date comme certaine.

La République engagée dans des guerres en Grèce, leva sur ses citoyens un emprunt forcé, qu'on nomma *Monte*, et une commission fut nommée pour administrer les transferts et payer les dividendes. Par suite d'emprunts subséquents, l'importance de cette administration s'accrut. Mais ce ne fut qu'en 1587, pour régler la question des monnaies et mettre un terme à divers abus (1), qu'on consolida les emprunts antérieurs, autorisa une banque de dépôts, et trancha les contestations par l'établissement de la monnaie de banque.

Les origines de la Banque de Gênes rappellent ceux de la Banque de Venise. Gênes, pour parer aux besoins de la guerre d'Espagne, vendit les recettes de certains impôts. Chacune de ces opérations s'appelait une vente (*compera*), et en 1250, on les fondit toutes ensemble en un institut nommé *Compera del Capitolo*. En 1407, Jean le Maingre, Maréchal de France, transforma cette *Compera* en l'office de Saint-Georges (*Ufficio di San Giorgio*), compagnie destinée à prêter au gouvernement l'argent nécessaire pour convertir de nombreuses dettes antérieures. Cet Office allait devenir un État dans l'État, et dépasser de beaucoup en importance les compagnies à charte les plus puissantes. La Compagnie des Indes Orientales ne joua jamais en

---

(1) Les banquiers, dans un but de lucre, prêtaient à des gens de peu de consistance, lesquels disparaissaient et souvent les déposants étaient ruinés. V. page 19 de notre Introduction.

Angleterre le quart du rôle que l'Office jouait à Gênes. La République commença par lui céder Péra et ses colonies de la Mer Noire, ceci en 1453. La même année on lui céda la Corse, sur laquelle la République, déchirée par des factions intestines, ne pouvait maintenir son autorité. Il y eut bien d'autres cessions encore. « Les citoyens, dit Machiavelli (1), préféraient le pouvoir de la Compagnie à celui de l'État à cause de la tyrannie de celui-ci, et des excellentes règles de de celle-là ».

La véritable Banque de Saint-Georges ne fut fondée qu'en 1675, et lors de la fondation de la Banque d'Angleterre, elle conservait encore une partie de son ancienne splendeur. Mais la banque qui était alors au zénith de sa gloire était la Banque d'Amsterdam. Elle avait été fondée au moment ou la République allait conclure sa première trêve avec l'Espagne; elle avait eu un succès si grand et si prolongé, même du temps d'Adam Smith, elle é:ait encore si bien considérée comme le modèle des banques, que cet économiste se croyait obligé d'étudier l'organisme et la constitution de la Banque des Pays-Bas plutôt que les institutions de son propre pays (2).

Différences entre la Banque d'Angleterre et les trois Banques continentales. — Sans nous attarder à

(1) *Storie fiorentine,* libr. VIII. V. tome IV, p. 389, etc., de la traduction française de Giraudet.

(2) *Wealth of Nations,* vol. IV, chap. III. Smith avait été aidé dans ce travail par son ami Hope.

certaines ressemblances avec les Banques de Venise et de Gênes, telle la communauté des origines (les trois Banques ayant pris naissance dans un emprunt et ayant vu se développer leurs privilèges, grâce à un système d'emprunts successifs consentis à l'État) (1) ; sans non plus nous attarder à montrer que la Banque d'Angleterre n'eut jamais les pouvoirs politiques des deux Banques italiennes, nous devons faire ressortir immédiatement le côté par lequel la Banque d'Angleterre constituait une innovation et différait profondément de ses rivales du continent. Celles-ci n'étaient que des banques de dépôts, la Banque d'Angleterre était quelque chose de plus et quelque chose de mieux.

Expliquons-nous. Les banques continentales recevaient des marchands des monnaies de tous pays

(1) D'autres banques doivent leur naissance à un emprunt. Ex. celles fondées à Florence en 1336 et 1357, à Chieri (Piemont) en 1415, à Barcelone en 1349 (v. Pareto, *op. cit.*, p. 356). Dans les temps modernes, on peut citer la Banque nationale autrichienne créée, en 1817, pour retirer de la circulation la monnaie en papier émise par le gouvernement. Cette banque existe encore sous le nom de Banque Austro-Hongroise, mais le papier-monnaie est toujours en circulation. De même les banques de Gênes et de Turin prêtèrent 20 millions au gouvernement piémontais, qui permit leur fusion en une seule banque. Celle-ci continuant à prêter au gouvernement devint la Banque nationale sarde, puis la Banque d'Italie. La Banque d'Espagne fut fondée en 1874 pour faire à l'Etat un emprunt de 125 millions de pesetas. Depuis les emprunts ont continué sous différentes formes.

En sens contraire, on peut citer la Banque d'Amsterdam, et plus récemment les banques d'Ecosse. La Banque de France et celle de Belgique tirent bien leur origine de l'industrie privée, mais elles reçurent l'aide plus ou moins directe du gouvernement.

estimées ou évaluées, et tenues comme équivalent des billets qu'on délivrait contre elles. En théorie, les billets de ces banques primitives étaient de la nature de nos warrants, donnant droit au porteur de réclamer non seulement la somme énoncée, mais théoriquement au moins les pièces qu'il avait déposées.

La Banque d'Amsterdam garantissait à ses dépositaires qu'ils recevraient toujours le même poids d'argent, c'est-à-dire une valeur égale à la somme déposée. On faisait le compte dans une monnaie idéale, la monnaie de banque (1). A ce titre, le papier que les banques émettaient était bien supérieur aux monnaies métalliques sujettes à des dépréciations et des falsifications de toute nature. Aussi faisait-il prime. L'État de son côté ordonnait que tous les billets supérieurs à une certaine somme fussent négociés à la Banque. Par conséquent tout marchand considérable était obligé d'y avoir dépôt.

La Banque d'Angleterre suivit dès le début une

_____

(1) V. Gide, p. 336. L'obligation de conserver les dépôts n'était pas illusoire. D'après Davenant, la Banque d'Amsterdam conservait d'une façon permanente 36,000,000 livres. En 1672, quand Louis XIV envahit la Hollande, la populace fut saisie de terreur, de Witt fut écharpé, et un *run* sur la Banque se produisit. Le trésor de la Banque fut trouvé intact, les marques des pièces qui avaient souffert de l'incendie de Stadthauss étaient parfaitement visibles, et le crédit de la Banque en fut très accru. Il n'en fut pas de même 120 ans plus tard, lors de l'invasion par les armées révolutionnaires, car tout le trésor avait été clandestinement prêté à la Compagnie des Indes-Orientales. Ce fut la fin de la Banque d'Amsterdam.

autre voie, la voie que les orfèvres et la Banque de Suède (1) lui avaient tracée. Elle prétendait bien donner par ses billets l'équivalent de ce qu'elle avait reçu, mais elle ne prétendait jamais accepter les dépôts dans un autre but que celui de les employer à ses propres opérations. Elle ne prétendait pas davantage que ses billets correspondaient exactement à son capital en numéraire, encore que forcément ses obligations représentassent son actif, plus, bien entendu, le capital des actionnaires, et plus tard sa réserve perçue sur les bénéfices. Au début, ses bénéfices découlaient des dividendes payés par le gouvernement, et du profit résultant de l'émission des billets, en échange ou en addition du numéraire qu'elle acceptait. Elle frappait, en résumé, son crédit en monnaie de papier. Ceci nous amène à examiner :

§ 3.— *Les opérations de la Banque* (2).

Ces opérations étaient diverses. Mais avant d'en

---

(1) La Banque de Stockholm, fondée en 1661, avait déjà employé les billets de banque. V. Law, *Mémoire sur les Banques* (édition Guillaumin, p. 523). La Banque de Suède, dit Voltaire (*Histoire de Charles XII*, livre I, p. 1), qui est la plus ancienne de toute l'Europe, y fut introduite par nécessité, parce que les paiements se faisant en monnaie de cuivre et de fer ; le transport était trop difficile.

Voyez sur la Banque de Palmstruch qui inaugura ce système en 1661, un ouvrage américain, *A History of Banking in all Nations*, vol. IV, p. 393-395.

(2) V. Sur ces opérations Godfrey : *A short account of the Bank of England* (1696). On y trouve aussi un aperçu des résultats immé-

parler il convient de remarquer, qu'elles n'étaient pas régies par les principes qui semblent régir les opérations de banque modernes.

Tout d'abord le capital jusqu'au dernier shilling avait été prêté au gouvernement. La seule sécurité des actionnaires était la bonne foi du débiteur. Or deux années seulement s'étaient écoulées depuis que le gouvernement avait inauguré le système de la dette publique par annuités. L'emprunt de la loterie d'un million était une opération entreprise simultanément à la fondation de la banque et avait eu un rapide succès, mais cette dette était également temporaire et devait être éteinte en seize années. L'emprunt de la Banque était donc le premier emprunt permanent, sinon en théorie, car le gouvernement se réservait la faculté de l'acquitter en 1705, du moins en fait, car chacun prévoyait que le gouvernement ne voudrait jamais détruire une institution aussi utile pour lui que pour le public.

Ainsi le capital de la Banque était entre les mains du gouvernement.

De quelle source celle-ci pouvait-elle donc retirer des bénéfices ?

1° D'abord la Banque avait, outre les cent mille livres annuellement payées par le gouvernement, la

diats qu'obtint cet établissement. C'est là un ouvrage fort utile, que nous avons déjà cité. Nos renvois se réfèrent à la réédition par Francis, à la suite de son propre ouvrage.

faculté d'émettre des billets. Elle en avait émis pour une somme analogue à celle avancée au gouvernement. Ces billets n'avaient pas cours forcé (1), ils portaient 2 pences d'intérêt par jour, ce qui coûtait à la Banque 36,000 livres par an, mais lui attirait les clients des orfèvres.

Chose incroyable, la Banque ne prit aucune précaution pour assurer la convertibilité de ses billets, et lors de la refonte des monnaies, elle fut réduite aux expédients les plus désespérés pour soutenir son crédit. Elle n'y serait point parvenue sans les sacrifices que consentirent ses directeurs et actionnaires.

2° La Banque escomptait les lettres de change moyennant un intérêt de 4 1/2 pour cent, s'il s'agissait de lettres étrangères et de 6 0/0, s'il s'agissait de créances et de billets anglais. Mais la Banque consentait des réductions consid érables aux taux de son escompte à ceux de ses clients qui avaient déposé chez elle leur numéraire.

3° Ce n'était pas là le seul avantage accordé aux déposants. En effet, en vue d'augmenter les profits qu'elle pouvait réaliser sur les capitaux déposés, la Banque s'efforçait d'attirer les déposants en leur accordant un intérêt de 4 0/0, chose qui avait le don d'exaspérer les ennemis de la Banque. Ils prétendaient

(1) Godfrey n'était pas partisan du cours forcé. La seule chose, dit-il (v. p. 7-8), qui donne la circulation aux billets est que chacun peut, quand il le veut, se procurer la monnaie qu'ils représentent.

qu'on enlevait ainsi des capitaux au commerce et à l'industrie (1).

La première charte autorisait la Banque à prêter sur gage. D'après Godfrey, elle prêtait sur gage et sûretés réelles à cinq pour cent par an. Si les titres de la terre étaient plus sûrs, ils auraient consenti des prêts sur l'hypothèque à 4 0/0 et, en temps de paix, à 3 0/0.

La Banque ne semble pas avoir abusé de la faculté que lui accordait la charte, et elle n'établit pas de Mont de piété.

(1) V. Davenant, *loc. cit* et *Discourses on the public Revenues and Trades in England*, Part. I, p. 205 (1698).

CHAPITRE IV

Résultats de la création de la Banque.

La Banque était née sous de sombres auspices. La situation politique était mauvaise (1), les tempêtes de l'équinoxe de mars avaient été d'une rigueur extrême (2), et la situation financière était déplorable, car non seulement la fièvre du jeu jetait constam-

---

(1) Malborough avait révélé à Jacques II le projet d'une attaque contre Brest, et avait ainsi changé en désastre une opération qu'on estimait devoir achever la ruine de la marine française. (Cette lettre de Malborough a paru dans les *Stuarts' Papers*. V. aussi Henri Martin, t. 14, p. 196-197 et Macaulay).

A l'intérieur, le gouvernement n'était pas raffermi, on craignait une descente sur les côtes britanniques, et l'on disait que le pape était sur le point d'avancer des sommes considérables à Jacques II, afin de supporter cette entreprise.

(2) Une seule d'entre elles aurait apporté un dommage de 400,000 livres, somme considérable si l'on estime, comme le fait Rogers, que la marine anglaise ne jaugeait guère plus de 200,000 tonneaux. En 1702, le total ne dépassait pas, d'après Macpherson, 212,222 tonneaux. Il est aujourd'hui de 9,164,342 contre 1,639,552 pour l'Allemagne et 957,756 pour la France (chiffres empruntés à une statistique fort détaillée, publiée dans le *Times* du 5 février 1901). En 1898, on construisit en Angleterre 761 navires de commerce d'un tonnage total de 1,367,250 tonneaux, sans compter 33 navires de guerre d'un tonnage de 120,560 (V. Victor Bérard, *l'Angleterre et l'Impérialisme contemporain*). Ce qui revient à dire que la construction annuelle est aujourd'hui sept fois supérieure au total de la flotte marchande anglaise il y a deux siècles.

ment la perturbation sur le marché (1), mais en plus
l'absence d'une base monétaire stable (2), sur laquelle
on put établir la circulation fiduciaire, pouvait pousser la Banque d'un moment à l'autre aux portes de la
banqueroute. Eh bien! malgré tout, les débuts de la
Banque furent heureux (3). Cela tenait à la prudence

(1) Nous en avons déjà parlé (v. p. 65-66) ainsi que de ces sociétés, qui
ne reposaient souvent sur rien, et dont les actions subissaient des variations incessantes. Ces variations étaient d'autant plus nombreuses, qu'il
était alors assez facile de semer la panique sur les actions de telle et telle
compagnie, ou de faire monter artificiellement la valeur des actions de
telles autres. Le public encore inhabitué à ces manœuvres s'y laissait
prendre facilement. Les spéculateurs, qui se réunissaient alors dans les
cafés, notamment dans ceux de Garraway et de Jonathan, lieux qui, dans
l'histoire de Londres, sont les équivalents de la rue Quincampoix, ne se
gênaient pas pour occasionner des variations dont quelques chiffres
vont donner une idée. Les actions de la Compagnie d'Hudson-Bay tombèrent, en trois ans, de 250 à 80 livres. Les actions de la Compagnie
des Indes-Orientales, cotées à 146 livres au début de l'année 1693, tombèrent à 37 en mai 1697, pour remonter à 142 au début de 1700. Les
actions de la Compagnie des Indes-Orientales anglaises, la jeune rivale
de la Compagnie précédente, qui finit par s'amalgamer avec elle, subirent le même sort; de 46 livres en mars 1699, elles passèrent à 219 en
mars 1703. Et il s'agit des Compagnies les plus solides et les plus connues, je les ai choisies à dessein. On peut se faire une idée des variations que subissaient les stocks d'autres Compagnies aujourd'hui oubliées.

(2) La situation des monnaies fera l'objet d'un chapitre spécial.

(3) V. sur tout ceci l'excellent ouvrage de M. Rogers, *The first nine
Years of the Bank of England*. Le plus bel éloge qu'on puisse faire de
cet ouvrage est de dire qu'il n'est pas inférieur à l'Histoire de l'Agriculture et des Prix du même auteur. Tout ce qu'on peut regretter, c'est
que M. Rogers, dans cet ouvrage, écrit quelques années avant sa mort,
n'ait pas étudié la période antérieure à l'*act* de 1694, et que son livre
débute avec la fondation de la Banque d'Angleterre. Cela tient, ainsi
qu'il l'explique dans sa préface, à ce que l'auteur entreprit son œuvr
d'une façon accidentelle. Dans ses recherches sur l'histoire des prix, il
retrouva un registre hebdomadaire des prix des actions de la Banque, du
17 août 1694 au 17 septembre 1703; ce registre se trouvait dans un jour-

et à la capacité de ses directeurs et actionnaires, cela
tenait surtout à la grande confiance que ces direc-

nal de statistique, publié par un apothicaire de la cité, nommé Hougton.
Ce journal contenait, outre quelques courts articles sur les choses du
jour, une liste du prix des blés et autres marchandises, d'après les
marchés des principales villes anglaises, et un grand nombre d'annonces
et d'avertissements de tous genres. M. Rogers s'étant adressé à la
Banque d'Angleterre pour obtenir l'explication de quelques points obs-
curs, apprit avec surprise qu'on n'avait pas connaissance du prix des
actions avant 1705. Il résolut donc de publier et de commenter ce registre ; c'est ainsi qu'est né cet ouvrage, et c'est pourquoi il se borne à
l'époque si brève de neuf années. S'il était vrai, ainsi que le prétend
M. Rogers, dans sa préface (p. 15), que l'histoire politique et financière
de la Banque d'Angleterre n'a jamais été écrite, il pouvait se flatter
que cette lacune n'existe dorénavant qu'à partir de l'année 1703, dernier
stade de son œuvre.

Cette histoire a d'ailleurs plusieurs fois été tentée.

Le premier ouvrage de ce genre fut écrit en 1797 et est intitulé :
*The History of the Bank of England, from the Establishment of that
Institution to the present day*. Cet ouvrage contient 110 petites pages,
et correspond bien au but de l'auteur qui était de donner une idée de
la Banque et l'histoire succincte des crises qu'elle devait traverser. La
brochure est évidemment inspirée par les événements de 1797, sur lesquels elle donne quelques renseignements utiles ; elle est suivie d'une
copie de la charte et des principaux règlements de la banque.

La seconde histoire que j'ai pu trouver est une brochre de 62 pages,
sous le titre de *The life and adventures of the old Lady of
Threadneedle Street, containing and account of her numerous in-
trigues with various eminent statesmen of the past and present times.*
— Ce serait une autobiographie. Malgré ces dehors bizares, le contenu
est des plus misérables. L'auteur, très favorable à la Banque, croit faire
de l'esprit en appelant Louis XIV Louis le Gascon (V. p. 6 et 13) ou en
représentant la Banque reçue par Guillaume III dans son palais de
Kensington. Faisant allusion aux succursales récemment ouvertes, il
compare la Banque à Sarah qui enfanta dans sa vieillesse, et se livre à
mille autres incongruités. C'est un des livres les plus grossiers et les
plus stupides qui me soient tombés sous la main; il parut en 1832.

En 1848, parut l'histoire de la Banque d'Angleterre de Francis.
M. Stephens en a justement résumé les qualités et les défauts en disant
que c'était un ouvrage fait au point de vue populaire. Ce n'est certes

teurs inspiraient. Michel Godfrey qui, en ce qui touchait la cité, avait été pour la Banque, ce que Montague fut dans le sein du gouvernement, apportait non seulement son influence personnelle, qui était très grande, mais avait encore eu grand soin de s'entourer de financiers puissamment riches et d'un grand renom. C'étaient sir John Houblon (1), le premier gouverneur, depuis lord maire de Londres, Gilbert de Hearthcote

pas un ouvrage scientifique, et l'auteur vivait à une époque où ceux qui écrivaient pour le grand public, subissaient trop l'influence de l'auteur des *Trois Mousquetaires*. Malgré tout, M. Francis a eu le mérite d'entrer le premier dans une voie difficile. Il a pu, étant employé à la Banque, donner plusieurs détails intéressants et, pour ma part, j'ai lu son ouvrage avec soin et profit.

Il faut rechercher la meilleure histoire de la Banque d'Angleterre, non pas dans un ouvrage spécial, mais dans un ouvrage général sur les opérations de banque, dans le traité théorique et pratique de M. Macleod. L'économiste écossais y trace, surtout au point de vue de la circulation monétaire, l'essai le plus parfait que nous ayons sur la matière. On y trouve notamment trois analyses des rapports de Locke, de Lowndes et de Newton sur la question des monnaies, et une quatrième analyse du *Bullion-Report* et des débats qui l'ont accompagné, qui sont de tout premier ordre, et qui nous ont été de la plus grande utilité.

J'ai encore trouvé un chapitre intéressant dans chacun des ouvrages de M. Collins, et de Gibbart sur les opérations de Banque, mais je n'ai rien pu trouver touchant l'histoire de la banque dans le plus connu des ouvrages généraux, le *Lombard Street*, de M. Bagehot.

On ne saurait clore cette note sur les ouvrages consacrés à l'histoire de la Banque d'Angleterre sans citer la *Contribution to the Bibliography of the Bank of England*, de Stephens. Cette bibliographie comprend une liste, incomplète d'ailleurs, des ouvrages touchant la Banque, plus une liste également chronologique des ouvrages relatifs à la dette nationale, et des notices bibliographiques sur les fondateurs de la Banque.

(1) Ces Houblons, car sir John avait quatre frères, étaient d'origine flamande. Leur père s'était réfugié en Angleterre à la suite de persécu-

et plusieurs autres marchands d'une grande réputation commerciale. — La personnalité des directeurs avait alors plus d'influence qu'aujourd'hui, et celle des collègues de Godfrey était telle que même sa mort (1), suivie du départ de Pater son, n'apporta aucun changement sensible (2).

Le succès de la Banque eut aussi des raisons et un caractère politiques. Ses promoteurs étaient tous des Wihgs militants, et si cela les exposa aux attaques que l'on sait, cela leur avait valu en revanche l'appui du gouvernement et les sympathies du monde commercial qui, le voyant attaqué, s'étaient groupés autour du nouvel établissement.

Le succès, quelles qu'en fussent par ailleurs les causes, fut éclatant. Godfrey vécut assez longtemps pour en témoigner et quelque temps avant sa mort il publia sa fameuse brochure. Il y triomphe avec quelque complaisance.

tions religieuses. Il acquit à Londres des biens considérables, mais demeura toujours un membre de la colonie française, dont il fut même longtemps le président.

(2) Godfrey périt devant Namur le 17 juillet 1695. Il était venu apporter des subsides à Guillaume, qui assiégeait cette ville, et, en bon courtisan, accompagna son roi dans les tranchées, où un boulet vint l'emporter. Les méchantes langues prétendirent qu'il ne s'était aventuré dans une position aussi avancée, que par excès de prudence, ne se croyant en parfaite sûreté que là où se trouvait le roi. Ç'aurait été bien mal connaître le caractère de Guillaume.

(3) Cette mort n'amena dans le prix des actions qu'une baisse de deux pour cent.

D'après lui (1) le premier avantage de la fondation de la Banque, fut d'offrir au gouvernement un emprunt à un taux exceptionnel. Cela est parfaitement exact, et cela permit à Guillaume de prendre l'offensive dans les Flandres, et de remporter ses premiers succès. La Banque aida le gouvernement non seulement par des prêts, mais aussi en rendant effectif le vote des impôts. Elle prenait au pair les tailles qui maintenant faisaient prime, alors que jusqu'en 1694, les tailles, même les plus sûres et à courte échéance comme celles sur l'impôt foncier, subissaient un escompte de 1 1/2 à 2 0/0, et quant aux tailles qui n'offraient pas ces garanties, elles étaient escomptées avec 15 à 30 0/0 de perte, toujours en plus de l'intérêt (2).

Les avantages que la Banque offrait au public n'étaient pas moins grands.

Les citoyens trouvaient un établissement, où leurs dépôts étaient en sûreté (3), et leur portaient intérêts, nonobstant la faculté qu'ils avaient de les retirer quand ils voudraient.

L'influence de la Banque sur le taux de l'intérêt fut également des plus bienfaisantes. Godfrey fait ressortir comme une chose inattendue et sans exemple,

(1) V. p. 3.

(2) Également p. 3.

(3) Godfrey profite de l'occasion pour se livrer à diverses accusations contre les orfèvres. V. *supra* p. 18.

qu'après six années de guerre, et après que la
nation eût dépensé 30 millions (1), il y avait eu une
grande baisse du taux de l'intérêt, au lieu de la
hausse habituelle en pareil cas. L'auteur prédit que
grâce à la Banque l'intérêt sera dans quelques années
réduit d'une façon permanente à 3 0/0, et la valeur
des terres augmentée de près de 100 millions (2).

La Banque fut indubitablement très avantageuse
pour l'Etat comme pour le public, les dires de Godfrey
sont confirmés de toute part. Et ce qui vaut mieux,
à faire le bonheur de tout le monde la Banque ne
perdit rien.

C'est ce qui appert du prix de ses actions qui montèrent très rapidement au pair, et le 25 octobre 1694
elles étaient à 105. Après quelques variations dont
on trouvera dans Rogers le récit le plus minutieux (3),
elles remontèrent à 99 au 25 mars de l'année suivante,
rebaissèrent un peu, puis progressèrent à nouveau,
si bien qu'en janvier 1696, elles atteignirent le prix
sans précédent de 108 (4). Tout semblait aller à mer-

(1) V. p. 6.
(2) V. p. 7 et plus haut sur le but recherché par ces promesses. p. 85.
(3) Cinq tables fort utiles sont jointes au livre de M. Rogers, à savoir :
1° Prix hebdomadaires des actions de la Banque ; 2° Taux du change
sur Amsterdam ; 3° Escompte ou prime du papier entre Londres et
Amsterdam ; 4° Prix des billets de Banque ; 5° Changements dans la
valeur de l'or de l'argent ou des guinées.
(4) Ces variations étaient dues soit aux événements politiques bons
ou mauvais qui survinrent pendant ces années, tels la prise de Namur,
la mort de la reine, etc, soit à des événements particuliers à l'histoire

veille, quand apparurent les deux plus grands dangers qui menacèrent notre institution naissante, la refonte rendue indispensable par le mauvais état du numéraire et le projet d'une Banque foncière. Ces difficultés feront l'objet des deux chapitres suivants.

de la Banque, tels la mort de Godfrey ou l'annonce d'un dividende, soit enfin à des scandales et à des manœuvres politiques qui caractérisèrent cette époque. On trouvera dans Macaulay (chap. XXI) p. 506-514 le récit des scandales de la compagnie des Indes-Orientales et de l'*Orphans Fund* de la ville de Londres. On put voir, fait sans précédent, le speaker poser à la chambre qu'il présidait, une question sur le point de savoir s'il était coupable de prévarication et être expulsé par la chambre. Seymour et Leeds furent .également compromis dans cette affaire, et leurs accusateurs ne valaient pas mieux qu'eux.

Ces scandales jetèrent sur les actions de toutes les grandes compagnies financières un discrédit, auquel vinrent s'ajouter pour la Banque d'Angleterre les manœuvres de Lord Godolphin et de Charles Duncombe qui, pour amener une baisse fictive, vendirent toutes les actions qu'ils possédaient. L'effet de cette vente subite et simultanée peut être appréciée si l'on considère que Duncombe avait à lui seul pour 80,000 livres d'actions. Duncombe du reste était un homme de la pire espèce, convaincu de faux, et relâché faute de texte applicable à son crime ; il finit par arriver au prix de corruptions sans nombre au poste de Lord Maire de Londres. Il avait fait sa fortune par tous les moyens qu'on peut inventer. Le récit de sa vie fournirait un curieux chapitre à l'histoire des mœurs sociales et surtout des mœurs électorales de son temps. On voyait s'étaler sans nul ambage la prévarication et la corruption électorale sous toutes leurs formes. Ce n'est pas un des moindres honneurs de l'Angleterre moderne de s'être lavée de toutes ces mœurs scandaleuses, qui, avec la complicité de la monarchie hanovrienne, s'étaient prolongées jusqu'à la fin du xviiie siècle.

CHAPITRE V

LA REFONTE DES MONNAIES.

Sous Guillaume III les pièces étaient frappées à la Tour grâce à un moulin tourné par des chevaux. Mais avant l'introduction d'une machine à frapper les monnaies, celles-ci étaient frappées au marteau ; on découpait d'abord les lingots en morceaux puis on frappait. Ces deux espèces de monnaies circulaient simultanément, du moins en principe, car bientôt les mauvaises monnaies chassèrent les bonnes. Et Folkes dit (1) que, lors de la refonte de 1696, les pièces qui vinrent à la Monnaie avaient toutes été frappées entre la sixième année du règne d'Edouard VI et l'année 1662, année pendant laquelle fut introduit le monnayage à la machine.

A cette époque d'ailleurs, l'état des monnaies était véritablement scandaleux ; il circulait encore des monnaies datant des Plantagenets, et des monnaies de bas aloi du temps de Henri VIII et Edouard VI qui avaient échappé au pot de fonte d'Elisabeth (2), et

(1) V. Martin Folkes. *A Table of Silver Coins*, p. 42.

(2) Sur la refonte d'Elisabeth on trouvera quelques détails dans notre troisième partie chap. VI, à propos du discours de Robert Peel. C'est cette refonte qui permit à Gresham de constater la loi qui porte son nom.

étaient exactement appréciées par les marchands de
monnaies, car on trouve des monnaies en vente dont
la moitié était en alliage. De plus comme la Monnaie anglaise prélevait sur la monnaie frappée des
droits assez lourds pour couvrir les frais (1), les monnaies ayant non seulement à payer 14 pence par livre
comme frais de frappe, mais encore le coût de la fonte
et de l'affinage, ces charges considérables aboutis-
saient à une importation très forte de monnaies étrangères, qui dans les échanges étaient estimées à leur
valeur métallique et non aux prix de l'hôtel des Monnaies. Les inconvénients d'une pareille situation se
faisaient vivement sentir et avaient donné lieu à des
pétitions aux Communes et à divers projets de lois.
Mais dès 1694 la situation devint intenable. La
monnaie d'argent devenait de jour en jour plus
mauvaise et, à la fin de l'année, les guinées qui représentaient théoriquement 20 sh. montèrent peu à peu
à 30. Le change sur la Hollande baissa de 25 0/0,
encore que la balance du commerce fut favorable à
l'Angleterre.

Cet état de choses ne pouvait pas ne pas attirer
l'attention de Parlement (2). Les difficultés étaient

____

(1) Actuellement toutes les dépenses nécessitées pour la frappe de la
monnaie sont couvertes par les impôts, et le *sovereign* anglais est la
seule pièce qui ait vraiment sa valeur nominale.

(2) Dès 1689 un comité fut nommé mais il ne déposa pas de rapport.
On trouve des traces de cette crise monétaire dans nombre d'œuvres
littéraires, telles la correspondance du poète Dryden, la satire de

tellement grandes, que le commerce était arrêté et
les impôts cessaient d'être perçus. Les monnaies en
argent étaient depuis longtemps altérées, et ces dégâts
furent commis si secrètement et étaient si bien cachés
par toutes les personnes intéressées au commerce des
monnaies, que toutes les pièces avaient grandement
perdu de leur valeur, cinq livres en espèces valant
en fait seulement près de 40 shillings; sans compter
une quantité de monnaies de fer et bronze argentés
qui étaient dans la circulation (1).

La commission demanda que la monnaie fut frappée à nouveau et estimait cette dépense à un million.
Elle demandait aussi que la nouvelle monnaie fut du
même poids et de la même qualité que l'ancienne;
que la couronne valut 5 sh. 6 d; que de nombreuses
pénalités fussent promulguées contre les falsificateurs
de monnaies.

Un *act* fut passé en ce sens en 1695 (2). L'exposé
des motifs constatait qu'il était notoire que la monnaie avait été grandement altérée par des manœuvres diverses, que beaucoup de pièces fausses
avaient été rognées afin d'avoir une apparence d'au-

Blackmore sur l'esprit, et même dans une comédie de Cibber
The fool of fashion, où le héros dans un style se ressentant de la
licence qui régnait alors sur la scène anglaise, déclare que « *Virtue
is as much debased as our money ; and faith, Dei Gratia is as hard
to be found in a girl of sixteen as round the brim of an old shilling* ».
(1) V. *Parlementary History*, vol. V, p. 955.
(2) L'*Act* 6 et 7. *William and Mary*, chap. 17.

thenticité, et que ces pratiques avaient été exercées par ceux qui faisaient métier d'échanger de la monnaie pleine contre la monnaie altérée ou qui pratiquaient des arts analogues. La loi défendit par conséquent à toute personne d'échanger prêter, vendre, acheter, recevoir des pièces inaltérées ou non rognées d'or ou d'argent, pour plus que leur valeur nominale, et cela sous une pénalité de 10 sh. par 20 sh. négociés. La loi ajoutait (art. 4) que quiconque vendrait ou achèterait ou possèderait sciemment des pièces altérées, les verrait confisquées, et serait sujet à une amende de 500 livres, ainsi qu'à être marqué sur la joue droite d'un R majuscule. La loi défendait en outre (1) à toute personne, sous peine d'emprisonnement, excepté les orfèvres de profession, de vendre ou acheter des lingots d'argent, et édictait différentes pénalités pour l'exportation de l'argent.

Enfin cette loi, que Rogers qualifie de frappante illustration de l'inintelligence et de l'ignorance des lois monétaires qui régnèrent pendant cette législ-

____

(1) V. art. 5, 6, et 7. Voici ces dispositions. L'art. 5 interdit à toute personne de transporter des lingots, excepté si le lingot a été marqué à *Goldsmiths'Hall* et serment a été prêté qu'il n'est pas le produit de numéraire anglais (les lingots déclarés sous serment se vendaient à peu près 3 sous plus cher que les autres lingots. Comme le fait remarquer très spirituellement M. Rogers, cela équivalait à estimer à 3 sous par once le prix d'un faux serment.

L'art. 6 décide que les lingots non frappés seront saisis et confisqués par l'administration des douanes. L'art. 7 autorise seuls les orfèvres à vendre et à acheter du numéraire.

lature, contient deux articles plus caractéristiques
encore.

L'article 8 permettait au gouvernement assisté de
deux membres de la compagnie des Orfèvres, ou
de deux juges de paix de s'introduire dans toute maison suspecte de contenir des lingots ; et, au cas où
il s'en trouverait, c'était au propriétaire de la maison
à prouver qu'ils ne sont pas le produit de pièces
fondues ou rognées. La loi allant plus loin obligeait
les sheriffs des comtés à payer à partir du 1er mai
1695, 40 livres à toute personne qui prouverait la
culpabilité d'un fraudeur. Et le dénonciateur était
autorisé à poursuivre le sheriff si celui-ci tardait à
lui payer sa gratification.

C'était déjà une prime à la délation. La loi est
allée plus loin encore dans cette voie. Elle pardonne
à tout falsificateur qui prouvera la culpabilité de
deux de ses collègues ; et un apprenti qui dénonce
utilement son patron est promu *ipso facto* patron
dans la cité. Sa dénonciation lui tiendra lieu de chef-
d'œuvre.

Nous avons cru devoir insister sur ces dispositions, parce qu'elles ne sont pas spéciales à cette loi
de 1695. On les retrouve dans tout effort législatif
analogue, et on peut dire que la défense de conserver de l'argent monnayé ou en lingots, aussi bien
que l'encouragement à la délation, sont le corollaire
des lois par lesquelles les législateurs ont cru pou-

voir altérer le libre jeu des lois monétaires. Pour ne parler que de la France, nous les retrouvons sous la Régence, où l'on vit un fils dénoncer son père, et lors des lois révolutionnaires relatives aux assignats. Les lois françaises n'ont servi qu'à semer le trouble et le désordre, et n'ont correspondu en rien aux espérances de leurs promoteurs. L'effet des lois anglaises pourra être jugé par les faits suivants.

Pendant les mois de mai, juin, juillet 1695, 572 sacs d'argent, de 100 livres chacun, rentrèrent à l'Échiquier. Leur poids devait être de 18,451 livres; il était en fait de 9,480 livres, ce qui faisait une différence de près de 50 0/0.

J'ai constaté après examen, dit un écrivain du temps (1), que 5 sh. avaient le poids de 8 sh. de la monnaie courante, et que sur ces 8 sh., 3 pièces n'étaient pas altérées, mais seulement usées. J'ai constaté à d'autres occasions que 10 sh. de monnaie de poids pesaient 20 sh. de la monnaie d'aujourd'hui, et enfin que 20 sh. en pesaient 43.

Les officiers de l'Échiquier, dit Lowndes (2), pesèrent 57,200 liv. de monnaie martelée. Son poids

(1) V. *An Essay for Regulation of the coin. By. A. V.* (2 septembre 1695).

(2) *Some Remarks on a Report containing an Essay for the Amendment of the Silver Coins* (1695). V. p. 159 de l'édition primitive et p. 253 de la réimpression par Mac Culloch dans *A Collection of scarce Tracts on Money*.

Dans le même sens, v. Martin Folkes, p. 117, note. L'Hermitage dit aussi (9 décembre 1695) que trois orfèvres fameux de Londres furent

devait être supérieur à 221,418 onces, il se trouva
être de 113,771. Voici le détail par sac :

```
1o  sac devant peser  154.83  onces  pesait en  réalité  8.095
2o        —            28.645  —                 —        14.375
3o        —            51.483  —                 —        27.318
4o        —            46.451  —                 —        23.469
5o        —            40.645  —                 —        20.899
6o        —            38.709  —                 —        19.588
                      ────────                          ────────
                      221.418  —                 —       113.771
```

L'écrivain anonyme précité fit un calcul analogue (1).
Il se rendit chez différents orfèvres de Londres et leur
demanda de tirer de leur caisse un sac de 100 livres,
qu'il a trouvé après examen peser les poids suivants :

```
1er sac............................  230 onces (2)
2   —.............................  222  —
3   —.............................  198  —
4   —.............................  190  —
5   —.............................  182  —
6   —.............................  174  —
```

Les 600 liv. pesaient en tout 7,198 onces, poids qui
égale celui de 310 liv. de monnaie légale. Je sais,
ajoute l'auteur, que la monnaie versée à l'Echiquier
pèse de 13 à 20 livres par 100 livres sterling, de sorte
que la meilleure monnaie versée ne vaut pas les 2/3
de ce qu'elle devait théoriquement valoir.

invités à envoyer chacun 100 livres de monnaies d'argent courantes,
ces 300 livres auraient dû peser près de 1,200 onces, elles n'en pesaient
que 624.

(1) V. p. 8. Chap. IV, de l'*Essay for Regulation*.

(2) Je laisse de côté les fractions, ce qui fait que les totaux donnés
sont tant soit peu supérieurs au montant de chiffres précités réunis.
Cette observation s'applique également au cas précédent.

Comme on croit, dit A. V (1), que la monnaie en province n'est pas la moitié aussi mauvaise que celle de Londres et des environs, je me suis procuré des renseignements sur différentes cités de province.

à Bristol	un 1er sac	de 100 livres	contenait	240	onces
—	2e —	—		227	—
Cambridge	1er —	—		203	—
—	2e —	—		211	—
Exon	1er —	—		180	—
—	2e —	—		192	—
Oxford	1er sac en demi couronnes	—		216	—
—	2e — shillings	—		198	—
				1,668	

Les 800 livres ne pesaient pas plus que 431 livres 15 shillings de monnaie de poids, et la différence avec Londres était minime.

Notre auteur exagère un peu, car quelques départements du nord échappèrent à la contagion. Et Macaulay raconte (2) avec son esprit habituel l'aventure de ce quaker de Lancashire qui, se rendant à Londres, voyait à son grand étonnement sa fortune se transformer et s'accroître à mesure qu'il s'approchait de la capitale. Quand il y arriva son patrimoine était accru de moitié.

Comment expliquer ces altérations incessantes? Quelles étaient les raisons de ces pratiques ? On ne pouvait les attribuer à la négligence de la loi. Les lois

(1) V. p. 9
(2) V. chap. xxi, p. 544, vol. II dans l'édition en deux volumes Vol. IV, p. 627 de la première édition.

n'étant que trop sévères et étant appliquées on
voyait par douzaines des condamnations à mort suivies d'exécution (1). Godfrey attribue ces pratiques
aux orfèvres. Pour Rogers c'était un crime à la mode,
et les manières de la Cour sous la Restauration étaient
d'un mauvais exemple pour le public.

Ce qui est certain c'est que ces pratiques étaient
singulièrement rémunératrices (2), ces lingots étant
devenus bien plus chers que la monnaie frappée, et
qu'il y avait pour le public une tentation irrésistible à
altérer les monnaies (3), d'autant plus que grâce à
la complicité des bateliers des côtes méridionales,
l'exportation des lingots était des plus aisées.

(1) Dans une seule matinée 7 hommes furent pendus et une femme
brûlée pour un crime de ce genre. V. Macaulay p. 543, vol. II ou
p. 625, vol. IV.

(2) Luttrel nous apprend que beaucoup de gens firent fortune dans
ces pratiques et cite l'exemple de Moor de Westminster qui voyant son
crime découvert offrit une somme considérable pour avoir la vie sauve.

(3) Le métier de rogneur de monnaie, dit l'Hermitage (1er oct. 1695)
est si lucratif et paroît si facile que, quelque chose qu'on fasse pour les
détruire, il s'en trouve toujours d'autres pour prendre leur place. L'auteur d'un *Essay for regulation of the coin* (p. 3), Chap. ii, intitulé *Setting fourth what is become of the great quantities of money
coyned in the reign of King Charles II and the proceeding Reigns*,
montre qu'on peut gagner 4, 6 et maintenant 12 pence en fondant une
pièce inaltérée de cinq shilling, et il ajoute : « And twenty per cent
advantage is a good allay for any scruple of conscience, those may have
that practice it and those that receive and pay one thousand pounds a
day, and meets with but one hundred pounds amongst it of unclipped
Silver may in a year (Accounting but three hundred days) get six hundred sterling ».

Une autre raison de la disparition des monnaies d'argent tiendrait
d'après ce même auteur (v. p. 4) à la grande mode des vaisselles d'or

Ce qu'il y a de certain encore c'est que le public avait pour ces crimes trop d'indulgence. Cela peut tenir peut-être à ce que si le dommage causé par l'ensemble des fraudeurs est immense, celui causé par chaque acte particulier est minime. Le jury se montrait parfois indulgent et le public l'était tellement que le clergé se crut obligé d'intervenir et de rappeler les fidèles au vrai état des choses. A ce point de vue nous avons notamment deux sermons. Le premier et le plus remarquable fut prêché par Fleetwood, plus tard évêque d'Ely, alors chapelain du roi, devant le lord maire et les aldermen assemblés (1). Fleetwood, une des figures les plus curieuses du clergé anglais, whig acharné, ne cessait de mêler la politique à ses sermons (2). Dans l'espèce il montra qu'il connaissait les questions économiques. Il prêcha sur un texte de la Genèse (XXIII, 16) (3). Et, à propos du tombeau de

et d'argent et des chaines boutons et boucles en métaux précieux, mode qui aurait occasionné la fonte de plus de 7 millions de livres sterling, ce qui fait perdre un intérêt annuel de 420,000 livres. L'auteur propose ou de défendre l'usage de cette vaisselle, ou de ne la permettre que contre une licence qui comporterait une taxe de 5 0/0. Ces plaintes sur les inconvénients de la mode, rappellent les plaintes analogues de Bodin, dans sa réponse au paradoxe de M. de Malestroit.

(1) Le sermon fut imprimé par ordre de la cour. V. Ruding. t. II. p. 36 note.

(2) On a de lui un « *Chronicon Pretiosum or an Account of English gold and silver Money,* » publié en 1707 sous le couvert de l'anonyme, et divers sermons sur l'obéissance passive et contre la paix d'Utrecht.

(3) Voici le texte de la Genèse : Καὶ ἤκουσεν ὁ Ἀβραὰμ τῷ Ἐφρὼν καὶ ἀπεκατέστησεν Ἀβραὰμ τῷ Ἐφρων τὸ ἀργύριον ὃ ἐλάλησεν εἰς τὰ ὦτα τῶν υἱῶν Χὰτ, τετρακόσια δίδραχμα « ἀργυρίου δοκίμου » ἐν πόροις.

Sarah, il trouva moyen (1) de montrer les inconvénients des altérations de monnaie, surtout au point
de vue des paiements à l'étranger, qui ne pourront être
faits en monnaie altérée, car ce ne sont pas la face et
les titres de César, mais le poids et la valeur qui don-
nent du crédit. Maintenant, conclut-il, si l'exportation
de la bonne monnaie est un mal pour la nation, nous
voyons que ce mal est surtout dû aux altérations. Le
second des sermons, auxquels j'ai fait allusion, a été
prêché à York Castle par G. Halley, devant quelques
fraudeurs qui allaient être pendus le lendemain. L'orateur s'efforça de leur montrer l'énormité de leur crime.

Le Recoinage Act *du 21 janvier 1696.* — En attendant, les sermons ne changeaient rien à une situation
qui allait empirant tous les jours, et qui ne cessait
d'influer sur le prix de l'or et le cours du change (2).

Pendant l'année 1694 le prix de l'or variait entre
80 sh. et 81 sh. 6 d. Celui des guinées de 21 sh. 10 à

(1) V. p. 19 du sermon.

(2) On trouvera dans le volume de Rogers cinq tables qui sont des
plus utiles pour l'étude de cette question : 1° Prix hebdomadaires des
actions de la Banque 17 août 1794 17 septembre 1703 ; 2° Cours du
change sur Amsterdam ; 3° Taux de l'escompte ou prime des effets entre
Londres et Amsterdam ; 4° Escompte des Billets de Banque ; 5° Variations dans la valeur de l'or, de l'argent et des guinées. — Rogers s'est
beaucoup servi d'un ouvrage d'Alexandre Justice *General Treatise on
Moneys and Exchanges* (1707). Je n'ai pu consulter ce livre, car on
n'en trouve un exemplaire qu'à la seule bibliothèque d'Oxford. La direction du *British Museum*, à qui j'avais adressé une demande à ce sujet,
me promit qu'une tentative serait faite pour se procurer cet ouvrage,
mais il ne semble pas que cette tentative ait été jusqu'ici couronnée
de succès.

22 sh. 6 d, et celui de l'once d'argent entre 5 sh. 2 d et 5 sh. 5 d.

En 1695, les prix des métaux précieux commencèrent à monter (1). Le prix de l'once d'or qui était le 11 janvier de 82 sh. 6 d, et celui des guinées qui à la même date valaient 22 sh. 9 d., montèrent progressivement et finirent par atteindre le 14 juin 109 et 30 sh. prix maximum de l'année 1695 (2).

Le cours du change subissait une dépression correspondante. En juin 1695, le change sur Amsterdam, important à étudier non seulement à cause de l'énorme importance qu'avait alors cette ville, mais aussi parce que c'est par Amsterdam qu'étaient envoyées les sommes nécessaires à l'entretien des armées Anglaises dans les Flandres, était à 22,2 0/0 au-dessous du pair, et au mois d'août les effets anglais sur Amsterdam subissaient un escompte de 30 0/0.

Cette dernière circonstance hâta la conclusion à laquelle Montague et Somers arrivèrent, que l'état

(1) Les prix de l'argent subirent moins de variations, car l'argent était en fait l'étalon du pays et pendant cette crise le gouvernement put, autant qu'un gouvernement peut avoir quelque influence en ces matières, régler dans une certaine mesure le prix du métal qui était pour ainsi dire unique, par la frappe des monnaies qu'il émettait. L'or ne devint l'étalon anglais qu'en 1816 et on adopta l'étalon simple moins pour des raisons de principe que pour des raisons d'économie. L'argent faisait alors prime. V. sur le système monétaire anglais actuel, Cauwès, *Cours d'Economie Politique*, tome II, n° 542.

(2) En avril 1696 les nouvelles monnaies ayant été émises, les guinées retombèrent à 22 sh., et le prix de l'or à 82 sh.; l'argent était à la même date 5 sh. 2 d. V. Rogers p. 36.

des monnaies devait être réformé à tout prix, et pouvait l'être seulement à la condition que les obligations envers les créanciers particuliers et le public fussent rigoureusement gardées intactes.

En effet des diverses conséquences de l'état déplorable des monnaies, c'est encore son influence sur le cours du change qui touchait le plus, en ce moment là, l'Angleterre. Car, quelle que fût la condition du commerce intérieur, quelles que fussent les souffrances de ceux qui vivaient de leurs salaires, l'atteinte que cet état troublé porta au crédit, les gains énormes des orfèvres et changeurs, tous ces maux paraissaient légers comparés à ce fait que les subsides votés pour une guerre de l'issue de laquelle dépendait d'après l'opinion générale l'existence même de l'Angleterre étaient toujours diminués de 20 à 30 pour cent de frais destinés uniquement à transporter les sommes votées au siège de la guerre.

Le nouveau Parlement se réunit en novembre 1695, et la réforme des monnaies fut l'objet de ses premières délibérations. La loi édictant la réforme des monnaies est la 7 William III (1), chap. i. Le remède était presque trop tardif car la détresse qui continua pendant la première année de sa mise en œuvre fut extrême. La restauration des monnaies sous Guillaume III fut, comme la restauration qui eut lieu

V. *The Statutes at Large*, vol. IX, p. 380-386.

sous Elisabeth, une opération d'une importance capitale et infiniment délicate, et à la différence de la refonte d'Elisabeth, loin de laisser un bénéfice elle coûta fort cher (1).

La refonte, d'après Ruding (2), ne fut terminée qu'en 1699, ayant occupé la plus grande partie de cette année et des trois années précédentes. D'après les rapports des directeurs de la Monnaie, la nouvelle monnaie montait à 6,882,908 livres, dont 5,091,121 furent frappées à la Tour, et 1,791,787 dans les différents moulins qu'on avait créés dans les provinces (3). Les dépenses couvertes par un impôt sur les maisons et fenêtres furent en tout de 2,702,164 livres de beaucoup supérieures aux estimations antérieures (4).

Critique de la loi de 1696. — Difficultés qu'eut à surmonter Montague. — Chacun sait que l'*Act* de 1696 fut l'œuvre de Montague, une œuvre ardue s'il en fut.

Dans cette tâche, Montague fut considérablement

(1) La refonte d'Elisabeth laissa un bénéfice net de 14,079 livres 13 shillings 9 pence. V. plus bas 3ᵉ partie, chap. VI.

(2) Vol. II. p. 57.

(3) Ces moulins à fonte fonctionnèrent à Bristol, Exeter, Chester, Norwich et York.

(4) V. sur ce point Lord Liverpool, *A draft on an intended report on the state of Coinage*. M. Leake (*V. An Historical Account of English Money*. p. 369) montre que toutes ces dépenses auraient pu être évitées si on s'était pris à temps. On trouvera sur cette réforme et les lois qui l'accompagnèrent des détails intéressants, au point de vue technique, dans un ouvrage d'Edward Hawkins, conservateur des antiquités au British Museum. *The silver Coins of England*. p. 391-392.

secondé par son collègue Somers, et surtout par deux
hommes de génie qui ne faisaient pas de l'économie
politique le principal objet de leurs études, je veux
parler de Newton et de Locke. Ce dernier ne se
contenta pas de prêter ses conseils, il écrivit une
brochure qui est un chef-d'œuvre et que nous
analyserons bientôt. Ces quatre hommes, si remarquables chacun dans son genre, avaient à résoudre
bien des difficultés, dont deux principales : 1o La
question des frais que ne manquerait pas de coûter la
refonte ; 2o La question de savoir si une fois la refoute
faite, on conserverait aux monnaies leur ancien titre,
ou si on devait leur donner un titre inférieur.

Première Difficulté. — Il fallait pourvoir à une charge
considérable, énorme pour le temps, celle de 2,703,164
livres requises par l'opération. Il est probable que si
cette dépense avait été exactement prévue, au lieu d'être
vaguement anticipée, Montague aurait raisonné en
vain. Il est également possible que si la Banque avait
prévu à travers quelles difficultés il lui faudrait passer, par la dépréciation de ses actions et de ses billets,
par la suspension des dividendes, ses directeurs, malgré tout leur courage et toute leur intelligence, ne se
seraient pas engagés dans une aussi formidable aventure, d'autant qu'ils étaient déjà attaqués par la Banque Foncière. Godfrey estimait les frais de la refonte
de un à deux millions. La dépense de 3 millions de
livres, somme qui, même en temps de paix, équivalait

à plus du revenu d'une année, était aussi sérieuse à la fin du XVIIIe siècle que la perte d'une centaine de millions aujourd'hui.

2° *Difficulté*. — La seconde difficulté que Montague allait rencontrer sur sa route était plus délicate. La récolte avait été mauvaise, les prix avaient monté, la détresse était grande. N'aurait-il pas mieux valu garder les mêmes noms de couronne, demi-couronne, shilling et six pence, mais de partager une once d'argent en 7 shillings au lieu de 5. On peut trouver encore aujourd'hui des gens qui estiment que le gouvernement peut donner au métal en monnaie une valeur indépendante de celle qu'il a en lingots (1). Beaucoup de gens croyaient à cette théorie en 1695. Le Parlement avait fixé, et fixa longtemps encore, les prix des couronnes et guinées, du bœuf et du sel, du travail et de

(1) Tout au moins cette opinion n'avait pas complètement disparu il y a quelques années. En 1819 quand en Angleterre, après une suspension des paiements en espèces de 22 années, il s'agissait de reprendre les paiements en numéraire, lord Lauderdale proposa que l'étalon fût dégradé, et soutint que l'or devait être estimé à 4 livres 1 sh. l'once. On proposait même de l'estimer à 4 L. 10 sh. ou à 5 livres. Il avait existé des prix de ce genre en banknotes quelque temps avant la reprise des paiements en espèces. On faisait également valoir qu'une grande partie de la dette publique avait été contractée durant une période de cours forcé, et que par conséquent il était juste de payer les intérêts en monnaie altérée. Mais la voix de la sagesse prévalut et l'ancien titre des monnaies fut rétabli. Ce rétablissement n'alla pas d'ailleurs sans opposition et son promoteur, Robert Peel, était traité de dément par son propre père, l'homme d'État qui prit une si grande part à la rédaction des premières lois ouvrières. L'exemple de Montague dut être présent à la mémoire de ceux qui dirigèrent la reprise des paiements en espèces.

l'argent (en fixant le taux de l'intérêt); pourquoi n'évi-
terait-on pas les frais de la refonte en affaiblissant le
titre des monnaies, et en continuant à appeler les pièces par leurs noms anciens.

Ces vues furent développées dans un rapport (1) de
William Lowndes, secrétaire du Trésor, publié sous
ce titre : *A Report containing an essay for the
amendment of the silver coins* (Londres 1695). Cet
ouvrage, qui contient beaucoup de renseignements
historiques intéressants, fit l'objet d'une réplique de
la part de Locke. Comme Locke, avant de démolir
les théories de M. Lowndes, les expose avec beaucoup d'impartialité, nous jugeons inutile d'exposer
ici les théories du secrétaire du Trésor, car ce serait
les exposer deux fois. Les vues de Locke avaient
d'ailleurs été déjà développées, mais jamais avec
autant d'autorité et de talent (2). Le fameux philoso-

---

(1) Le roi, puis Somers, proposèrent successivement que la monnaie
fut pesée et non comptée, mais ces propositions furent repoussées par
le conseil des ministres.

(2) On peut citer parmi les ouvrages, dans le sens de Lowndes :
A Discourse of coin and of coinage, par Rice Vaughan, livre dans lequel
l'auteur, malgré tout son talent, n'a pu se dépêtrer de l'idée que la marque avait de l'influence sur la valeur réelle de la monnaie. Ce livre, qui
mérite d'être lu, a été imprimé en 1675, mais il a dû être écrit longtemps auparavant, en tout cas avant 1643, date de la mort de Louis XIII,
car (p. 29) il se réfère à un édit du présent roi de France, anno 1614.
Je ne puis m'empêcher, à propos de l'œuvre de Locke, de donner quelques extraits du *Quantulumcumque*, se référant à la question. Sur toutes
les questions qu'il se pose, William Petty, par l'audace et la sûreté de
ses réponses, me parait décidément être très en avance sur les idées ordinaires de son temps, et sa très courte brochure, elle a 10 pages, mérite

phe avait écrit sa brochure en question : *Further considerations concerning raising the value of money,* pour l'usage particulier de Somers. Celui-ci fut ravi de ce petit traité et en ordonna l'impression. Sa lecture eut une influence prépondérante sur le vote de la Chambre.

Analyse de la brochure de Locke (1). — Locke avait publié, dès 1691 (2), un traité par lequel il démontrait l'inutilité pour la loi d'intervenir dans la fixation du taux de l'intérêt et combattait l'idée alors prévalante que

de n'être pas oubliée. V. Question 8 (p. 165, *Select Tracts*). — Si les shillings, répond-il, ne valent que les trois quarts de leur valeur primitive, cela n'empêchera pas les marchands de les exporter, seulement on ne donnera en échange que les trois quarts de la quantité de poivre et de marchandises indiennes qu'on donnait auparavant. Et, par conséquent, il n'y aura aucune différence, sauf pour quelques imbéciles qui prennent la monnaie d'après son titre et non d'après son poids et sa finesse.

Quest. 9. Sur le point de savoir si les shillings réduits, on aura un quart de monnaie de plus, et le pays sera conséquemment plus riche d'autant? Non, car vous aurez un quart de plus de monnaie rebaptisée, mais pas une once de plus de marchandises étrangères, ni même une once de marchandises domestiques. Supposez que vous achetez chez un orfèvre une vaisselle d'argent pesant 20 onces, à 6 sh. l'once, faisant en tout 6 livres ou 24 onces de monnaie d'argent frappée. Maintenant, supposez que ces six livres soient réduites de 24 à 18 onces, mais demeurent encore 6 livres en vertu d'une proclamation royale. Peut-on imaginer que ledit orfèvre vous donnera une pièce de vaisselle pesant 20 onces d'argent travaillé pour 18 onces d'argent en monnaies ? Certainement non, et ceci est également vrai pour toutes les marchandises.

(1) V. de cet ouvrage, ainsi que du rapport de Lowndes, une excellente analyse dans Macleod, vol. I, p. 389-400.

(2) On trouvera les quatre essais économiques de Locke, à savoir : *On the lowering of interest and raising the value of money. — Of raising the value of our coin. — On the coining of silver money. — Further considerations concerning raising the value of money —* à a suite des *Principes d'économie politique* de Mac'Culloch.

la valeur des monnaies devait être élevée, afin que
l'or ne sortît pas du pays. Il montra que les personnes
qui supportaient un pareil plan confondaient la dénomination avec la valeur, le nom avec le pouvoir
d'achat.

Il répète ceci dans sa lettre à Somers : « Élever la
valeur de la monnaie, dit-il (1), n'est qu'un mot destiné à tromper les ignorants. On donne seulement le
nom d'une plus grande quantité d'or à une quantité moindre, mais on n'ajoute aucun pouvoir ou
aucune valeur réels à la monnaie en question. Cela
serait d'ailleurs impossible, car, seule la quantité
de métal contenue est et sera éternellement la
mesure de sa valeur. Et pour vous en convaincre,
vous n'avez qu'à demander au créancier forcé d'accepter 320 onces d'argent sous le nom de 100 liv, s'il
croit que ces 320 onces, quel que soit leur nom, valent
les 400 onces qu'il a prêtées. On peut aussi raisonnablement espérer d'allonger un pied en 15 parts au
lieu de 12, en appelant ces 15 parts des pouces, qu'augmenter la valeur d'un shilling en le divisant en
15 parts au lieu de 12, et en donnant à chacune de
ces parts le nom de deniers (2).

L'auteur ajoute que frapper des pièces à leur nom

(1) P. 317, édit. Mac'Culloch.
(2) *Ibidem*, p. 318. Flamstead, l'astronome royal, avait déjà fort bien
résumé la controverse, en disant qu'il s'agissait de savoir si cinq étaient
six ou seulement cinq. V. Macaulay, chapitre XXI, p. 548.

primitif avec moins d'argent, c'est faire par voie d'autorité ce que font secrètement les rogneurs de monnaie. La seule différence est que le rogneur ne saurait vous forcer à accepter une monnaie altérée et que l'Etat peut le faire et le fait.

Locke après avoir montré tous les inconvénients de pareilles pratiques, à savoir que l'altération des monnaies privera le roi, les églises, et les universités d'une partie de leur revenu analogue à l'élévation proposée des monnaies; qu'elle affaiblira ou ruinera la foi publique, car tous ceux qui se sont confiés au gouvernement et l'ont assisté dans les nécessités présentes, dans la loterie du million, dans la création de la Banque, dans tous les autres emprunts, seront fraudés de 20 0/0 sur les sommes à eux assurées par le Parlement; Locke, dis-je, résume sa première partie en 10 propositions (1) et passe aux arguments de Lowndes qu'il réfute l'un après l'autre.

M. Lowndes, dit-il (2), propose que notre monnaie soit augmentée d'un cinquième.

La première raison qu'il en donne est que la valeur de la monnaie d'argent aurait dû être élevée à 6 sh. 3 d. par once, car le prix de l'argent était de 6 sh. 5 d. par once.

Cette proposition me semble contenir de nombreuses erreurs. Car elle implique :

(1) V. p. 322.
(2) V. 323.

1° Que la valeur de l'argent peut s'élever toute seule.

2° Que les lingots d'argent sont vendus pour 6 sh. 5 d. de monnaie légale anglaise.

Maintenant s'il n'est pas vrai, en fait, qu'une once vaille 6 sh. 5 d. de notre monnaie, cette raison tombe. Si, l'auteur veut dire seulement qu'une once d'argent est montée à 6 sh. 5 d. de monnaie altérée, je lui accorde cela, et admets qu'elle peut atteindre une somme plus considérable encore. Mais alors cela n'a rien à faire avec la hausse de notre monnaie légale qui demeure inaltérée. A moins que l'auteur ne veuille aller plus loin et dire, que la valeur des lingots vaut actuellement par suite de la hausse 6 sh. 5 d. de notre monnaie de poids. Mais ceci est impossible, car 6 sh. 5 d. pèsent près d'une once un quart. Est-il donc possible qu'une once d'une marchandise quelconque vaille une once et quart d'une même marchandise de même qualité? En vérité, l'une porte une marque et l'autre n'en a pas. Mais c'est là une marque qui ajoute plutôt de la valeur, et qu'en tout cas le pot de fonte peut aisément faire disparaître.

A ceux qui disent que le prix des lingots a monté, je voudrais demander ce qu'ils entendent par là?

Toute marchandise peut être proprement considérée comme augmentée en prix, quand la même quantité de cette chose sera échangée pour une plus grande quantité d'une autre chose, et plus particulièrement de cette chose qui sert de mesure de valeur dans le pays. Et ainsi on dira que le blé a monté parmi les Anglais de Virginie, quand un boisseau de blé sera vendu pour plus de livres de tabac qu'auparavant ; parmi les Indiens, quand il sera vendu contre plus de yards de *wampon peak* qui leur sert de monnaie; et parmi nous en Angleterre quand il sera échangé pour une plus grande quantité d'argent qu'il ne l'aurait été auparavant.

Mais nul ne peut dire que le tabac, de même qualité, peut augmenter comparé à lui-même. Une livre de telle qualité ne vaudra jamais une livre et quart de la même qualité. Et de même pour l'argent, une once d'argent équivaudra toujours (1) à une autre once d'argent.

La seconde raison(2) donnée en faveur de l'abaissement du titre se résume en ces mots. La valeur de l'argent des monnaies devrait être augmentée, pour encourager l'importation de lingots à la Monnaie. Mais, répond Locke, la hausse de la dénomination n'aura pour effet que de diviser en plus de pence la même quantité d'argent. On appellera 75 pence, la quantité que nous appelons aujourd'hui 60. Mais comme ce chan-

(1) Locke ne voit qu'un cas, qui aujourd'hui ne se présente plus, où la règle ne s'applique pas. C'est le cas des orfèvres qui donneront une prime d'un 120e ou 60e, ou quelquefois d'un 30e en monnaie pour des lingots, mais cela tenait à ce que l'exportation des monnaies était interdite et qu'ils étaient obligés d'envoyer de l'argent au delà des mers.
(2) p. 338.

gement ne permettra pas au porteur d'acheter plus
de soie, ou une quantité plus grande de toute autre
marchandise qu'auparavant, où sera la tentation pour
lui de porter ses écus à la Monnaie ? Si l'on dit que
cela lui permettra de payer plus de dettes, il y aura
là une fraude manifeste qui ne saurait être permise.
Le seul moyen d'apporter des lingots à la Monnaie,
et de les faire venir et rester en Angleterre, c'est
d'avoir une balance de commerce favorable.

La troisième raison (1) est qu'on prétend qu'en
rehaussant la dénomination on rendra l'or plus abondant. C'est raisonner comme un enfant qui ayant
coupé une pièce de cuir en quatre morceaux et ne la
trouvant pas suffisante pour couvrir une balle, la
coupe en cinq pour arriver à son but.

L'augmentation de la dénomination, dit un peu
plus bas Locke (2), ne fait ni ne peut faire quelque
chose en l'espèce, car c'est par sa qualité et non par
sa dénomination que l'argent est l'étalon de la valeur
et la mesure du commerce ; et c'est par et pour le
poids d'argent et non le titre des pièces que les hommes estiment et échangent les marchandises.

Si les choses ne sont pas ainsi, quand les nécessités de nos affaires extérieures, ou la mauvaise
administration à l'intérieur, auront exporté la moitié
de notre monnaie, on n'aura qu'à décider par pro-

(1) P. 339.
(2) Nous résumons sa conclusion.

clamation qu'un penny en vaudra deux, que six pences vaudront un shilling, une demi-couronne une couronne entière et immédiatement, sans rien faire d'autre, nous sommes aussi riches que par le pasé. Et quand la moitié du numéraire restant sera partie nous n'aurons qu'à refaire la même chose, augmenter la dénomination, et ainsi de suite, et en supposant que la dénomination soit augmentée 15 ou 16 fois, chaque homme verra sa fortune d'argent transformée en or.

S'il n'en est pas ainsi, je désire que n'importe qui me montre pourquoi le même moyen de hausser la dénomination, qui peut hausser pour un cinquième la valeur de la monnaie vis à vis d'autres marchandises, ne peut quand il vous plaira la hausser d'un autre cinquième et ainsi de suite. Le nom, continue Locke, est une chose arbitraire ; le shilling aurait pu s'appeler denier et réciproquement ; de même on aurait pu changer les proportions aujourd'hui existantes entre les différentes pièces. Mais toutes les modifications n'altèrent pas plus la valeur d'une once d'argent comparée aux autres choses, qu'elles ne modifient son poids. Une hausse de ce genre se résoudrait par l'attribution de noms de fantaisie aux quote-parts d'une pièce. Aucune puissance humaine ne saurait hausser la valeur de notre monnaie au double en respect aux marchandises et faire que la même pièce ou quantité d'argent sous une double dénomination, achèteront une quantité de poivre, vin ou huile double un instant après la proclamation, que celle qu'ils achetaient un instant auparavant (1).

Les conclusions de Locke semblent irréfutables, et nul ne contesterait sérieusement aujourd'hui que l'expédient proposé par Lowndes, aurait porté une atteinte sérieuse au crédit du gouvernement et aurait été une spoliation de tous les créanciers au profit de tous les débiteurs. De nombreux intérêts s'opposaient à l'adoption de l'altération. Si les créanciers allaient perdre une partie de leurs revenus, les propriétaires allaient perdre une partie de leur rente et chacun de ceux qui avaient un contrat en cours d'exécution allait être pareillement lésé. Mais l'idée que le nom de shilling allait emporter la chose était tellement forte, les arguments de Lowndes correspondaient tellement à l'état d'esprit général, que la résolution, de conserver l'ancien titre des monnaies énergiquement soutenue par Montague, fut adoptée *seulement par une majorité de 11 voix*.

(1) Les autres arguments de M. Lowndes n'ont pas une grande importance; v. pour la réfutation 5e et 6e raison, p. 348, et p. 349 pour la réfutation des deux autres.

CHAPITRE VI.

La Banque foncière. — Renouvellement du Privilège de la Banque.

Le prix des actions de la banque tomba de 107 livres qu'il était au premier février 1696 à 83 livres au 14 du même mois. C'était à cette époque que la Chambre avait sanctionné le projet d'une Banque foncière mieux connue sous le nom de son promoteur le docteur Chamberlain. Chamberlain était un accoucheur qui avait écrit deux ou trois livres de médecine, et s'était depuis longtemps efforcé de créer une Banque foncière, et même tout simplement une Banque (1). 4 ans après l'échec de son plan en Angleterre, il fit

(1) Dès 1693, Chamberlain avait soumis son plan d'une Banque foncière à la Chambre, qui l'avait pris en considération et l'avait déclaré *utile et pratique*. Avant cela, on trouve une allusion formelle aux projets du Dr Chamberlain dans le pamphlet souvent cité de *Bank Credit*. Le marchand de la cité, dit que M. Murray et le Docteur avaient formé un projet de banque de Credit fort ingénieux, mais n'ayant pas été encouragés par la Cité, ils formèrent le projet d'une banque plus générale embrassant non seulement Londres et ses environs, mais tout le royaume. Le pamphlet date de 1683. Cet échec explique peut-être la haine de Chamberlain contre le monde commercial de la Cité.

une nouvelle tentative à Edimbourg, sans plus de succès que la première fois (1).

Un autre promoteur du nouveau projet était John Briscoe (2). Il avait derrière lui Harley depuis Lord Oxford et Forley, speaker de la Chambre des communes, tous deux adversaires politiques de la banque d'Angleterre et fort jaloux de Montagne.

Chamberlain soutenait qu'il pouvait émettre un emprunt public double de celui entrepris par [la Banque, sur la sûreté de propriétés foncières, faire de l'emprunt la garantie de l'intérêt que porteraient les billets à émettre, et prêter immédiatement la monnaie au gouvernement puis aux propriétaires sur hypothèque à 3 1/2 0/0.

La doctrine des promoteurs tenait en ce que chaque personne ayant une propriété réelle, devait avoir,

(1) Rogers n'est pas sûr que Hugh Chamberlain, auteur du *Manuale Medicum*, doive être identifié avec l'auteur de ces projets. S'il doit l'être, notre promoteur fut un médecin ordinaire de Charles II, et membre de la Société Royale. Il est certain que Hugh Chamberlain, de la Banque foncière, fut convoqué aux couches de la Reine Marie de Modène en juin 1688, mais étant à Gravesend il arriva trop tard. On a de lui : « *Narrative of the Birth of the Prince of Wales* ».

(2) Voici deux brochures des deux promoteurs : 1° « A proposal by Dr Hugh Chamberlayne, in Essex Street, for a Bank of Secure Current-Credit, to be founded upon Land, in order to the general Good of Landed men, to the increase of the value of Land, and the no less benefit of trade and commerce (1695). »

2^e « Proposales for the supplying their Majesties with money on easy terms, exempting the Nobility, Gentry, etc., from taxes, enlarging their yearly estates and enriching all the subjects of the Kingdom by a *National Land Bank* : By John Briscoe ». Avec la devise : « *O fortunatos nimium bona si sua norint Anglicanos* », 3e édit. 1696.

outre cette propriété, une quantité de papier monnaie équivalente à la valeur de cette propriété. Ainsi si un domaine valait deux mille livres, le propriétaire de ce domaine devait posséder en plus deux mille livres de papier monnaie. Briscoe et Chamberlain prétendaient qu'il ne saurait y avoir excès d'émission, aussi longtemps qu'il y aurait pour chaque billet de 10 livres, une terre valant ce prix dans le pays. Nul, disaient-ils, n'accusera un orfèvre de faire des émissions exagérées aussi longtemps que ses caves contiennent des guinées et des couronnes pour la valeur des billets circulants qui portent sa signature. Pourquoi un hectare d'une terre fertile ne pourrait-il avoir les mêmes effets qu'un sac d'or ou d'argent? Les promoteurs ne niaient pas que le public n'eût une préférence pour les métaux précieux, et que si par conséquent la *Land Bank* était forcée à payer en or, elle serait vite réduite à suspendre ses paiements. Mais on pouvait surmonter la difficulté par l'inconvertibilité et le cours légal des billets.

Les spéculations de Chamberlain sur le sujet de la circulation peuvent, dit Macaulay (1), trouver des admirateurs encore aujoud'hui. Mais à ces erreurs il en ajouta une autre qui commença et finit avec lui. Il était assez stupide pour considérer comme indiscutable que la valeur d'une propriété variait directement

____

(1) V. p. 481.

selon la durée du droit du bail. Il soutenait que, si le
revenu annuel d'un manoir était de mille livres, la
cession de ce manoir pour 20 ans doit valoir 20,000
livres, et une cession pour un siècle 100,000 livres.
Si donc le propriétaire de ce domaine voulait l'engager pour cent années à la Banque foncière, la Banque
territoriale pouvait, sur cette garantie, émettre aussitôt des billets pour cent mille livres. Sur ce sujet,
Chamberlain fut en vain attaqué à la fois par le ridicule, par le raisonnement et même par des démontra-
tions arithmétiques. On lui objecta que le prix de vente
d'une propriété libre ne dépassait jamais la somme
produite par vingt années de revenu. Donc prétendre
qu'un transfert de cent ans valait cinq fois plus qu'un
transfert de vingt ans, c'est-dire que le transfert de
cent ans valait cinq fois la propriété pleine et libre ; en
d'autres termes que cent valait cinq fois l'infinité. A
ceux qui raisonnaient ainsi, on répondait qu'ils n'é-
taient que des usuriers, et il semble qu'un grand
nombre de gentilshommes de province regardèrent
la réfutation comme excellente (1).

Le lundi 10 février, les Communes se réunirent en
comité pour trouver le moyen de se procurer deux
millions. On résolut que la Banque d'Angleterre ne
les lèverait pas. M. Neale proposa alors de les lever
sur l'échiquier (idée de bons du trésor), mais ceci ayant

(1) V. contre ces doctrines *A Bank Dialogue between Dr H. C. and
a Country gentleman.*

été également repoussé, on décida finalement qu'une Banque foncière serait fondée et se procurerait le capital par souscription. De plus on interdisait subsidiairement à toute personne intéressée à la Banque d'Angleterre de se mêler à l'administration de ce nouvel établissement.

Cette loi reçut l'approbation dn roi par un décret en date du 27 avril.

Comment le roi et ses conseillers hollandais, qui étaient les professeurs de science financière de toute l'Europe, peuvent-ils avoir risqué la campagne de 1696 sur un projet pareil, c'est ce qu'on ne peut s'expliquer. Quant au succès de cette entreprise devant le Parlement, la raison doit en être cherchée dans la haine que les propriétaires fonciers portaient aux financiers et au monde commercial. Cette haine était tellement vive, qu'ils étaient portés à croire tout ce qui flatterait leurs passions, et nul projet ne pouvait les flatter plus que celui du docteur Chamberlain, promettant des prêts à un taux inespéré et la ruine des usuriers puritains de *Grocers' Hall* (1).

Comme dans le cas de la banque, l'*Act* relatif à la banque foncière fut compris dans ce qu'on appelle en Angleterre un *Ways and means bill*. L'objet de cette loi était de lever, outre les revenus ordinaires,

(1) On trouvera la preuve de cette double flatterie dans les brochures et les trois annonces successives du Docteur ; ce sont également des raisons analogues qui avaient, trois ans auparavant, déterminé les Communes à déclarer le plan Chamberlain de 1693 utile et pratique.

un emprunt de 2,564,000 livres. MM. Harley, Forley
et Chamberlain se chargèrent de ce soin. L'intérêt de
cet emprunt, à savoir 179,480 livres (1), devait être
assuré par un impôt spécial sur le sel.

La plupart des autres dispositions sont également
imitées du *Tonnage Act*.

Le roi était chargé de nommer un certain nombre
de commissaires à l'effet de recevoir les souscriptions
avant le 1er août 1696. Et on se proposait d'émettre
les lettres-patentes reconnaissant la Compagnie sous
le nom du gouverneur et de la Compagnie de la Banque foncière nationale, à condition toutefois que la
moitié de la somme fût souscrite avant le 1er août et la
totalité avant la nouvelle année. Comme pour la Banque d'Angleterre et en vue d'éviter les spéculations,
on exigeait des souscripteurs le paiement immédiat
du quart de leurs souscriptions.

La Banque ne pouvait se livrer à la négociation
d'effets de commerce ou de marchandises, et ne pouvait émettre en billets une somme supérieure à celle
versée à l'échiquier. La Banque devait prêter au moins
500,000 livres sur gage foncier et à un intérêt ne
dépassant pas 3 1/2 ou 4 pour cent, selon que les
intérêts seraient exigibles par trimestre ou semestre.
La Compagnie pourra vendre les terres sur lesquelles
elle n'a pas perçu d'intérêts pendant deux ans.

(1) Le taux était de 7 0/0.

Telles sont les principales dispositions de ce fameux projet qui devait toujours demeurer tel. La débâcle fut en effet complète.

La souscription devait être ouverte à *Mercer's Hall*, avant le 25 mai. Les semaines qui précédèrent cette date n'allèrent pas sans la publicité ordinaire au Dr Chamberlain. Mais les réclames eurent si peu d'effet, que, dès le 11 juin, la direction, réduite aux expédients, fit annoncer « qu'elle était prête à accepter en paiement de la monnaie altérée qui ne pouvait s'écouler sans perte » Le 1er août, la *Land Bank*, en vertu de son acte de constitution, vit le terme de son existence. La souscription totale était de 2,100 livres auxquelles devaient s'ajouter 5,000 livres souscrites par le roi.

Cette débâcle embarrassa fort le gouvernement ; le parti terrien fut désappointé dans ses plus chères espérances, mais le pays fut sauvé d'une banqueroute et la véritable victime des projets du docteur Chamberlain fut la Banque d'Angleterre, atteinte d'abord par le projet en lui-même, et qui plus tard dut pourvoir à une situation des plus dangereuses (1).

(1) Une défense assez habile de la *Land Bank* fut présentée quelque temps après la déconfiture de cette société dans un pamphlet intitulé : *Remarks on the proceedings of the commissionners for putting in execution an Act passed last session for establishing a Land Bank* » (1696). Ce pamphlet posthume ne fut pas la dernière manifestation de la *Land Bank*. Des brochures prônant le système du Dr Chamberlain continuèrent à paraître de loin en loin. Les deux dernières furent publiées après le désastre de la Mer du sud ; voici leurs titres : « *Pro-*

Situation de la Banque d'Angleterre à la suite de la création de la « Land Bank » et de la refonte du numéraire. — Suspension partielle des paiements de la Banque. — La Banque souffrit d'abord du projet en lui-même. En effet chacun y voyait un adversaire dangereux pour la Banque, et les actions de celle-ci baissèrent de 107 à 83 livres (1).

En outre, la refonte des monnaies marchait trop lentement. Les anciennes monnaies cessèrent d'avoir cours le 4 mai, mais il n'y avait pas de nouvelles pièces pour prendre la place des anciennes. Si bien que le 6 mai, un *run* sur la Banque, organisé par les orfèvres, ayant eu lieu, la banque d'Angleterre n'eut pas un numéraire suffisant pour faire face à cet afflux de demandes. Sir Jonh Houblon qui était à la fois Lord Maire, gouverneur de la Banque, et l'un des Lords de l'Amirauté, s'efforça de rassurer les demandeurs en

posals for restoring credit, for making the Bank of England more useful and profitable, and for relieving the sufferers of the South Sea Company (1721). *An honest scheme for improving the trade and credit of the nation* (1727).

(1) La création d'un établissement rival amène encore aujourd'hui quelque perturbation dans le cours des actions d'un établissement ; en ce temps là ces perturbations étaient bien plus violentes, car le public prenait immédiatement ombrage sans même se préoccuper du point de savoir si les deux établissements ne pourraient pas coexister sans grand dommage l'un pour l'autre. Ainsi lorsque Montague suscita à l'ancienne Compagnie des Indes orientales un rival politique et économique par la création de la Compagnie anglaise des Indes orientales, les actions de la vieille Compagnie Tory tombèrent de 158 à 33 livres. Cinq années plus tard, les actions de l'ancienne Compagnie étaient à 134, et celles de la nouvelle à 219 livres.

offrant de payer le dixième des demandes en monnaies, et en s'engageant au nom de la Banque à payer le restant aussitôt que l'Hôtel des Monnaies pourrait leur procurer du numéraire.

Le mercredi 13 mai, les Directeurs et Actionnaires tinrent une assemblée plénière, et décidèrent d'abandonner leurs dividendes, et d'offrir aux personnes qui n'avaient pas confiance dans les billets de la Banque, les tailles qu'ils tenaient du gouvernement comme garantie de leurs créances. D'autre part, les Lords de la Trésorerie s'engagèrent à verser à la Banque 25,000 livres de nouvelles monnaies par semaine jusqu'à la refonte complète de son stock de monnaies.

Vers le 11 juin, la déroute du projet Chamberlain étant complète et visible à tous, le Trésor fut obligé d'avoir recours à l'institution que la Banque Foncière se proposait de détruire. La Banque d'Angleterre n'ouvrit pas de souscription, elle emprunta à ses actionnaires 20 0/0 de leur capital pour six mois, à 6 0/0 seulement, versa le produit de cet emprunt au trésor et ayant recours à la Banque d'Amsterdam, pour une somme supplémentaire de 100,000 livres, elle avança au gouvernement une somme totale de 340,000 livres.

Cependant l'émission des nouvelles monnaies marchait assez rapidement, mais le trésor remettait toujours le paiement des sommes promises à la Banque. La Banque se vit contrainte de réduire ses paiements en numéraire à 3 0/0 des sommes exigibles; ce ne fut

qu'alors que les Lords du Trésor se décidèrent à venir
en aide au crédit public, en décrétant le 13 juillet
qu'aucun notaire ne devrait enregistrer de protêt (1)
contre la Banque pendant 15 jours. Cette décision
ne fut pas sans effet, car 3 jours après, l'escompte des
billets de banque tomba de 16 à 8 % (2).

Emission des premiers Bons de l'Echiquier (3).
En même temps le gouvernement sur les instances
de Montague, et en conséquence d'une clause insérée
dans *l'Act of Ways and means* de la dernière session,
ouvrit un bureau à l'Échiquier pour l'émission des
Bons de l'Échiquier, afin de suppléer à l'absence du
numéraire. Pendant ce temps, près d'un million de
nouvelle monnaie avait été frappé (4). Les premiers
bons de l'Échiquier, de dix livres chacun, portant un
intérêt de 3 pence par jour, et payables sur demande
apparurent le 23 juillet.

Le 28 juillet les billets de banque subissaient un
escompte de 10 0/0, et le roi obtint la promesse d'une
avance de 500,000 livres de la part du gouvernement
Hollandais, sous promesse de garantie. Plusieurs per-

(1) En ce temps, le protêt d'un effet de commerce devait, pour être
efficace, être rédigé par un de ces fonctionnaires.

(2) V. Rogers, p. 66. — Les billets ne remontèrent au pair qu'au
17 septembre 1697, quand un dividende fut annoncé aux actionnaires
sevrés de tout revenu depuis deux ans.

(3) V. Hamilton, *National Debt.*, p. 122.

(4) En tout, on frappa 2,975,550 livres d'or et pour 7,014,047 livres de
monnaies d'argent. Le montant des sommes frappées depuis la refonte
d'Elisabeth était 14,609,949 or et 20,355,651 argent.

sonnes considérables de la cité promirent de se porter caution pour cette somme; elles appartenaient presque toutes au parti Tory. Le 15 août, la Banque, sur les instances de Portland, un de ses principaux actionnaires, consentit au roi une nouvelle avance de 200,000 livres.

La situation faite à la Banque d'Angleterre était des plus scandaleuses. Le gouvernement lui avait emprunté jusqu'à son dernier shilling, l'avait forcée de contracter des obligations en Hollande, de suspendre, ses dividendes et même en n'exécutant pas ses promesses quant à la livraison des nouvelles monnaies, de suspendre ses paiements. Comme couronnement de son œuvre il avait soutenu la Banque foncière et une fois ce projet ridicule disparu, il avait eu recours encore une fois à la Banque. Finalement il voulait la forcer à augmenter son capital et à recevoir en paiement du nouveau capital des tailles dépréciées; cette combinaison en diminuant considérablement le nombre des tailles allait en faire remonter la valeur et contribuerait sérieusement à restaurer le crédit de la circulation fiduciaire alors en désarroi, mais tou_ jours aux dépens de la Banque (1).

(1) V. *The arguments and reasons for and against engrafting upon the Bank of England with Taillies, as they have been debated at a late general court of the said Bank.* Sans date, mais certainement début 1697 — Le principal argument donné contre cette opération est qu'elle produirait une telle augmentation du capital que l'intérêt y correspondant serait disproportionné aux profits. L'auteur considère cepen-

Dans ces conditions, les directeurs, vigoureusement poussés par les actionnaires, crurent de leur devoir d'exiger des garanties qui leur permissent de mener à bien leurs opérations et de rétablir leurs affaires. Ces affaires ne s'étaient pas améliorées depuis la chute de la *Land Bank*. Les actions en 1697 étaient même plus bas qu'au plus fort de la crise. Et les billets de Banque avaient trouvé des rivaux dangereux dans les nouveaux bons de l'Échiquier aisément négociables et moins sujets à dépréciation que les anciennes tailles, si bien que les billets ne remontèrent au pair qu'après l'annonce de la Paix de Ryswick et d'un fort dividende. Les doléances et les prétentions de la Banque sont exposées dans deux brochures; l'une vient d'être

dant l'opération comme possible si on donne à la banque d'autres privilèges, un desquels serait un monopole. Ces avantages doivent être accordés en considération des grands services rendus par la Banque au commerce et avant tout de la réduction du taux de l'escompte qui de 12 0/0, qu'il était au temps des Orfèvres, est tombé à 3 0/0. L'auteur de « *A letter to a friend* » donne les mêmes arguments contre cette opération qu'il ne considère ni juste ni intelligente. Pas intelligente, parce que le crédit de l'État dépend de la fidélité avec laquelle il tient ses engagements antérieurs; pas juste car les actionnaires de la Banque ont droit à des bénéfices résultant de leur prévoyance et de leur labeur, sans parler de la récompense qui leur est due pour tous les sacrifices, même celui de leurs dividendes, faits pour aider le gouvernement dans un moment de détresse. — A l'appui de toutes ces bonnes raisons l'auteur anonyme en donne une dernière qui a ses yeux doit être excellente, à savoir qu'il a engagé une grande partie de sa fortune dans la Banque et qu'il a déjà subi des pertes importantes. Cela explique l'éloquence avec laquelle il parle de la justice. Les hommes qui croient pouvoir tirer d'elle quelque profit lui rendent sa vraie place, et volontiers la mettraient comme Pindare au-dessus des Dieux et des hommes.

citée en note, la seconde est intitulée : *A letter to a friend concerning the credit of the nation and with relation to the present Bank of England, as now established by Act of parliament. Written by a Member of the Said corporation for the public good of the Kingdom* (1697). Ces doléances, surtout celles touchant à l'augmentation du capital, nous sont déjà connues et sont parfaitement justifiées. Voici les trois prétentions principales.

1° *L'obtention d'un monopole.* — Car, dit l'auteur les billets ne sauraient circuler qu'autant que les fonds sur lesquels ils sont émis sont sûrs, sacrés et suffisants. Aucune mesure compulsive ne peut suppléer à la confiance publique. Aussi faut-il que la Banque soit la seule institution de ce genre, car la compétition engendre la méfiance et contracte le crédit au lieu de l'élargir.

La Banque pour être utile à l'État doit devenir le caissier général de tous les habitants de Londres. C'est cette politique qui a fait la force et l'utilité des Banques de Venise, d'Amsterdam et de Hambourg.

2° Il faudrait que les sommes dues au gouvernement soient payées à la Banque, ce qui serait un grand avantage pour celle-ci, sans aucun inconvénient pour personne.

3° L'auteur réclame un certain nombre de réformes secondaires, entre autres une prolongation du privilège, et une protection plus efficace contre la contrefaçon des billets.

C'est à ces demandes que donna satisfaction le second *Bank Act.*

Le second Bank Act.— *Renouvellement et extension
du privilège de la Banque d'Angleterre.* — Les Chambres et la Banque étaient d'accord sur deux points
principaux, à savoir: 1º qu'on renouvellerait et éten-
drait le privilège de la Banque; 2º qu'en échange la
Banque consentirait un emprunt au gouvernement.
Restait à fixer le montant de l'emprunt. La Chambre
demandait un emprunt de 2 1/2 millions garanti
par un impôt sur le sel (1). Le 5 janvier la Banque
déclara que vu la rareté du numéraire elle ne pouvait consentir un aussi large emprunt (2), mais
qu'elle était prête à élargir son capital, d'après certaines conditions que la Chambre finit par accepter
et qui furent sanctionnées par l'*Act* de 1697.

*Principales disposition de l'*Act *du 3 février (8 et 9
William III chap. 20).*— 1º La Banque devait ajouter
1,001,171 L. à son capital primitif.

2º Toute personne peut souscrire, et les souscriptions sont payables pour les 4/5 en tailles et 1/5 en
billets de banque.

3º Tous les souscripteurs sont incorporés dans la
société.

(1) Il s'agissait de l'impôt voté à propos de la *Land Bank.*
(2) Les directeurs durent prendre cette décision pour donner satisfaction à leurs actionnaires qui protestaient vivement contre la politique des
emprunts consentis au gouvernement. V .*A second Part of a Discourse
concerning banks* (sans date, mais presque certainement 1697).

En échange de ces sacrifices, l'*Act* accorde à la Banque une série d'avantages que nous connaissons déjà pour les avoir vu réclamés par les auteurs de nos deux brochures.

1º La date à laquelle la couronne pourrait mettre fin à la Société en lui payant les sommes qu'elle lui devait, fut prolongée et fixée à 12 mois après le 1er août 1710.

2º Pendant cette période, un véritable monopole fut accordé à la Banque d'Angleterre, car, aucune société, comprenant plus de 6 personnes et de la nature de la Banque, ne pouvait être autorisée par *Act* du Parlement.

3º Un intérêt de 8 0/0 garanti par une taxe sur le sel serait accordé aux tailles reçues en paiement par la Banque d'Angleterre.

4º Avant d'ouvrir la nouvelle souscription, le capital primitif serait estimé et augmenté de 100 pour 100 pour chaque actionnaire.

5ᶜ La Banque était autorisée à émettre des billets, pour le montant de son ancien capital de 1,200,000 L. et pour le montant des sommes souscrites, à condition qu'ils fussent payables sur demande (1). au cas où le paiement n'aurait pas lieu, ils pourraient être présentés à l'Échiquier, et seraient

____

(1) Mais les dettes de la Compagnie ne devaient pas excéder son capital, sans quoi les actionnaires étaient rendus personnellement responsables.

payables sur les fonds constitutifs de l'annuité due à la Banque.

6° Toutes les propriétés de la Banque étaient exemptées de tout impôt.

7° Enfin l'altération des billets de banque était assimilée au crime de félonie, et cela sans bénéfice pour le clergé.

Les privilèges étaient considérables, les conséquences de cet *act* ne le furent pas moins. Deux cent mille livres de billets de banque et 800,000 livres de tailles ayant été soustraites à la circulation, la valeur du reste monta et à la fin de l'année les billets étaient au pair, et les tailles portant intérêt faisaient prime (1). Bientôt les administrateurs de la Banque purent réaliser le vœu de Godfrey et firent circuler des billets de banque tels que nous les concevons de nos jours, c'est-à-dire ne portant pas intérêt.

La Banque était le principal bénéficiaire de cet *act*. Les privilèges à elles accordés étaient très grands; M. Macleod (2) les trouve même excessifs et attribue une grande partie des crises subséquentes au monopole accordé à la banque. Il est certain que ce monopole eut une influence des plus fâcheuses sur l'organisation du crédit provincial (3), mais peut-être

(1) De 50 0/0 de perte, elles montèrent à 112.
(2) V. p. 408.
(3) V. plus bas, IIIe partie, chap. 1, le paragraphe relatif aux banques provinciales, p. 244-249.

aurait-on évité la plupart des crises que nous décrirons plus bas, si on avait suivi l'avis d'un auteur de l'époque (1) qui proposait que la Banque d'Angleterre créât des succursales dans chaque cité commerciale du royaume.

Quoi qu'il en soit sur ce point, il faut convenir que les effets immédiats de l'*act* furent très satisfaisants. Les billets de banque remontèrent au pair, les actions suivirent une marche analogue, un second dividende de 7 0/0 fut payé le 21 septembre 1698 (2).

Simultanément la Banque entreprit une opération de plus longue haleine, qu'elle sut mener à bon port. Ce fut le paiement à ses souscripteurs de la nouvelle dette des 1,001,171 livres souscrites en janvier 1697. Le premier paiement eut lieu le 10 septembre 1698, et pendant 10 ans la Banque payait un dividende et une soulte. Mais quoique la dette fût éteinte dès mars 1707, la Banque continua à la considérer comme partie de son capital.

On est porté à croire à fortiori que la Banque dût payer les emprunts de 240,000 et 200,000 livres des 11 juin et 15 août 1696. Un écrivain (3) prétend même que la Banque offrit de prêter un million au gouver-

---

(1) V. *Some Thoughts in the Interest of England*.

(2) Par la suite les profits furent plus considérables, et on prétend que Sir Gilbert Hearthcote l'un des directeurs de la banque, aurait gagné à lui seul plus de 60,000 L. V. Francis p. 80.

(3) V. *A letter concerning the Bank and the credit of the Nation*.

nement sans intérêt pendant 21 ans, à condition que sa Charte fût prolongée pour une durée analogue. Cette information est peut-être exacte, mais elle ne semble pas confirmée par d'autres auteurs, et en tout cas l'opération proposée n'a pas abouti.

CHAPITRE VII

La Banque d'Angleterre et la Guerre
de Succession

L'année 1699 se passa sans grands incidents. La situation s'améliorait toujours et l'année 1700 s'ouvrit au milieu d'une grande prospérité. Les actions, au début de l'année précédente qui étaient cotées 117 L. 1/2, atteignirent vers la mi-mars le prix inconnu jusquelà de 148 livres. Ces heureuses dispositions n'étaient pas particulières à la Banque, la prospérité était générale, la récolte de 1699 avait été très bonne, et la récolte de 1700 s'annonçait comme excellente. L'industrie florissait. Le commerce n'ayant plus rien à craindre des corsaires français, s'était de son côté rapidement développé. On en trouvera la preuve dans l'augmentation très sensible des prix des actions des deux Compagnies des Indes Orientales et dans les revenus des Douanes dont la moyenne dépassa en 1700-1701 la moyenne de la période 17H0-1714 (1), encore que pendant les der-

(1) La moyenne de ces quinze années était de 1,332,764 Liv. V. Macpherson, vol. III, p. 45.

nières années les impôts aient été considérablement accrus.

Le taux de l'intérêt avait également énormément décru. On peut juger de cette baisse et de l'abondance des capitaux sur le marché par un projet attribué par Rogers (1) au vieil ennemi de la Banque, Duncombe. Il ne s'agissait de rien moins que de fonder une Société destinée à avancer 4 millions de livres au gouvernement à 5 0/0, en vue de racheter les privilèges de la Banque d'Angleterre et de la Nouvelle Compagnie des Indes Orientales à laquelle le gouvernement venait, deux ans auparavant, d'accorder de grands privilèges en échange d'un emprunt à sept pour cent.

Ce projet, qui ne fut jamais réalisé, fut annoncé le 5 octobre; le stock de la Banque baissait immédiatement de 12 livres. Cette baisse peut être également attribuée à une autre raison, à la nouvelle d'un événement sur lequel tout le monde civilisé avait les yeux fixés, que chacun attendait et redoutait depuis fort longtemps, et qui, réalisé, devait détruire tous les heureux effets de la paix de Ryswick et plonger l'Europe dans une crise dont à jamais on gardera le souvenir : je veux parler de la mort de Charles II, roi d'Espagne.

La nouvelle de cette mort, propagée alors, était

____

(1) V. Rogers, p. 101 et Davenant, vol. III, p. 320.

fausse, mais l'événement ne tarda pas à s'accomplir. Le roi d'Espagne mourait le 1er novembre. Nous n'avons pas à dépeindre l'état de l'Europe à cette mort. Les négociations qui l'avaient précédée et les faits qui s'ensuivirent ont fait l'objet de nombreuses études, et récemment encore ont été traitées de la façon la plus originale mais à un point de vue particulier par M. le comte d'Haussonville (1). Il nous faut cependant dire quelques mots de l'état d'esprit en Angleterre, des dispositions du public, et des intentions du gouvernement.

Si Guillaume III avait eu un pouvoir absolu, la question de savoir s'il ne valait pas mieux rester en paix, et s'incliner devant le fait accompli de l'acceptation du duc d'Anjou par les Espagnols, ne se serait même pas posée. Guillaume haïssait Louis XIV et son idée politique suprême fut toujours d'abaisser la France. Il ne faut pas s'en étonner. En tant que Hollandais, il ne pouvait ni oublier les attaques qui mirent son pays à deux pas de sa perte, ni ne pas voir que les Flandres retombant en fait entre les mains de Louis XIV, les dangers un instant disparus allaient reparaître plus terribles que jamais. Comme roi d'Angleterre, il avait à lutter contre un prince qui était le plus ferme soutien des Jacobites, et qu'on

____

(1) V. *La Duchesse de Bourgogne et l'Alliance Savoyarde sous Louis XIV*. V. not. *Revue des deux Mondes*, les n^{os} des 15 mars et 15 avril 1900.

soupçonnait de nourrir toujours l'espoir d'une seconde restauration qui devait remettre Jacques II sur son trône et rétablir en Angleterre la prépondérance du catholicisme. La perspective d'une pareille prépondérance jointe à la révocation de l'Édit de Nantes et à tant d'autres mesures qui avaient révolté le monde protestant devaient encore remplir de haine le cœur d'un roi qui se considérait, à juste titre, comme le principal pilier de la religion réformée. Enfin Guillaume devait partager les sentiments de haine et d'envie que nourrissaient alors tous les étrangers contre la France (1), sentiments naturels chez ceux qui ont tout à craindre d'une nation puissante et superbe, qu'avait jadis connus l'Europe du temps de Charles Quint et de Philippe II, qui reparurent sous la Révolution et l'Empire, et qu'aujourd'hui encore nous pouvons voir fleurir, toujours les mêmes, leur objet seul ayant changé.

Mais si, dans de pareilles dispositions, Guillaume devait ardemment désirer se joindre à la coalition européenne, il ne lui était pas facile à lui, roi constitutionnel, de réaliser ses désirs et d'entamer une guerre, qu'on pouvait prévoir longue et coûteuse,

(1) On trouvera une analyse très fine de ces sentiments et de leurs mobiles dans un ouvrage bien intéressant d'un diplomate franc-comtois, le baron de Lisola : *Bouclier d'État et de Justice contre le dessein manifestement découvert de la Monarchie universelle* 1667. Cet ouvrage fut écrit lors de la guerre de dévolution, mais la situation n'était pas sensiblement modifiée 34 ans plus tard.

sans l'aveu et l'appui de son peuple. Or, cet aveu
et cet appui, il n'avait ni l'un ni l'autre. Sa personne était aussi impopulaire qu'une guerre nouvelle.
On haïssait en lui l'étranger, ses manières froides,
son accent et ses conseillers également étrangers. On
avait oublié, comme il l'avait lui-même prévu, les
immenses services qu'il avait rendus à l'Angleterre;
on négligeait sa grande intelligence, ses capacités
militaires, tous les autres talents qui faisaient de lui
le plus grand homme qui, avec Cromwell, ait jamais
régné en Angleterre, pour opposer à la sévérité de sa
personne, l'élégance et le charme de Charles II et
regretter les temps pacifiques et joyeux des Stuarts.
Les neuf dixièmes du clergé et tous les hobereaux
étaient restés Jacobites. Ceux-là même qui se seraient
opposés de toutes leurs forces au retour de Jacques II
et de sa famille ne considéraient Guillaume, selon la
constatation de Macaulay, que comme le moindre de
deux maux, et aussi longtemps que le danger d'une
contre-révolution n'était pas imminent, ils étaient
portés à contrarier et à mortifier leur souverain. Et
encore qu'en cas de nécessité ils fussent prêts à le soutenir par leurs vies et leurs fortunes, ils demeuraient
chagrins et mécontents. « Il existait, comme le dit
Somers, dans une lettre remarquable adressée au
roi, une torpeur et un manque d'ardeur dans la
nation prise dans son universalité. »

Cet état d'âme s'explique; le règne de Guillaume

avait été une longue suite de guerres et de crises commerciales qui avaient si profondément troublé la nation
que, même après trois ans de paix, elle ne s'en était
pas complètement remise. Il avait fallu emprunter à
des taux élevés, et on subissait de lourdes taxes destinées à payer les intérêts des sommes empruntées.
D'autre part et surtout le pouvoir exécutif, malgré le
génie de Guillaume, malgré le grand talent des
hommes qu'il avait appelés au gouvernement, était
excessivement faible. En ce temps les usages parlementaires aujourd'hui en vigueur ne régnaient pas
encore en Angleterre, le gouvernement n'avait pas
besoin du soutien de la majorité dans les Chambres,
et, en fait, sous Guillaume il ne l'a presque jamais
eu. L'opposition repoussait donc les mesures financières proposées par le gouvernement sans se soucier,
n'étant pas forcée de prendre les rênes du gouvernement, de proposer quelque autre remède. Or, comme
le dit si justement Taine (1), à propos d'une situation
analogue : « Ordinairement dans une assemblée toute-
puissante, quand un parti prend l'ascendant et groupe
autour de lui la majorité, il fournit le ministère, et
cela suffit pour lui donner ou lui rendre quelques
lueurs de bon sens. Car ses conducteurs ayant eu
mains le gouvernement, en deviennent responsables,
et lorsqu'ils proposent ou acceptent une loi, ils sont

(1) *Les Origines de la France contemporaine.* Tome III, p. 205
(Tome Ier de *la Révolution*). Édition Hachette, 1899.

obligés d'en prévoir l'effet. Rarement un ministre des finances proposera des dépenses auxquelles les recettes ne peuvent suffire, ou un système de perception par lequel l'impôt ne rentre pas. Mais cette source d'instruction et de raison, continue l'auteur (1), ils se la sont fermée dès l'origine. Le 6 novembre 1789, par respect des principes et par crainte de la corruption, l'Assemblée a déclaré qu'aucun de ses membres ne pourrait devenir ministre. La voilà privée de tous les enseignements que fournit le maniement direct des choses. Bien pis, et par un autre effet de la même faute elle s'est condamnée aux transes perpétuelles. Car, ayant laissé entre des mains tièdes ou suspectes ce pouvoir qu'elle n'a pas voulu prendre, elle est toujours inquiète et ses décrets portent l'empreinte uniforme non seulement de l'ignorance volontaire où elle se confine, mais encore des craintes exagérées ou chimériques dans lesquelles elle vit. Et Taine conclut (2) : « Faute d'avoir mis la main sur le ressort moteur qui lui permettrait de diriger la machine, elle se défie de tous les rouages anciens et de tous les rouages nouveaux. »

Les paroles de Taine s'appliquent aussi bien au Parlement anglais d'alors qu'à la Constituante; l'opposition anglaise se défiant de tous les rouages nou-

(1) V. p. 207.
(2) V. p. 210.

veaux, repoussait inconsidérément les projets de réforme financière et le gouvernement de Guillaume se trouvait désarmé devant un Parlement corrompu. Il ne faut donc pas s'étonner si, dans ces conditions, un roi impopulaire n'ayant pas des prérogatives qui lui permissent de se passer du consentement de son peuple, ne pouvait pas engager une guerre contre laquelle on donnait en somme de fort bonnes raisons tant politiques que financières.

Au point de vue financier, il fallait tout d'abord parer aux frais de la guerre, et pour cela recourir à l'emprunt et à l'impôt, surtout au dernier de ces moyens, moyen pour lequel le public ressent plutôt de l'aversion, aversion plus naturelle encore si l'on considère combien vexatoires étaient les impôts d'alors, et que, grâce à la corruption des employés chargés de la perception, une partie minime des impôts levés parvenait jusqu'à l'Échiquier. En Écosse spécialement, pendant presque tout le xviii\ :superscript:`e` siècle, les frais de perception de douanes dépassaient régulièrement les sommes perçues.

Toujours en se plaçant au même point de vue pécuniaire, les commerçants pouvaient craindre qu'une nouvelle guerre corsaire ne vînt ruiner le commerce qui, depuis la paix, commençait à refleurir et notamment le commerce avec les Indes auquel la nouvelle Compagnie avait donné un vigoureux essor et qui avait déjà grande peine à se défendre contre la piraterie.

Enfin, au point de vue politique (1), on faisait valoir que si les Hollandais et l'empereur avaient un intérêt à empêcher le duc d'Anjou de régner, l'Angleterre, au seul point de vue de l'équilibre européen, avait autant à craindre de voir se reformer l'empire de Charles-Quint que de voir Louis XIV régner en Espagne au nom de son petit-fils; et qu'au surplus ce danger même était chimérique, car Philippe, étant donné le caractère de ses sujets, ne tarderait pas, par la force des circonstances, à devenir aussi espagnol que son prédécesseur, les faits étant là pour prouver que les liens du sang n'ont jamais rien valu devant les nécessités de la politique (2).

Aussi l'opinion publique était contraire à la guerre (sauf dans le comté de Kent) et la Chambre des lords (3), dans sa réponse à un belliqueux discours du trône, répondit que ses membres étaient prêts à soutenir sa majesté et le gouvernement pour prendre telles mesures de nature à garantir les intérêts de l'Angleterre, la préservation de la religion protestante, *et la paix en Europe*. La Chambre des communes, par sa conduite dans différentes affaires, *impeachment* des quatre lords, la pétition de Kent, montra une aversion plus prononcée encore pour la

(1) Nous ne faisons qu'esquisser ce côté de la question, côté qui ne rentre nullement dans le cadre de cette thèse.

(2) Ce point de vue était aussi celui du duc de Savoie, et les événements ont montré combien il était fondé.

(3) Le 15 février 1701.

guerre et une défiance très caractérisée à l'égard du roi. De nombreux torys avaient aussi été élus vers cette époque.

Tout semblait donc conspirer contre Guillaume, la neutralité de l'Angleterre paraissait certaine, quand un acte de sentimentalisme inconsidéré ou de provocation injurieuse vint changer la situation du tout au tout, raffermir Guillaume sur son trône et faire éclater une des guerres les plus longues et les plus coûteuses des temps modernes. Jacques II mourut à Saint-Germain, le 16 septembre, et Louis XIV touché, selon les uns, par la dignité de sa mort et par la douleur de la reine exilée, croyant, selon les autres, le trône de Guillaume tellement ébranlé qu'il pouvait insulter ce prince avec impunité, reconnut le fils de Jacques II comme roi d'Angleterre,

L'indignation du peuple anglais, à cette nouvelle, la rupture de toute relation diplomatique avec la France, la dissolution du parlement, l'écrasement des Torys aux élections qui s'ensuivirent, et l'ouverture de la Guerre de succession entre l'Europe coalisée et Louis XIV bientôt abandonné de ses derniers alliés, sont du domaine de l'histoire. Nous devons nous borner à examiner quelle a été l'influence de cette guerre sur la Banque d'Angleterre, quel rôle joua cet établissement, et comment sa fortune s'identifia pour jamais avec la fortune de l'Angleterre.

Conduite de la Banque pendant la guerre, — Run de 1707. — Les Privilèges de la Banque renouvelés et étendus. — L'affaire Sachaverell. — Ce qui caractérise la conduite de la Banque pendant cette période est ce qui caractérisa déjà sa conduite pendant la guerre précédente.

La Banque épouse les querelles de la dynastie protestante, elle fournit au gouvernement les moyens de continuer la guerre (1); en revanche elle a à subir les perfidies et les attaques des ennemis du gouvernement, et elle obtient de celui-ci la prolongation et l'extension de ses privilèges.

Il n'y eut que les noms de changés. Guillaume III était mort au début du conflit, mais sa belle-sœur ne changea rien à sa politique et même fit plus pour la Banque, car elle se garda de lui susciter des rivaux du genre de la *Land Bank*. La Banque, de son côté, soutenait de son mieux cette succession protestante avec la fortune de laquelle la sienne propre s'identifiait désormais (2). Addisson a fort bien résumé la situation

(1) Cette guerre fut très coûteuse. Voici, emprunté à Dowell (*vol. cit.* appendice) le coût des différentes guerres qu'eut à soutenir l'Angleterre pendant la période qu'embrasse cette thèse, ainsi que le montant de l'accroissement de la dette publique.

Coût de chaque guerre.		Dette accrue
1688-1697	= 32.643.764 L.	14.522.925 L.
1702-1713	= 50.684.956 «	21.483.098 «
1756-1763	= 82.623.738 «	59.633.000 «
1776-1785	= 97.590.496 «	94.560.069 «
1793-1815	= 831.446.449 «	504.889.452 «

(2) On peut juger de l'importance prise par la banque par le fait

par l'allégorie suivante : « On voyait, dans *Grocers Hall,* le Crédit public sur son trône, ayant au-dessus de sa tête la grande Charte et fixant ses regards sur l'*Act* d'établissement. Sous son toucher, tout se convertissait en or. Derrière son trône, des sacs d'argent s'élevaient en piles jusqu'au plafond. A sa droite et à sa gauche, le parquet disparaissait sous des pyramides de guinées.

« Tout à coup, la porte s'ouvre, le Prétendant se précipite dans la salle, une éponge d'une main et, de l'autre, une épée qu'il brandit contre l'*Act* d'établissement.

« Le Crédit, sous la forme d'une reine remarquable par sa beauté, s'évanouit et tombe. Le charme par lequel elle changeait en trésor tout ce qui l'entourait, est rompu. Les sacs d'argent se dégonflent comme des vessies percées à coups d'épingle. Les piles de pièces d'or se changent en paquets de chiffons et en fagots de tailles de bois. »

Cette allégorie pourra être lue dans le n° 3 du *Spectator* de Addisson ; dans le même essai, l'auteur donne une idée de la façon très simple dont se faisait

suivant rapporté par Burnet (tome VI, p. 8). Quelques années après le commencement des hostilités la reine obligea le comte de Sunderland à se démettre et chargea Lord Darmouth de la garde des sceaux. Ceci donna l'alarme tant à l'extérieur qu'à l'intérieur, elle ne fut calmée que quand on sut que la reine avait déclaré à certains de ses sujets et notamment au *Gouverneur de la Banque* qu'elle ne ferait pas d'autres changements.

le travail à la Banque, mais nous avons déjà parlé de ceci.

Voici au surplus les principaux incidents de cette période :

Crise de 1707. — *Run* sur la Banque. — Dès le début de la guerre, la Banque se trouva plusieurs fois dans des difficultés, mais ce n'est qu'en 1707 qu'elle courut un danger vraiment sérieux. A cette date les agissements du parti Jacobite, surexcité par l'annonce d'une invasion française, semèrent la panique dans le pays. Les fonds publics baissèrent de 14 à 15 0/0 (1). Les ennemis de la dynastie régnante et les ennemis de la Banque se concertèrent pour organiser un afflux de demandes, un *run* sur celle-ci (2). Les banquiers privés essayèrent de ruiner leur grande rivale. Sir Francis Child refusa d'accepter les billets de la Banque; il expliqua plus tard qu'il ne faisait qu'appliquer à la Banque la loi du talion.

Cette panique montra que si la Banque avait

____

(1) V. un pamphlet intitulé : *The anatomy of the Exchange Alley.* On y trouvera beaucoup de détails sur cette affaire et sur le rôle joué par deux grands orfèvres, *chevaliers tous deux et dont l'un était membre du Parlement,* Sir R. Hoare et Sir Francis Child, pour ne les pas nommer.

(2) La Banque avait déjà subi un *run* organisé par Duncombe et quelques uns de ses collègues à la suite des élections du 23 janvier 1701. On trouvera tous les détails désirables dans un pamphlet écrit immédiatement après le *run* et qui malgré son titre bizarre vaut la peine d'être lu : *The Villainy of Stock-jobbers detected and the causes of the late run upon the Bank of England discovered and considered.*

des ennemis elle conservait toujours des amitiés
puissantes et fidèles. Des secours affluèrent de toute
part. Les ducs de Malborough, de Newcastle et de So-
merset ainsi que d'autres nobles et beaucoup de marchands offrirent d'avancer à la Banque des sommes
considérables. Un individu qui avait, pour toute fortune,
500 livres, les porta à la Banque. La Reine ayant
appris ceci lui envoya 100 livres avec un bon du Trésor
pour les autres 500. Le Lord Trésorier Godolphin,
sentant que le crédit du pays était lié à celui de la
Banque informa les directeurs que la Reine autorisait
que, pour six mois, les billets portassent un intérêt
de 6 0/0. Enfin la Banque elle-même fit un appel de
20 0/0 à ses actionnaires, et grâce à tous ces efforts
combinés le péril fut conjuré.

Act de 1709. -- *Les privilèges de la Banque renouvelés et étendus.* — En 1708 le gouvernement se
trouva de nouveau dans de grands embarras financiers. Le produit des impôts couvrait difficilement la
moitié des dépenses. En cette extrémité le ministère
se tourna vers la Banque d'Angleterre, en lui offrant
comme compensation une prolongation de son privilège. Cette proposition souleva de violentes clameurs;
les anciens ennemis de la Banque n'avaient pas désarmé, et ils se mirent à écrire de nombreuses brochures pour développer leurs idées. L'auteur de l'un
de ces pamphlets (1) ne se contentait pas de proposer

____

(1) V. *Arguments against prolonging the Bank with proposals for*

l'abolition de la Banque, institution dont il considérait la malice comme un point hors de doute, mais il proposait, en outre, un remède aux nécessités financières de l'heure. Ce remède, ingénieusement exposé, consistait à trouver des revenus suffisants par une amélioration de l'octroi, notamment en permettant aux fonctionnaires de goûter les liqueurs et de faire payer selon la qualité et non la quantité. Mais cet écrivain et ses émules ne purent empêcher le gouvernement et la Banque de conclure la convention suivante. On stipulait :

1º Que l'intérêt du capital originel de 1,200,000 livres, serait réduit de 8 à 6 0/0, avec une allocation de 4,000 livres par an pour frais d'administration.

2º Que la Banque avancerait une nouvelle somme de 400,000 livres à 6 0/0.

3º Le gouvernement désirant faire circuler des Bons de l'Échiquier garanti par les revenus des *house duties* . La Banque s'engagea à les faire circuler et les

advancing the Revenue of the Excise and making more useful to the nation than ever the Bank can be, without any danger to the Publick. In a letter to a Member of Parliament (1708). Voyez aussi contre le renouvellement de la Banque : *Remarks on the Bank of England with regard more especially to our trade.* By a Merchant of London and a true lover of our Constitution. *A short view of the apparent dangers and mishief from the Bank of England. More particularly adressed to the country gentlemen. Reasons against the continuance of the Bank of England.* Je ne fais que citer les titres de ces brochures sans en donner une analyse qui ne nous apprendrait rien de nouveau, car elles ne font que ressasser les arguments déjà développés contre la Banque lors de sa fondation.

paya immédiatement 1,775,027 livres. La Banque reçut en échange 6 0/0 de cette somme, 3 0/0 comme intérêts et 3 0/0 pour l'amortissement du capital.

Comme contrepartie à ces concessions la Banque obtint :

1° Que son privilège serait renouvelé pour 21 années à partir du 1er août 1711.

2° L'autorisation de doubler son capital présent qui était de 2,201,171. Les nouvelles actions de 100 livres devant être émises à 115 livres.

Anderson rapporte (1) que malgré ces conditions assez sévères, la souscription ouverte le 22 février 1709 fut entièrement couverte entre 9 heures du matin et midi. Telle était dit-il, la foule des personnes désireuses d'apporter leur argent qu'on aurait pu avoir plus d'un million en sus dans la même journée. A la suite de ces opérations, continue Anderson, le montant du capital total de la Banque était de 6,577,370 L. à savoir :

Capital de la Banque   2,201,171 L. 10 sh.

ce capital doublé   4,402,343 L.

Et augmenté des

400,000 L. avancées   4,802,343

Auxquelles s'ajoutent pour

de Bons de l'Echiquier....   1,775,027

Total.......   6,577,370

(1) V. vol. III, p. 33.

Enfin, et point capital le monopole de la Banque fut étendu.

L'*Act* de 1697 avait prescrit qu'aucune autre banque ne serait sanctionnée par *act* du Parlement ; il ne prohibait pas la formation d'autres sociétés par actions, ni d'aucune Société s'occupant d'opérations de Banque. Une société nommée *Company of mine Adventurers of England* s'érigea en banque d'émission et fit circuler des billets, faculté que lui accordait l'*act* de 1697 (1). Pour mettre un terme à ceci il fut édicté. « Que pendant la durée de la susnommée Société, de la Compagnie et du Gouverneur de la Banque d'Angleterre, il ne sera pas permis à ancun corps politique ou association quelconque fondée ou à fonder, ou à nuls autres individus réunis ou devant se réunir en assemblées ou associations comprenant plus de six personnes, en cette part de la Grande Bretagne d'énommée Angleterre, emprunter, devoir, ou prélever aucune somme de monnaie sur leurs billets payables sur demande, ou pour un temps inférieur à six mois àpartir de l'emprunt.

En ce temps la faculté d'émettre des billets était

---

(1) A la tête de cette compagnie se trouvait Sir Humphrey Mackwork qui déploya dans cette entreprise une habileté digne d'une meilleure cause. Il en imposa pendant cinq ans aux actionnaires par la distribution de dividendes fictifs et autres procédés frauduleux ; il achetait les produits d'autres mines qu'il faisait frapper à la Monnaie comme produits des mines d'argent de la Compagnie, etc. Mais, malgré tout, il ne put aller bien loin. Tout fut découvert ; la compagnie des *Mines Adventurers* fut déclaré un *bubble* par la Chambre des Communes, et Sir Humphrey Mackwork fut reconnu coupable de fraudes scandaleuses.

considérée comme une partie tellement essentielle
des opérations de banque que sa prohibition était
censée prévenir la formation de toute banque de plus
de six personnes et par là même empêcher toute
société privée de pouvoir exercer une influence dangereuse pour la Banque. Ceci paraissait alors tellement évident que cette clause eut l'effet de prévenir
la formation de toute banque par actions. Ce n'est
que longtemps plus tard qu'on s'aperçut que cette
clause n'entraînait que des conséquences beaucoup
moins rigoureuses (1).

Le monopole d'émission de la Banque n'était limité
que par la prohibition formelle d'émettre des billets
en quantité supérieure à celle de son capital.

Ces dispositions concernant l'émission ont été
l'objet de sévères critiques de la part de M. Macleod (2).
Pour l'éminent économiste elles se résument en ceci.
Tout emprunt consenti au gouvernement est contre-
balancé par une augmentation analogue du capital et
de la circulation fiduciaire. « Ce système peut, jusqu'à
un certain point, n'avoir pas de trop mauvaises conséquences, mais il est clair qu'en principe il est absolument vicieux. Rien dans la théorie de la monnaie
de Law n'est plus absurde ou plus dangereux que ce
système. Comparé à lui le plan de baser la circulation
du papier monnaie sur des propriétés foncières paraî-

<hr>

(1) V. plus bas 3ᵉ partie chap. I.
(2) V. p. 416 et 417.

trait une idée raisonnable. Si pour chaque dette du gouvernement, on doit créer une somme équivalente en monnaie, nous avons l'application de la pierre philosophale. Qu'est-ce que l'Eldorado comparé à ce moyen ? Car même en ce pays fallait-il tout au moins ramasser le métal et le transformer en monnaie. Mais considérons froidement le principe contenu en ce plan d'émettre des billets assurés sur la dette publique. Réduit à un langage simple cela revient à dire « *que le moyen de créer de l'argent est pour le gouvernement d'en emprunter*. Par exemple A prête sur hypothèque de l'argent à B, et en sûreté de l'hypothèque A est autorisé à créer une somme de monnaie égale à celle qu'il a déjà prêtée ! ! !

« Ces pratiques sur une courte échelle peuvent prendre place sans inconvénient pratique, mais en principe elles n'en restent pas moins absurdes. Les rêves de Chamberlain lui-même ne sont pas moins extravagants ».

En 1713, dernière année de la guerre, la Banque consentit un nouvel emprunt au gouvernement, et vit son privilège prolongé jusqu'à l'année 1743.

L'année suivante, la reine Anne mourait. Les craintes d'une guerre civile que suscita la transmission de la couronne causèrent quelque inquiétude dans la cité, mais tout rentra vite dans l'ordre accoutumé. La dynastie de Hanovre, installée sur le trône anglais, ne pouvait être mal disposée envers la

Banque, et dès 1716, elle conclut avec elle un arrangement relatif à la dette contractée par le gouvernement. L'*act* de 1716 fut voté en vue de l'amortissement des dettes antérieures et de l'avance de nouveaux capitaux à 5 0/0. Ce même *act* exemptait la Banque des lois sur l'usure qui commençaient à peser lourdement sur le monde commercial.

L'affaire Sacheverell (1). — L'historique de cette période serait incomplèt s'il ne mentionnait les dangers que courut la Banque d'Angleterre en 1709 à la suite d'un sermon prêché à Saint-Paul par le docteur Sacheverell.

« Un sermon à Saint-Paul était alors, dit M. Morley (2), ce qu'est de nos jours une démonstration à Hyde Park. Le discours du docteur Price au meeting tenu à Old Jewry le 4 novembre 1789, ouvrit la voie aux Considérations sur la Révolution française de Burke. Ce fut le sermon du docteur Sacheverell qui provoqua la plus violente explosion conservatrice du siècle. » Ce sermon était violent et semblait dirigé contre les dissenters, mais il affirmait surtout le principe de l'obéissance passive et de la non résis-

---

(1) Les documents sur cette affaire abondent. On consultera de préférence Morley, *Walpole*, p. 13 17. Smollett. t. 8, p. 72-79. Stanhope *History of Queen Anne's Reign*, chap. XII, p. 4, et à titre de curiosité v. White Kenett *Wisdom of looking Backward with an account of Dr. Sacheverell proceeding* et l'opinion de la fameuse Duchesse de Malborough *Account of my conduct*, p. 247.

(2) P. 14.

tance au gouvernement avec des allusions aux sentiments contraires qui inspirèrent la révolution de 1688. Le lord maire, qui était parmi les assistants et qui était un député Tory, invita l'orateur à dîner, le remercia de son sermon, le poussa à le publier et en accepta la dédicace.

La publication de ce sermon fit scandale; le premier lord de la Trésorerie y était qualifié de *Volpone*. L'auteur fut arrêté à cause des libertés qu'il avait prises envers le gouvernement. La populace se décida à soutenir la cause de l'orateur qui était celle de l'église d'Angleterre, et la victime se rendit à Westminster où devait avoir lieu le procès, honoré par la présence de la reine (1), gardé par une escorte de garçons bouchers. La foule se pressait autour du docteur, s'efforçant de lui baiser la main et de l'argent était jeté à la populace par des membres de l'aristocratie qui suivaient le cortège dans des carosses empanachés. La foule ne se devait pas borner à des manifestations pacifiques, elle pilla les chapelles dissidentes et réunit les livres et les ornements de ces églises qui furent brûlées à Lincoln's Inn Fields. On pilla même

(1) On criait à la reine qui se rendait à Westminster Hall «: Dieu bénisse votre majesté et l'Eglise ; nous espérons que votre majesté est pour le Dr Sacheverell » . V. Morley, p. 16.

L'église Anglicane considérait l'accusé comme un héros et un martyr, des prières furent dites dans toutes les églises pour son acquittement, sa conduite fut louée dans des sermons et le chapelain royal lui-même fit son éloge.

par erreur une église favorable, mais qui n'avait pas de signes distinctifs suffisants. Bientôt l'émeute prit un caractère nettement politique et la Banque, objet de toutes les attaques, fut avertie que son local allait être l'objet d'un assaut. Les directeurs assemblés firent appel au secrétaire d'Etat demandant un corps d'armée pour défendre l'établissement. Il n'y avait pas de troupes disponibles, et la reine, plutôt que de voir la Banque prise d'assaut, préféra rester sans défense et manda sa garde à pied et à cheval. Dois-je prêcher ou me battre? demanda le capitaine Horsey au reçu des instructions royales. Il n'eut besoin de faire ni l'un ni l'autre, l'arrivée seule des troupes ayant suffi à mettre en fuite les émeutiers.

La Banque fut sauvée du pillage grâce au dévouement de la reine et l'affaire Sacheverell fut terminée de la façon suivante. Sacheverell, malgré une défense excellente qu'il lut devant la Chambre des lords et qui était probablement l'œuvre d'Atterbury, fut condamné par 69 voix contre 52 (1). Mais la peine très légère qui fut prononcée (2) fit considérer la sentence comme un triomphe pour lui et ses partisans. Peu de temps après, Godolphin donna sa démission, et les

____

(1) Sur 13 évêques prenant part au scrutin, 7 seulement votèrent la condamnation.

(2) Il était condamné à ne pas prêcher pendant trois ans et son sermon devait être brûlé.

élections qui s'ensuivirent furent pour les Torys un succès marqué.

Il faut lire, pour comprendre ces émeutes et ces scandales perpétuels et aussi pour se rendre compte aussi de ce qu'était l'Angleterre d'alors, le chapitre III du livre III de l'*Histoire de la Littérature anglaise*, de Taine.

« On ne voit, dit le grand critique (3), que corruption en haut et brutalités en bas; une troupe d'intrigants mène une populace de brutes. La bête humaine, enflammée par les passions politiques, éclate en cris, en violences, oscille tour à tour sous la main de chaque parti, et de son élan aveugle semble prête à démolir la société.

« A chaque accident politique, on entend un groupement d'émeute, on voit des bousculades, des coups de poing, des têtes cassées. Quand le docteur Sachavarell est mis en jugement, les garçons bouchers, les balayeurs de cheminées, les marchands de pommes, les filles de joie et toute la canaille, s'imaginant que l'église est en danger, l'accompagnent avec des hurlements de colère et d'enthousiasme, et le soir se mettent à brûler et à piller les temples des dissidents. »

Et Taine poursuivant nous montre l'amiral Byng brûlé en effigie, lord Bute, successeur impopulaire de Pitt, assailli de pierres et obligé d'entourer sa voi-

_____

(3) V. tome III p. 5 de l'édition de 1863.

ture d'une garde de boxeurs, les juges n'osant condamner les ivrognes, la Chambre n'osant voter l'impôt d'octroi proposé par Walpole, les *Gordons Riots*.
Il aurait pu allonger cette liste, car les rois ne furent
pas plus respectés que les ministres, et l'hôtel du duc
de Bedford subit de véritables sièges et de véritables
assauts.

Certes, on était loin de l'Angleterre du xixe siècle.
Pour ma part, je ne connais rien qui fasse plus honneur à l'Angleterre que cette transformation accomplie en moins d'un siècle. Elle démontre ce que
peuvent le travail, la persévérance et le dévouement
de tous les citoyens à la chose publique. Elle démontre aussi ce que peut l'intervention énergique et
éclairée des classes moyennes qui, ne se laissant ni
écarter ni submerger, surent prendre la direction des
affaires et transformer le pays. Admirable exemple
d'un patriotisme ne se payant ni se contentant de
mots. Aussi l'étude de l'histoire anglaise est-elle un
magnifique enseignement pour les p uples qui,
comme le peuple anglais des xviie et xviiie siècles,
sont peu nombreux, désorganisés et en proie aux
démagogues. Elle montre que ce sont là des maux
qu'on ne subit que lorsqu'on le veut bien, et constitue
aussi bien qu'un exemple un encouragement.

DEUXIEME PARTIE

LA BANQUE D'ANGLETERRE SOUS LA DYNASTIE DE HANOVRE.

CHAPITRE PREMIER.

La Banque d'Angleterre et la Compagnie de la Mer du Sud.

Tandis que la France était en proie à la crise financière, qui marqua la période de la régence, l'Angleterre allait elle aussi subir une crise analogue. Si elle n'eut pas un homme du génie de Law, elle eut du moins sa Compagnie des Indes Occidentales en la Compagnie de la Mer du Sud. Et encore que les conséquences de cette crise furent moins cruelles chez les Anglais qu'en France, la crise n'en fut pas moins des plus considérables, et pendant plus d'une année l'histoire de l'Angleterre se confondra avec l'histoire de la Compagnie de la Mer du Sud.

La *South Sea Company* fut fondée, en 1711, par le comte d'Oxford, en vue de restaurer le crédit public gravement compromis par la chute des Whigs. Comme tous les établissements du temps, elle eut

en échange cinq millions de livres payables en moins s'était chargée des sommes dues à l'armée et à la flotte, ainsi que d'autres parties de la dette flottante, en tout de près de dix millions de livres. Ceci en échange d'un intérêt de six pour cent, garanti par une série de droits, et du monopole de la Mer du Sud, l'Océan Pacifique, dont elle ne tarda pas à prendre le nom.

Elle continua paisiblement ses opérations commerciales jusqu'à l'année 1720 époque, à laquelle elle allait acquérir sa triste célébrité.

L'année 1720 fut, au témoignagne d'Anderson, (1), « une année remarquable sur toute autre par le nombre et l'extravagance de projets extraordinaires ». La passion du public pour les spéculations touchait à la folie. Mais les gouvernants ont aussi leur part de responsabilité dans les malheurs qui vont arriver.

Cette crise aurait débuté, à en croire Smollett (2), par la recommandation du roi aux communes de chercher les moyens propres à alléger le fardeau de la dette nationale.

Le projet du *South Sea Act* fut alors conçu par sir John Blount qui possédait tout le sang froid et toute l'audace nécessaire à une pareille entreprise. Il com-

----

(1) V. *An Historical and Chronological Deduction of the origin of Commerce* tome III, p. 91. On trouvera dans ce volume vieux de 113 ans es renseignements les plus précieux sur toute cette affaire. V. aussi Macpherson *Annals of Commerce* (1805) t. III, p. 76. Mais cet ouvrage n'est jusqu'à l'année 1764 qu'une réédition d'Anderson.

(2) V. *History of England* tome VIII, p. 238.

muniqua son plan au Chancelier de l'Échiquier, Aislabie, et à un des secrétaires d'Etat, prévenus par leur intérêt en faveur du projet, et il réfuta toutes leurs objections sans grande difficulté.

Le projet fut adopté par le gouvernement, son but principal était d'alléger le fardeau de la dette nationale en fondant toutes les dettes en une seule.

Le 22 janvier 1720, la Chambre des Communes se réunit en Comité pour délibérer sur le projet. La Compagnie de la Mer du Sud proposait de se charger de toutes les dettes du royaume qu'on évaluait à 30,981,712 livres, contre un intérêt de cinq pour cent jusqu'en 1727, et à partir de cette date de 4 0/0. En échange de quoi elle devait payer 3 millions 1/2. Ces propositions furent présentées subitement par le gouvernement qui espérait ainsi enlever le vote de l'assemblée. Celle-ci cependant leur fit un accueil plutôt réservé, et les amis de la Banque d'Angleterre, ayant fait valoir les grands services que cet établissement avait rendus à l'Etat, ainsi que le préjudice que lui infligerait le vote de ces propositions, obtinrent une remise de cinq jours (1).

Ce délai fut mis à profit par la Banque qui avant qu'il ne fût expiré se déclara prête à assumer les mêmes charges que la Compagnie du Sud, et offrait pour origine un emprunt de l'Etat. Notre Compagnie

_____

(1) Brodrick fut le principal avocat de la Banque pendant le débat qui fut très orageux.

de délais (1) que la somme moindre qu'offrait la Compagnie rivale.

Les propositions de la Banque n'étaient pas plutôt connues, que les directeurs de la Mer du Sud réunirent leurs actionnaires en une assemblée générale, laquelle leur enjoignit d'obtenir la préférence à tout prix. Des offres furent faites portant la somme accordée au gouvernement de 3 1/2 à 7 millions 1/2. Mais la Banque, engageant une lutte désespérée, se mit à faire à son tour les propositions les plus extravagantes. Elle offrit de donner 1700 actions de la Banque pour chaque annuité de 100 livres, pour 96 ou 99 ans. « Que n'importe qui, dit Anderson, cherche à comprendre comment cela était possible ». Heureusement pour la Banque ses propositions furent repoussées. A un moment donné on eut l'idée de partager l'opération entre les deux établissements. Mais sir John Blount refusant d'adopter les pratiques de Salomon se serait écrié. «Non Messieurs, nous ne diviserons jamais l'enfant.»

L'adoption des propositions de la *South Sea Company* n'alla pas sans des débats parlementaires prolongés et violents. A la Chambre des communes, où

(1) On pourra trouver ces propositions dans deux ou trois brochures de l'époque, telles : *The shemes of the South Sea Company and the bank of England as proposed in Parliament for the reducing of the National debt*. Et : *A Comparaison between the proposals of the Bank and the S. S. Company. Wherein is shown that the proposals of the first are much more advantageous than that of the latter.*

le projet fut voté après un débat qui dura trois jours,
par 172 voix contre 55, c'est Robert Walpole qui fut
le principal orateur de l'opposition. A la Chambre
des lords, où le débat fut très court et où il n'y eut
pas de scrutin, on doit noter les discours de lord
North et de lord Grey. Le comte Cowper parla également contre le projet qu'il compara au fameux cheval de Troie ; comme lui, dit-il, il est reçu avec pompe
et des manifestations de joie, comme lui aussi il porte
dans ses flancs la trahison et la ruine (1).

L'assentiment de la couronne fut accordé le 7 avril.
Et le 11 juin, en prononçant la clôture du Parlement,
le roi félicita les assemblées d'avoir jeté des fondements solides à la liquidation de la dette nationale,
sans violation de la foi publique.

La seule rumeur que la Compagnie de la Mer du
Sud se proposait de se charger de la dette unifiée fit
monter en 1719 le prix de ses actions à 126 livres.
Elles étaient à 310 au moment du vote de la loi. Et
après le succès des premières souscriptions, sur des
bruits plus ou moins fondés, les actions montèrent
à 500 livres (2) puis (le 2 juin 1720) à 890 livres (3) ; elles ne devaient pas s'arrêter là, car un

----

(1) Sur ces débats, *Parlementary History*, t. VII, p. 644-646 pour les
communes, et 646-648 pour les débats devant la Chambre des Pairs.
Les principaux défenseurs du projet furent Aislabie et lord Sutherland.

(2) 23 mai.

(3) Une des rumeurs qui contribua le plus à cette hausse, fut le bruit
répandu qu'un traité de paix venait d'être signé entre l'Espagne et l'An-

véritable vent de folie traversait tous les cerveaux. A la fin de juin les actions étaient à 2,000 livres (1).

Pour maintenir cette hausse fallacieuse, on eut recours à des artifices et à des promesses de toutes sortes; on promettait des gains de 50 0/0, l'acquisition de marchés lointains et inestimables, on chuchottait la découverte de mines et de trésors enfouis. Tous ces moyens avaient déjà servi, et nous avons eu l'occasion d'en parler longuement; mais ce n'était pas là une raison pour qu'ils ne servissent et ne réussissent pas à nouveau.

La plus grande partie du public fut prise à ce miroir aux alouettes. Il se passait au *Change Halley* de Londres, ce qui se passa rue Quincampoix à Paris, on y vit s'y presser des nobles et des bourgeois, des commerçants et des hobereaux, des juges et des évêques, des dames appartenant aux classes les plus diverses de la société (2). Le roi lui-même n'aurait pas échappé

gleterre, à la suite duquel Port-Mahon et Gibraltar auraient été échangés contre une partie du Pérou. Cet échange était hautement profitable à la Compagnie; il consolidait sa situation dans le Pacifique et lui procurait le commerce d'une contrée d'une richesse légendaire (Smollett, p. 244).

(1) Dans l'intervalle, la Compagnie ouvrit une 3e souscription à 1,000 livres par action, il y eut 4 millions de souscrits. Cependant quelques directeurs étaient créés baronets pour services exceptionnels.

(2) V. la description donnée par Pope dans son *Epistle to Allen Lord Bathurst*.

> At length corruption, like a general flood
> Did deluge all, and avarice creeping on
> Spread like a low born mist and hid the sun
> Statesmen and patriots plied alike the stocks

à la contagion (2) et on accuse sa maîtresse d'avoir fait dans cette affaire des gains considérables qu'elle se serait empressée d'envoyer en Hanovre.

La mode se mit de la partie, on vit apparaître des voitures de la Mer du Sud, des habits et des cravates de la Mer du Sud, les dames ne portaient plus que des bijoux de ce nom, et il y avait des domestiques de la Mer du Sud.

La hausse artificielle des actions produisit une

> Peeress and butler shared alike the box
> And judges jobbed, and bishop bit the town
> And mighty dukes packed cards for half a crown
> Britain was sunk in lucre's sordid charms ».

V. aussi le poème de Swift : *The South Sea Project*, dans ses œuvres complètes (édit. 1824) t. XIV, p. 146-155 et le poème satirique, *South Sea Ballad, or Merry Remarks upon Exchange Alley Bubbles*. Ces nombreuses citations littéraires sont faites ici, non pour faire étalage d'une vaine érudition, mais parce que véritablement, à défaut d'une histoire de cette crise, c'est là qu'on en trouve les meilleures descriptions. V. enfin Smollett, p. 244 et comparez Thiers, p. 93. Les deux crises sont tellement semblables qu'en décrivant l'une on semble parler de l'autre.

(1) Que le roi, s'il n'en a pas tiré profit, a du moins énergiquement protégé le projet, est un fait qui semble hors de doute. Voici ce qu'écrivait la duchesse d'Ormond à Swift : « Vous vous rappelez, et je me souviens aussi du temps où la Mer du Sud, était considérée comme le marmot (*brat*) de mylord Oxford, et devait être sevrée en nourrice. Le roi l'a maintenant adoptée, et la nomme son enfant bien aimé : vous penserez peut-être que s'il ne l'aime pas plus que son fils, ce n'est pas beaucoup dire, mais il l'aime autant que la duchesse de Kendal, et cela veut dire beaucoup. Je souhaite que l'enfant prospère, car quelques-uns de mes amis y sont profondément plongés ; j'aurais souhaité que vous le fussiez aussi.

On trouvera cette lettre dans les œuvres de l'auteur de *Gulliver*, t. XVI, p. 335.

hausse artificielle de la richesse, et on vit dans le pays un luxe sans précédents. Les spéculateurs et les aventuriers, dit un auteur du temps, grisés par leur richesse imaginaire, se mirent à acheter les marchandises les plus rares et les vins les plus fins qui se pouvaient importer ; ils achetaient aussi sans aucun discernement et aucun goût les meubles et les équipages les plus somptueux ; ils donnèrent libre cours aux plus honteux excès, et leurs discours étaient empreints d'orgueil, d'insolence, et de la plus ridicule ostentation (1).

La conséquence de tout ceci fut une hausse insensée du prix de toutes choses. Si les biens n'atteignirent pas les prix atteints en France et si on ne vit pas une gelinotte se vendre deux cents livres (2), cela tenait à ce que la Banque n'étant pas impliquée dans la *South Sea Company* il n'y eut pas d'émissions excessives ; mais néanmoins le renchérissement était tel qu'il réduisait les gens ayant des rentes modestes à spéculer ou à vivre dans la misère.

Les commis de la Compagnie furent parmi les rares personnes qui tirèrent des bénéfices réels. Comme l'écoulement d'un jour pouvait produire une différence de 100 livres, on leur donnait souvent un billet de 20 livres pour expédier plus rapidement l'opération. Les profits qu'ils se faisaient ainsi étaient tellement grands

(1) Comparez Thiers, p. 103.
(2) V. Thiers, p. 107.

qu'ils portaient des costumes parés de dentelles, et répondaient à ceux qui les critiquaient que « s'ils ne mettaient pas de l'or sur leurs habits, ils n'auraient su dépenser la moitié de leurs gains. »

Heureux encore si le mal s'était borné là. Mais le succès du projet de la Mer du Sud, fit éclore des projets sans nombre. Parmi eux, quelques-uns étaient sérieux et méritaient de réussir (1), mais l'extravagance des autres était telle que, selon M. Francis, leur succès fit soupçonner les actionnaires de folie commerciale (2). Qu'on en juge par quelques exemples (3). L'un d'eux tendait à découvrir le mouvement perpétuel. L'autre à fonder une Société pour importer des ânes espagnols de grande taille. Le troisième à fonder un hôpital pour des bâtards. Le quatrième à extraire de l'argent du plomb. Et enfin, le plus extraordinaire, à fonder une compagnie « For carrying an undertaking of great advantage, which shall in due time be revealed ». Chaque souscripteur devait déposer deux guinées, contre lesquelles il recevrait plus tard une action de cent guinées et connaîtrait en même temps le projet. On aura peine à croire, que dans cinq heures, l'ingénieux promoteur

---

(1) Parmi les projets qui réussirent, deux existent encore: le *Royal Exchange* et la *London Assurance Company*.

(2) *Commercial Lunacy*, v. Francis, p. 127.

(3) On pourra trouver des projets encore plus extravagants dans Mahon, p. 16 et 17 et Anderson, p. 108.

put réunir 1.000 souscriptions, c'est-à-dire 2.000 livres, avec lesquelles il disparut dans la soirée.

Les projets de ce genre acceptaient toute souscription, même celle d'un shilling pour cinq livres, c'est-à-dire pour cent (1). Et comme on ne demandait pas le reste de la souscription, le pauvre, avec quelques sous, pouvait bâtir les mêmes châteaux en Espagne, que le riche avec quelques milliers de livres.

Une autre fraude courante (2) était celle des « Globe permits », petits carrés de cartes à jouer, sur lesquels était imprimée une reproduction de la *Taverne du Globe*, avec l'inscription *Sail cloth permits*. Ces cartes n'étaient que des permis à souscrire pour une future *Sail cloth Company*, et étaient courramment vendus soixante guinées chacune. La cohue et la confusion étaient tellement grandes que les mêmes actions étaient quelquefois vendues au même moment dix livres plus cher à tel endroit du *Change Alley* qu'à tel autre (3).

(1) On trouva même des promoteurs qui ne demandaient qu'un shilling pour cent livres.

(2) V. Mackay *Popular Delusions*, p. 54. Cet ouvrage contient aussi un essai sur Law et un autre sur la Tulipomanie en Hollande.

(3) On jugera de la façon avec laquelle les affaires étaient traitées par un témoignage contemporain. L'excitation de nos spéculateurs a été si grande cette semaine, dit le *London Journal* en date du 11 juin, qu'elle a dépassé tout ce qu'on avait auparavant connu. On n'a fait autre chose que de courir d'un café et d'une taverne à l'autre, pour souscrire sans même examiner les propositions. Pour l'amour de Dieu laissez-nous souscrire à quelque chose, peu nous importe ce que c'est (*For G — 's sake let us suscribe to something, we don't care what it is*), tel était le cri

Les nouvelles Compagnies étaient fondées sous le
patronage de la plus haute noblesse. Le prince de
Galles, depuis Georges II, se laissa nommer gouverneur de la *Welsh Copper Company*. En vain, dit lord
Mahon (1), le Speaker et Walpole s'efforcèrent de l'en
dissuader; ce ne fut que quand la Compagnie fut menacée de poursuites que son Altesse Royale se retira
prudemment avec un profit de 40.000 livres. Le duc
de Bridgewater forma une Société pour bâtir des maisons dans Londres et Westminster, et le duc de Chan-
dos apparut à la tête de la *York Building Company*.
Tous les autres grands seigneurs imitèrent cet exem_
ple, et seuls, parmi la noblesse et les ministres, les
ducs d'Argyll et de Roxborough ainsi que lord Stanhope semblent avoir échappé à la contagion.

Cet état de choses offrait un champ fertile à la
satire. On vit annoncer la fondation d'une Société
pour extraire du beurre des hêtres, et diverses Sociétés
analogues. Mais c'est surtout en vers que furent écrits
les satires les plus brillantes et les épigrammes les
plus mordants (2). Les boutiques, dit Mackay, étaient

général. Si bien que quelques uns les prirent au mot et les ont engagés dans
les fourberies les plus grossières et les entreprises les plus improbables
que le monde ait jamais vues : malgré tout, les promoteurs obtenaient
leur argent, et les souscriptions étaient couvertes aussitôt qu'ils le désiraient.

(1) V. p. 15. et Morley, Walpole, p. 64.
(2) Parmi les plus connus on peut citer le suivant :

    « A wise man laughed to see an ass
    Eat thistles and neglect good grass

pleines de caricatures et les journaux d'épigrammes contre la folie régnante. Un fabricant de cartes à jouer publia un paquet de cartes de la Mer du Sud; chaque carte contenait outre les figures habituelles, la caricature d'une *bubble* Company, accompagnée de vers appropriés. Un des plus fameux *bubbles* était la *Puckles' Machine Company* pour construire des boulets de canons ronds ou carrés et faire une complète révolution dans l'art de la guerre. Ses prétentions à la faveur publique étaient ainsi résumées sur le huit de pique :

> « A rare invention to destroy the crowd
> Of fools at home, instead of fools abroad
> Fear not my friends, this terrible machine
> They' re only wounded who have shares within. »

ChaqueCompagnie du même genre était ridiculisée à son tour. On trouvera dans le livre de Mackay (1) la plupart de ces quatrains et la reproduction de ces très curieuses cartes.

Malheureusement, tant que le spéculateur mettait de l'argent dans sa poche, il négligeait les satires et se moquait des moqueurs. On calcula que le montant des sommes souscrites pour soutenir ces divers projets

> But had the sage beheld the folly
> Of late transacted in Change Halley
> He might have seen worse asses there
> Give solid gold for empty air. »

(1) V. p, 60-62.

était supérieur à 300 millions de livres (1), et les prix de leurs actions (2) ne cessaient de monter. Les choses étaient arrivées à un tel point que les hommes de quelque sens ne purent se dissimuler le danger plus longtemps. Walpole, le Jérémie de cette époque de folie (3), ne cessait de prédire les malheurs les plus affreux. Le roi, ému, se décida à émettre une proclamation en date du 11 juin contre « Telles entreprises malfaisantes et dangereuses, spécialement le fait de se constituer en Société commerciale, et d'émettre des actions sans autorisation légale (4) ». Mais cette proclamation n'eut pas plus d'effet que les satires et les épigrammes, et il fallut que la Compagnie de la Mer du Sud, prise de jalousie contre ses rivales, vînt mettre un terme à cette folie et causer sa propre ruine.

La *South Sea Company*, effrayée par les succès de tous ces projets, obtint un ordre des Lords de Justice

(1) V. Tindal, *History*, t. VII, p. 357 et Smollett p. 245. On trouvera dans Anderson, p. 104-107, le montant des sommes réellement versées pour chaque projet.

(2) V. pour le prix des actions à cette période, Anderson, p. 103-104. Les actions de la Banque d'Angleterre étaient elles-mêmes cotées à 260 livres.

(3) Les sombres prophéties de Walpole, n'empêchèrent pas cet homme à la conscience très élastique de gagner 40.000 livres, en spéculant sur les actions de la Mer du Sud ; il sut choisir pour vendre un bon moment. V. Coxe, *Mémoir's*, vol. I, p. 730. « His firm and wise conviction of the folly of the South Sea Scheme did not prevent his wisdom to account by dealing in South Sea stock ». V. Morley, p. 134.

(4) *Against Such mishievous and dangerous undertaking especially the presuming to act as a corporate body, or raising stocks or shares without legal authority.*

ANDRÉADÈS   13

repoussant toutes les pétitions adressées et dissolvant toutes les *Bubbles companies* (1). Cet ordre, émis le 12 juillet, était suivi d'une liste de celles des compagnies qu'on considérait comme étant de cette nature. Il n'y en avait pas moins de 86, et la lecture de cette liste ne laisse pas que d'être amusante, tant par la multitude que par l'extravagance des inventions (2).

La Compagnie semblait donc triompher. Mais la dissolution des *Bubbles* excita des appréhensions universelles; chacun voulut réaliser, on découvrit immédiatement la différence qui existait entre les prix de *Change Alley* et la valeur réelle des actions des diverses Compagnies, et la Mer du Sud se trouva entraînée dans les chutes qu'elle venait de provoquer.

Quand le procès fut commencé, les actions de la Compagnie étaient à 850 livres, elles se maintinrent à 700 jusqu'au 2 septembre, mais le 13 du même mois elles n'étaient qu'à 400 et le 29, après un incessant déclin elles se vendaient à 175. Les directeurs alarmés voyaient toutes leurs promesses, promesse d'un dividende de 30 0/0 et promesse de garantie d'un dividende de 50 0/0 pour les années subséquentes, sans effet devant un public désormais incrédule et bientôt en proie à une véritable panique. Tout s'é-

---

(1) Ces compagnies tombaient à partir du 20 juin 1720 sous le coup du *Bubble Act*.

(2) On trouvera cette liste dans Anderson, p. 104-112. Mais cet auteur ne mentionne que 80 compagnies.

croula ; des milliers de familles étaient réduites à la mendicité, beaucoup de personnes ne purent survivre à cette catastrophe et les fortunes faites par quelques rares individus servaient seulement à aggraver la ruine commune.

En vain, pour retarder cette ruine, les directeurs de la Compagnie s'étaient adressés au crédit. Plusieurs orfèvres et banquiers privés, qui avaient avancé de l'argent sur des actions, furent obligés par suite de la dépréciation de celles-ci d'arrêter leurs paiements et la *Sword-Blace Association*, jusque là le caissier principal de la Compagnie, partagea leur disgrâce.

En vain s'adressa-t-on à la Banque elle-même. Les directeurs, sur les instances de Walpole, s'étaient bien engagés à faire circuler pour 3,500,000 livres d'obligations de la Compagnie à 400, mais cet engagement conclu le 13 septembre n'était plus tenable, et les Directeurs profitèrent de ce que l'acte dressé n'avait pas été ratifié pour refuser de l'exécuter (1). Auraient-ils tenu à l'exécuter qu'ils ne seraient d'ailleurs parvenus qu'à suivre la *South Sea Company* dans sa chute. La Banque avait du mal à soutenir son propre crédit, et victime d'un *run* elle ne parvint à y faire face que grâce à un stratagème que nous dévoile

____

(1) V. sur le rôle joué en cette occasion par Walpole « *The case of the Bank Contract* », 1735, réponse à des attaques imprimées par Aislabie dans le *Craftsman*.

M. Macleod (1). Elle employa un certain nombre de
commis à annoncer les sommes demandées aussi
bien que les sommes qui rentraient. Les paiements
étaient faits en somme de six pences et de shillings,
et de grandes sommes étaient payées à des amis
privés qui à peine sortis donnaient les sacs d'argent
à des amis qui les rapportaient et les versaient aux
commis annonçants ; inutile de dire que ceux-ci, à
leur tour, prenaient tout leur temps pour compter
les sommes versées et que les amis étaient toujours
servis les premiers. Si bien que la Banque trouva le
temps de rallier ses amis, et obtint d'eux les avances
nécessaires à soutenir le crédit de la société ; les fêtes
de la Saint-Michel, pendant lesquelles il était d'usage
de fermer la Banque survinrent, et quand la Banque
rouvrit ses portes l'alarme était déjà dissipée.

Les directeurs de la *South Sea Company* songèrent
un instant à exiger de la Banque, par voie judiciaire,
l'exécution de son engagement, mais ils se rendirent
bientôt compte que ce procès en répandant la lumière
sur leurs propres opérations, leur ferait plus de tort
que de bien. Et d'ailleurs ils avaient si insolemment
triomphé dans leurs jours de gloire, ils avaient tellement écrasé les honnêtes gens sous un luxe de mauvais aloi, qu'en ce jour d'infortune, ils ne trouvaient
plus un seul soutien, et pendant l'enquête parlemen-

(1) V. p. 428.

taire, ils eurent plus à souffrir de leur superbe passée
que de leur péculat (1).

Cependant la crise continuait, et Georges I, qui
d'après sa coutume n'était jamais en Angleterre, fut
obligé de quitter le Hanovre, et rentra dans son nouveau royaume au début de novembre. Plusieurs
remèdes furent proposés. Le plus notable de ces projets tendait à greffer 9 millions du capital à la Banque d'Angleterre, et d'une somme égale à la Compagnie des Indes Orientales ; on laissait ainsi 20 millions
à la charge de la Mer du Sud. Cette mesure, préparée
par Walpole avec beaucoup d'habileté, fut votée malgré l'opposition de la Banque et des deux autres Compagnies intéressées ; mais le vote des deux Chambres
n'entraîna pas l'exécution de cette mesure qui avait
un caractère facultatif, et qui, en fait, resta lettre morte.

En attendant, les débats et l'enquête parlementaire
avaient fait découvrir les actes les plus scandaleux, et
le ton des débats se ressentit de la colère sans mesure
que le public ressentait pour la Compagnie et ses promoteurs (2). Nul ne semblait croire que la nation
avait été aussi coupable que la Compagnie. La nation
était un peuple simple, travailleur, honnête, dépouillé
par une troupe de voleurs qui devaient être écarte-
lés sans merci. C'était là le sentiment unanime du

_____

(1) V. Mackay, p. 69.
(2) V. sur ce procès fameux dans *Parlementary History* (p. 678-944)
toute la session de décembre 1720, août 1721.

pays et le Parlement n'était guère plus raisonnable,
on protestait d'autant plus violemment que plusieurs
députés s'efforçaient de donner le change au public.

Le roi, dans le discours du trône, exprima le vœu
qu'on se souviendrait que toute la prudence et toute
la modération possibles étaient nécessaires pour trouver et appliquer un remède efficace.

Ces paroles ne furent guère écoutées. A la Chambre des Lords, on se borna à demander la confiscation des biens des criminels. Mais aux Communes,
Lord Melesworth (1) réclamant pour des crimes
extraordinaires des peines extraordinaires rappela
que le législateur romain, n'avait pas prévu le parri-
cide, mais qu'aussitôt que ce crime fût commis, le
coupable fut lié dans un sac et jeté dans le Tibre.
C'est ainsi, continua-t-il, qu'il faut agir aujourd'hui
et jeter dans la Tamise des spéculateurs parricides de
leur pays. Ces vues étaient partagées par le Parlement, et Walpole qui seul avait conservé son sang-
froid eut beaucoup de peine à calmer l'auditoire ; mais
le lendemain il ne put empêcher qu'on instituât des
peines avec effet rétroactif contre « *The Infamous
practice of Stock-Jobbing* ».

Un comité d'enquête avait été nommé (2). Les gou-

(1) V. sur le discours de lord Melesworth *Parlementary History*
p. 682-683.

(2) Il comprenait les principaux opposants au projet de la Mer du Sud,
entre autres Melesworth, Jekyll et Brodrick, ce dernier fut élu président de la commission.

verneurs, directeurs, et employés de la Compagnie furent amenés à la barre de la Chambre, et comme Knight, le trésorier de la Compagnie, avait jugé prudent de s'enfuir, une proclamation vint interdire à tout accusé de quitter le royaume.

Le général Ross, avec plus d'énergie que d'élégance, mit la Chambre au courant de la pire des vilenies qui ait jamais été découverte (1). La corruption avait été employée pour l'adoption de l'*act*, tous les directeurs qui se trouvaient être membres de la Chambre furent expulsés par celle-ci, et tous les fonctionnaires de la Compagnie qui occupaient des situations officielles en furent déchargés. L'enquête avait été accompagnée par des *impedimenta* de toute espèce, le caissier de la Compagnie était en France, et les livres les plus importants avaient été falsifiés ou complètement détruits. On arriva cependant à découvrir, entre autres choses, que des actions pour 574,500 livres, soi-disant vendues, avaient été distribuées à des ministres, à des nobles influents, et aux favorites du Roi.

Le comte de Sutherland avait reçu 50,000 livres, le secrétaire Craggs 30,000, M. Ch. Stanhope un des secrétaires du Trésor 10,000, *the Sword-Blade Company* 50,000. La duchesse de Kendal avait accepté 10,000 ; l'autre favorite, la comtesse de Platen, avec

____

(1) « The Committee had discovered a train of the deepest villany and fraud that hell ever contrived to ruin a nation. » V. pour ce discours, *Parl. Hist.*, p. 711.

une impartialité que Lord Mahon juge digne d'éloge, reçut la même somme; ses deux nièces n'étaient pas non plus oubliées.

Mais la personne qui sortit la plus compromise de cette enquête fut le Chancelier de l'Echiquier Aislabie (1).

Il avait conseillé à la Compagnie d'augmenter d'un demi-million sa seconde souscription, sans autre autorisation que la sienne, et paraît s'être fait chèrement payer cette autorisation ; il reçut aussi une grande partie des actions distribuées comme nous l'avons montré tout à l'heure.

Un châtiment rapide et mérité suivit son crime. Il fut ignominieusement expulsé de la Chambre, envoyé à la Tour, et vit ses biens confisqués au profit des victimes.

Cette sentence fut accueillie avec un enthousiasme extraordinaire. Londres illumina, des feux d'artifices furent tirés, et une foule énorme se réunit à *Tower Hill* pour assister à la dégradation. Cet enthousiasme était causé moins par la joie de voir Aislabie condamné, qu'à cause de la révolte qu'avait produite, le jour précédent, l'acquittement de Stanhope.

Charles Stanhope fut le premier jugé (2). Sa défense assez habile ne convainquit personne ; il

(1) V. sur son procès *Parl. Hist.*, p. 748. Le secrétaire d'Etat Graggs ne put être jugé, car il était mort dans l'intervalle.

(2) V. *Parl. Hist.*, p. 746-747.

ut néanmoins acquitté à la majorité de 3 voix. Les plus grandes influences furent employées pour le sauver. Lord Stanhope, fils du comte de Chesterfield, prenait un à un les membres de la Chambre, et sut obtenir qu'un grand nombre votèrent l'acquittement, ou du moins s'abstinrent. Le verdict produisit un grand mécontentement dans le pays, et des troubles nombreux à Londres. Le même mécontentement se reproduisit lors de l'acquittement du comte de Sunderland ; on prétendait que cet acquittement était dû à la nécessité de conjurer une crise politique, et d'empêcher le retour du parti tory au pouvoir (1).

Les autres accusés, les Directeurs de la Mer du Sud, dont beaucoup s'étaient pourtant ruinés dans cette affaire, furent tous condamnés. Plus de deux millions furent confisqués, les amendes étaient en proportion tant de la culpabilité des spéculateurs que de l'étendue de leurs domaines (2).

Ces pratiques, cette justice indulgente aux grands, dure aux petits, pour parler comme Figaro, furent

(1) Lord Mahon, p. 31-32, est porté à justifier cet acquittement, il se fonde sur ce qu'il n'y avait pas contre Sunderland de preuves écrites, et que les témoignages oraux étaient sujets à caution. Sunderland, sous la pression de l'opinion publique fut obligé de quitter son poste de premier Lord de la Trésorerie.

(2) Voyez la valeur des domaines et le montant des condamnations respectives dans *Parl. Hist.*, toujours t. VII, p. 834-835. Cette liste se retrouve dans l'ouvrage de Francis, mais l'auteur selon son habitude s'abstient de nous donner les sources auxquelles il a puisé.

justement flétries par le grand historien Gibbon (1).
Il se plaint qu'au lieu de la calme solennité d'une
enquête judiciaire, la fortune et l'honneur de trente-
trois Anglais furent l'objet de controverses hâtives ;
ils furent tous condamnés, non individuellement, mais
en corps, absents ou non entendus, souvent sans
preuves sérieuses, à des peines arbitraires, par une
assemblée passionnée et acerbe, heureuse parfois de
satisfaire par un vote secret des animosités person-
nelles.

Il est impossible de nier la valeur de ces critiques,
que Gibbon développe avec une éloquence extraordinaire. Toutefois, avant de condamner les juges, il
convient de se reporter à l'époque et aux circonstances dans lesquelles ils furent appelés à juger.

Il est hors de doute qu'il y eut des injustices commises, que les insultes et les railleries ne furent pas
ménagées aux accusés, et que beaucoup de députés
trouvèrent là une occasion de se venger de la vanité
et de l'insolence que les Directeurs de la Compagnie

______

(1) V. *Mémoir's of Life and Writing*, p. 12 de la 1re édition (1796) ;
une grande partie de cet ouvrage est écrite en francais. En écrivant ces
belles pages, Gibbon vengeait sa propre querelle, ou du moins rem-
plissait un *officium pietatis*, car son grand-père et homonyme fut un
des Directeurs de la Mer du Sud et y laissa une bonne partie de sa fortune ; il fut même condamné à payer 10,000 livres d'amende ; ses domaines avaient été estimés à 106,543 livres. Mais Gibbon, même dans un
chapitre consacré aux origines de sa famille, n'était pas homme à céder
à ses seules passions et son témoignage, confirmé par les faits, méritait d'être recueilli.

étalaient au temps de leur prospérité. Il est également
certain que le Parlement ne réalisait guère le type
d'un tribunal serein et impartial. Il était agité par
des passions qui agitaient la nation entière, et tout
tribunal en aurait subi les effets. On doit cependant
noter à son crédit que si nous sommes portés à trouver
ses sentences sévères, les contemporains les trouvaient modérées, et la potence leur semblait le seul
châtiment digne de ceux qu'on nommait les canni-
bales de *Change Alley* (1). Pareillement le peuple
Français ne témoigna pas beaucoup d'indulgence à
Law, qui était pourtant un fort honnête homme et
qui, comme certains Directeurs de la Mer du Sud,
était entré dans l'opération riche, et en sortait pauvre.

Le jugement rendu, il restait à résoudre des difficultés plus grandes encore ; il était plus aisé de
punir les délinquants que de soulager leurs victimes.
On y parvint cependant dans une certaine mesure,
grâce aux talents de Walpole, dont les deux premiers
plans avaient échoué, mais qui en inventa un nouveau. Une computation du capital de la *South Sea
Company*, faite à la fin de l'année 1720, montra que
celui-ci était en chiffres ronds de 37,800,000 livres,
tandis que les actions allouées aux divers actionnaires
ne montaient qu'à 24,500,000 livres. Il restait donc
13,300,000 livres appartenant à la Compagnie en sa

(1) V. sur les sentiments du public anglais, dans le *London Journal*
du 19 novembre 1720, la lettre de Britannicus.

capacité de personne morale, et équivalait au profit qu'elle avait tiré du désastre national. Sur cette somme, l'État avait une créance de 7,500,000 livres, montant de la somme que la Compagnie s'était engagée de lui payer à sa fondation. Cependant, pour donner le bon exemple, l'État fit à la Compagnie remise de cinq millions; on put donc distribuer aux actionnaires 8,900,000 livres, soit 33 1/2 0/0 de leurs actions. Mais comme beaucoup des actionnaires, très mécontents, venaient troubler les séances du Parlement (1) par des scènes perpétuelles, le Gouvernement finit par faire remise à la Compagnie du reste de sa dette, et on put accorder aux actionnaires un nouveau dividende de 6 1/4 0/0.

On parvint ainsi à maintenir le crédit des obligations de la Mer du Sud. La Banque qui n'avait rien pu faire jusque-là, intervint à son tour et racheta pour 200,000 livres d'annuités que la Compagnie de la Mer du Sud avait été autorisée à vendre (2). Pour effectuer ce paiement de 4 millions, le capital de la Banque fut augmenté de 3,400,000 livres et dès lors porté à 8,959,955 livres. Comme les actions furent

---

(1) Ces scènes furent si violentes qu'on fut obligé de donner lecture du *Riot Act* ; à quoi la foule répondit en criant : « Vous videz d'abord nos poches, puis vous nous jetez en prison dès que nous nous plaignons.

(2) Cette opération si avantageuse inspira d'abord quelques craintes ; on en trouvera l'écho dans une brochure de l'époque. V. *A letter to the governor of the Bank of England (Against the purchase of annuities from the South Sea Company)*, 1722, année de l'opération.

souscrites à 118 0/0, la Banque fit de ce chef un produit de 610,169 livres.

De son côté le Gouvernement qui payait pour 632,698 annuités longues et courtes, vit ces rentes annuelles transformées en un fond rachetable pour lequel il ne paierait, à partir de 1727, que 4 0/0, il fit donc un bénéfice annuel de 339,631 livres. Ceci fut, d'après Coxe (1), le prélude de la réduction du taux de plusieurs emprunts.

Mais tout ceci ne doit pas nous amener à la conclusion que la crise de la Mer du Sud finit avantageusement pour l'Angleterre. Elle avait amené une perturbation énorme, occasionné une mutation injustifiée des fortunes, et mis la monarchie Hanovrienne à deux pas de sa perte (2).

Cette crise avait encore eu un effet déplorable sur les mœurs publiques. La reine Caroline comparait le projet de la Mer du Sud à la Triple alliance de 1735 ; les gens qui y entraient savaient parfaitement que ce n'était que tromperie, mais espéraient pourtant en tirer quelque chose ; chacun comptait bien qu'après avoir fait sa propre fortune il serait le premier à se retirer, et chacun se croyait assez habile pour

---

(1) V. Coxe *op*. et .*loc cit*. Le gouvernement français tira de la crise de la Compagnie des Indes un bénéfice analogue. La dette de l'état restait la même, mais l'intérêt en était fort diminué, et au lieu de 80 millions le Trésor n'en avait plus que 37 à payer.

(2) V. sur les espérances que cette crise donnera aux Jacobites, Mahon, chap. XII

pouvoir laisser ses compagnons dans l'embarras. Je
ne crois pas qu'on aie jamais donné une analyse
psychologique plus exacte de l'état d'âme des spéculateurs. Ces spéculateurs, et c'est encore-là un des
points les plus pénibles de la crise, ne se recrutaient
pas uniquement parmi les faiseurs de profession,
mais bien parmi toutes les classes de la société, et
les choses étaient concertées de telle sorte que
l'homme le plus humble pouvait se ruiner avec autant
de facilité que le millionnaire. Empruntant le langage
des maisons de jeux, Hutcheson (1) pense que « les
Actions de la Mer du Sud doivent être comparées à
la Table d'Or, les plus sérieux des *Bubbles* aux tables
d'argent, et les *Bubbles* inférieurs aux tables à un
farthing où jouaient les laquais ». Conséquemment
le mal était aussi étendu que profond, et comme ce
ne furent pas les plus coupables mais les moins
adroits des joueurs qui furent ruinés, la punition fut
aussi détestable que le crime.

La crise de 1720 fut particulièrement grave en ce
qui touche la Banque d'Angleterre. Elle poussa à deux
reprises ce grand établissement sur les bords de l'a-
bîme.

D'abord en amenant les directeurs à faire des offres
tellement absurdes que si elles avaient été acceptées,
non seulement, comme l'a fort bien prouvé Aislabie (2),

(1) *Op. cit.*, p. 87
(2) V. son discours devant les Pairs.

elles n'auraient pas évité la crise, mais encore l'auraient aggravée. En premier lieu, parce que les offres de la Banque étaient encore moins réalisables que celles de la Compagnie de la Mer du Sud (1), et en second lieu et surtout parce que la Banque aurait été fatalement portée à soutenir le crédit de ses nouvelles actions par le crédit de ses billets, qu'elle aurait fait des émissions excessives, et à vouloir exécuter des promesses impossibles, elle ne serait arrivée qu'à compromettre une institution qui avait rendu à l'Angleterre des services aussi signalés, et qui devait lui en rendre de plus grands encore. C'est ainsi que Law, pour soutenir les actions de la Compagnie des Indes, avait compromis puis ruiné la Banque d'Escompte jusque-là utile et prospère.

La Banque d'Angleterre n'échappa à ce premier danger que grâce à ses ennemis qui parvinrent à faire repousser ses offres. Elle n'échappa au second, celui qui suivit la déconfiture de la Compagnie du Sud, qu'en ne tenant pas sa parole, et ne prévint le *run* dirigé contre elle que par des moyens indignes d'un grand établissement.

(1) Le caractère irréalisable des promesses de la *South Sea Company* avait été parfaitement montré dès 1720 dans une brochure *Some calculations relating to the proposals made by the South Sea Company and the Bank of England to the House of Commons*. L'auteur prouve que la réunion à la Mer du Sud de toutes les dettes flottantes et consolidées de l'État porterait le capital de la Compagnie à 43.558,000 de livres. Et l'auteur se demande dès lors comment elle pourra entreprendre des opérations commerciales assez vastes, pour lui permettre de payer des intérêts dépassant les revenus totaux des douanes et octrois de tout le Royaume.

CHAPITRE II.

LA BANQUE D'ANGLETERRE SOUS LE RÈGNE
DE GEORGES II.

Les dernières années du règne de Georges Ier, et la première partie du règne de son successeur forment une période très pacifique. Walpole était le véritable souverain de l'Angleterre et, si méprisable qu'il soit à bien des égards, il eut le mérite incontestable de maintenir la paix en Europe et la tranquillité en Angleterre (1). Sous son influence le commerce et l'industrie prospèrent, et l'histoire de la Banque d'Angleterre se réduit à peu de chose.

(1) C'est à ces sentiments pacifiques de Walpole que j'attribue pour ma part l'admiration quelque peu exagérée que lui a voué M. Morley. — *The English Historical Review* publie en ce moment-ci une série d'articles fort remarquables de M. Basile Williams sur *The Foreign Policy of England under Walpole*. Les effets de la politique de Walpole, dit M. Bastable (*Public Finance*, p. 586), sont montrés par les hauts prix qu'atteignirent les fonds. L'emprunt de 3 0/0 émis en 1727 était au pair en 1736, et à 107 l'année d'après. Il était donc possible de réduire toute la dette à 3 0/0 et même plus bas ; on ne le fit pas par des considérations politiques, on ne voulait pas mécontenter les rentiers qui étaient les soutiens les plus solides de la monarchie hanovrienne. On se souvient qu'en France les conversions faites sous la Restauration excitèrent d'abord un vif mécontentement.

Il faut cependant noter un fait important, la création d'un fonds de réserve, et le renouvellement de 1742 qui vint confirmer et développer les privilèges de la Banque. A part cela la tranquillité se maintint jusqu'à l'annnée 1745, date de la grande révolution Jacobite, qui vint à nouveau mettre en danger l'existence de la Banque. Reprenons successivement chacun de ces trois événements.

§ 1. *Création d'un fonds de réserve.*

Jusqu'à l'année 1722, la Banque avait divisé la totalité de ses profits entre ses actionnaires, et n'avait point constitué de fonds de réserve. Par suite, les dividendes étaient des plus variables, ayant passé de 18 1/4 pour cent en 1716, à 6 0/0 en 1722. Les inconvénients de cette situation se faisaient fortement sentir, aussi bien que les dangers résultant de l'absence d'un fonds de réserve auquel on aurait pu recourir en cas de besoin. On avait, il est vrai, jusque-là paré aux besoins immédiats en faisant appel aux propriétaires. Mais cette pratique, avec le développement que prenaient les affaires et le relâchement progressif des rapports personnels entre commerçants, devenait d'un usage de plus en plus difficile, et dès 1722 il fallut se résoudre à établir un fonds de réserve qu'on dénomma en anglais *The Rest.*

§ 2. — *Renouvellement du privilège en 1742.*

Toutes les fois qu'il s'agissait de renouveler la Charte de la Banque, il se passait alors en Angleterre ce qui dans beaucoup de pays se passe encore aujourd'hui. Il se trouvait toujours des gens pour s'opposer au renouvellement, et le gouvernement profitait de cette opposition pour imposer des conditions plus favorables pour le public, ou tout simplement plus avantageuses pour lui. C'est sous des conditions de ce genre, plus particulièrement contre un emprunt, que la Banque obtint le renouvellement de son privilège aussi bien en 1742 qu'en 1764 et 1782.

A l'approche de l'année 1742, date de l'expiration du monopole, la controverse se renouvela plus violente que jamais, et les privilèges de la Banque coururent des dangers fort sérieux. Mais quand arriva la date fatale le Gouvernement se trouva comme d'ordinaire dans une position financière embarrassée (1), et la Banque consentit à lui prêter 1,600,000 livres sans intérêt. Pour réunir cette somme les Directeurs firent comme d'ordinaire appel aux actionnaires, à la suite de quoi le capital fut porté à 9,800,000 livres. En revanche les privilèges de la Banque furent pro-

---

(1) La longue période pacifique prit fin en 1739; à la conclusion de la paix, en 1748, le montant total de la dette publibue avait atteint 78,000,000 de livres.

longés, et on stipula qu'ils ne pouvaient cesser sans
un avis préalable de douze mois, avis qui ne pouvait
être donné avant 1764. Cela assurait à la Banque une
tranquillité absolue de 22 ans, sans parler de la garantie tenant à l'obligation où se trouvait le gouvernement de lui rembourser à l'échéance du privilège
tout le capital à lui avancé.

En outre on confirma et on précisa le monopole
inauguré par la Charte de 1709. L'art. 13, p. 5 de la
nouvelle loi confère à la Banque le privilège *of exclu-
sive banking*. Et ce même texte explique en quoi con-
siste ce privilège en disant, « que les vrai but et signi-
fication de l'article sont que nulle autre Banque de
plus de six personnes n'est autorisée, pendant la durée
dudit privilège, dans cette partie de la Grande Bretagne nommée Angleterre, *à emprunter, devoir, ou
recevoir une somme quelconque de monnaie, sur
leurs billets payables sur demande ou à terme
inférieur à 6 mois* (1). Comme le fait remarquer M. Macleod (2), ce texte mérite grande attention : 1º parce

---

(1) Voici le texte plus complet : « It is tre true intent and meaning of
the Act that no other bank shallbe erected, established, or allowed
by Parliament, and that it shall not be lawful for any body, politic or
corporate whatsœver, erected, or to be erected, or for anyother persons, whatsœver, united or to be united, in covenants or partnership,
exceeding the number of six persons, in that part of Great Britain called
England, to borrow, owe, or take up any sum or sums of money, on
their bills or notes payables at demand, or at any less time than six
months from the borrowing thereof, during the continuance of the said
Governor and Company »

(2) V. p. 430.

qu'il est le texte contenant le seul monopole de la Banque d'Angleterre; 2° parce qu'étant de nature pénale, il est d'interprétation étroite.

Le seul monopole accordé à la Banque, est que durant la concession aucune société de plus de six membres ne pourra émettre en Angleterre des billets payables sur demande, ou pour un temps inférieur à six mois depuis l'émission.

Toutes les autres espèces de banque, tous les autres moyens de se livrer à des opérations de banque, sont laissés libres et intacts. Et même rien ne peut empêcher une société étrangère d'ouvrir une succursale à Londres et de se livrer à toutes opérations de banque, excepté l'émission de billets pour un délai inférieur à six mois.

§ 2. — *La Banque d'Angleterre pendant la Révolte Légitimiste de 1745*

Ce n'était pas la première fois que la Banque avait à souffrir des Jacobites. Dès 1722 le duc d'Orléans avait révélé à Georges Ier l'existence d'une conspiration légitimiste (1). Une proclamation du prétendant était distribuée, les bruits les plus ridicules circulèrent, on prétendait que tout était prêt, l'argent réuni, des officiers engagés, des armes et des muni-

____

(1) V. Mahon, chap. XII.

tions amassées ; une des victimes désignées était la banque d'Angleterre vouée au pillage. Ces bruits trouvèrent crédit; le parti Jacobite était encore puissant, et le Régent ne pouvait être soupçonné de communiquer des propos sans fondement, aussi les fonds de la Banque baissèrent et, selon l'usage, le public afflua à ses guichets, mais des mesures énergiques furent prises, les troupes royales réunies et le péril Jacobite s'évanouit en fumée.

La situation ne fut pas aussi anodine en 1745 ; le Prétendant débarqua en Ecosse le 25 juillet, presque seul, sans le soutien de personne, confiant en lui-même et en l'assistance de quelques chefs des Hautes-Terres (1). Chacun connaît l'histoire de cette révolte, son côté romanesque a été abondamment exploité sur la scène et par le roman et la personnalité même du prince Charles, n'a cessé d'exercer une étrange fascination sur les historiens (2). Il serait donc superflu de conter à nouveau les prodigieux succès du début, la défaite de sir John Cope, l'entrée triomphale dans Edimbourg ; en quelques semaines le royal aventu-

(1) Les Highlanders n'étaient guère qu'un douzième des Ecossais.

(2) V. Chambers, *History of the Rebellion.* John Hill Burton *History of Scotland*, vol. VIII, p. 431-505 ; Mahon, vol. III, p. 304-470. Et un excellent résumé dans Lecky, *England in the Eighteenth Century*, t. I, p. 421-423 ; V. enfin le livre tout récent de M. Andrew Lang, *Prince Charles-Edward*, ouvrage d'une grande information. L'auteur a été autorisé à compulser les *Stuarts Papers* à Windsor, et, ne fût-ce qu'à ce titre, son œuvre présente dans un sujet aussi rebattu l'attrait de la nouveauté.

rier s'était rendu maître de l'Ecosse et le 8 novembre
il envahissait l'Angleterre.

La fortune semblait toujours lui sourire, il prit
Carlisle le 15 novembre, après une courte résistance (1), et sans résistance aucune (2) il marcha
jusqu'à Derby. On conçoit l'alarme dans laquelle cette
nouvelle avait plongé Londres : le prétendant n'en
était éloigné que de 127 milles ; ce qui était pis
encore, ses partisans étaient nombreux dans la capitale (3). Le duc de Newcastle ne savait quelle conduite
tenir et se demandait s'il ne devait pas joindre l'ennemi.
Le spectre d'une invasion française ne manqua pas de
faire son apparition. Une panique en résulta, les
fonds tombèrent à 49 (4), les boutiques furent toutes
fermées, et la journée du 6 décembre resta longtemps

(1) Ce siège de Carlisle, place défendue par un colonel nommé Durand
et un maire qui, afin d'inspirer une plus grande confiance changea son
nom qui paraissait d'origine Ecossaise, forme un intermède comique
assez amusant. V. Walther Scott : *Tales of a Grand father*, p. 419.

(2) Au témoignage d'une lettre d'intelligence envoyée au Duc de
Cumberland de Manchester, cette ville fut prise par un *serjeant*, un
drummer, et une jeune fille qui entrèrent dans la ville au milieu de
milliers de spectateurs. V. en son entier cette lettre très curieuse dans
Mahon, p. 400-401.

(3) Ils avaient à leur tête un alderman de la Cité nommé Hearthcote.

(4) Le prétendant avait essayé de calmer les appréhensions publiques
en déclarant, dans le second article de son manifeste, que quoique la
dette nationale ait été contractée sous un gouvernement illégal et était
d'un poids très lourd pour la nation, son père prendrait l'avis du Parlement avant de rien décider à ce sujet. Mais ceci était insuffisant pour
calmer les créanciers publics qui craignaient un parlement inconnu, et
ne se rappelaient que trop de ce que valaient les promesses des Stuarts·

connue sous le nom de *Black Friday*, le Noir Vendredi (1).

Enfin, corrollaire indispensable de toute panique un *run* sur la banque auquel les directeurs n'étaient pas préparés se produisit. Ce *run* était organisé non seulement par des adversaires politiques mais même, paraît-il, par certains rivaux de la Banque (2). Celle-ci put y faire face, d'abord grâce au procédé, déjà développé, des paiements par six *pence*, et surtout, car cela n'aurait pas été suffisant grâce à l'appui et la solidarité des marchands londoniens qui s'engagèrent à recevoir en paiement les billets de banque, et témoignèrent ainsi de l'importance prépondérante que cette grande institution avait acquise dans le monde commercial.

Une manifestation du même genre devait avoir

(1) V. une note d'une lettre d'Horace Walpole à Sir Horace Man dans la collection de ces lettres, t. I., p. 409. V. aussi Fielding, *The true Patriot*.

(2) S'il est vrai que les rivaux de la Banque prirent une part active dans ce *run*, ils ne faisaient que lui rendre la pareille. La Banque, d'après Francis (p. 164). aurait organisé un *run* analogue contre la Maison Child. Jalouse de la réputation de cet établissement de crédit, elle aurait réuni secrètement les reçus de la maison Child qui circulaient comme des chèques, décidée à en demander le paiement à un moment où Child aurait été embarrassé à l'exécuter. Ce banquier ne fut sauvé que par l'initiative de la Duchesse de Malborough qui lui donna un simple chèque de 700,000 livres sur ses rivaux. Ainsi armé, Child attendit la demande de la Banque, aussitôt qu'elle arriva, il envoya un de ses associés à la Banque, muni du chèque de la Duchesse, et le montant total des reçus de Child, soit 500 à 600,000 livres furent payés en billets de banque. Francis déclare emprunter cette anecdote à Ireland, mais ne cite pas l'ouvrage auquel il se réfère ; nous n'avons donc pas pu contrôler l'authenticité de ce récit.

lieu avec des effets aussi bienfaisants 52 ans plus tard. Voici en quels termes était formulée la manifestation dont nous parlons.

« Nous soussignés, marchands et autres, nous rendant compte combien nécessaire est en ce jour la préservation du crédit, déclarons par le présent acte que nous ne refuserons pas les paiements en billets de banque, quelle que soit la somme payable ; et nous ferons notre possible pour effectuer nos paiements en même monnaie. »

Cette déclaration fut signée dans une seule journée par 1,140 marchands et propriétaires de fonds publics.

La retraite de Derby, suivie de l'évacuation de l'Angleterre, vient bientôt éclaircir la situation et éloigner de la Banque tout danger mais non pas tout souci, car l'année suivante le gouvernement fort embarrassé par les frais de campagne contre le prétendant aussi bien que par les frais de celles destinées à garantir l'intégrité du Hanovre, fut encore obligé de recourir à la Banque. Les directeurs furent autorisés à convertir pour 986,000 livres de bons du Trésor, contre une annuité de 4 0/0, et à créer dans ce but un nouveau capital, qui porta le capital déjà versé à 10,780,000. Ce fut là la seule augmentation avant 1772.

Il convient de signaler pour en finir avec le règne de Georges II, qu'en 1750 l'intérêt des 8,486,000 livres dues par le gouvernement fut réduit à 3 0/0, et que, neuf ans plus tard, la Banque commença à émettre des billets de 15 et de 10 livres. On fit de 1749 à 1756 plusieurs conversions, et on émit en 1751 le 3 0/0 consolidé, qui subsista jusqu'à la conversion de 1888; il atteignit, en 1752, 106 3/4, prix qu'il ne devait désormais jamais atteindre, mais ceci tenait à l'inertie commerciale et à l'impossibilité de trouver des placements sûrs en dehors des emprunts d'Etat.

CHAPITRE III

La Banque de la mort de Georges II a la
Révolution française.

Cette première partie du règne de Georges III coïncide dans l'histoire de l'Angleterre avec la fin de la guerre de sept ans, et la Révolte, puis finalement l'Indépendance des colonies américaines. Elle coïncide également avec un développement commercial et industriel sans précédent que nous examinerons quand il nous faudra exposer la situation économique de l'Angleterre au moment de la Révolution.

Dans l'histoire de la Banque d'Angleterre, cette période de vingt-neuf ans comprend deux renouvellements de la Charte : ceux de 1764 et 1781, trois crises économiques assez rapprochées, une nouvelle refonte des monnaies dont nous ne dirons que quelques mots, et une attaque de la Banque pendant l'émeute connue sous le nom de *Gordon Riots*. Ces divers événements, groupés plutôt selon leur nature que d'après un ordre chronologique, fourniront matière à quatre paragraphes.

§ 1. — *Renouvellements du privilège de la Banque.*

Le premier de ces renouvellements eut lieu en 1764. La Charte fut prolongée jusqu'à ce que fût payée la dette du Gouvernement, et ce paiement ne pouvait avoir lieu qu'après un avis préalable de six mois, avis qui, à son tour, ne pouvait être donné avant le 1er août 1786.

C'est, en somme, une prolongation de vingt-deux ans avec la formule ordinaire. Comme d'ordinaire aussi, cette prolongation fut payée par quelques sacrifices financiers, la Banque fit un don de 110.000 livres à la nation, et consentit au gouvernement un emprunt d'un million de livres sur des Bons du Trésor pour deux ans et à intérêt de 3 0/0. Ces avances furent un grand soulagement pour l'Angleterre qui sortait d'une guerre fort glorieuse et très profitable à la vérité, mais qui lui avait aussi coûté fort cher; on estime les frais totaux de cette guerre à 82.623,738 livres et la dette publique s'en trouva accrue de 59.633,000 livres.

Par le même act fut considéré comme félonie, sans bénéfice pour le clergé, le fait de forger des pouvoirs pour recevoir des dividendes, transférer des actions, ou pour représenter des actionnaires dans un but quelconque.

Dans un même ordre d'idées, un act de 1773 punit

de mort la contrefaçon de billets de Banque. Ce délit était fort récent ; on le rencontre pour la première fois, ainsi que nous l'avons déjà dit plus haut, seulement en 1758. Et afin de prévenir toute imitation, on décréta que nulle personne ne pourrait préparer quelque billet gravé *ou promissory bill* contenant les mots *Bank of England* ou *Bank post Bill,* ou énonçant une somme quelconque en lettres blanches sur fond noir en ressemblance du *Bank paper*, sous peine de six mois d'emprisonnement.

En vertu de la loi de 1764, le terme fatal du privilège de la Banque était donc l'année 1786. Cinq années avant que ce terme ne fût arrivé, prit place le second renouvellement de ce privilège, lequel, avec les formules ordinaires, fut prolongé jusqu'à l'année 1812, moyennant une avance de deux millions de livres à 3 0/0. Pendant l'année suivante, un appel de 8 0/0 sur les actionnaires de la Banque produisit 862,000 livres et le capital social fut porté à 11.642,400 livres.

Ce renouvellement du privilège, cinq ans avant son expiration, donna lieu à des discussions assez vives ; mais le ministre paya un juste tribut aux services rendus par la Banque et se refusa à toute modification de la Charte de celle-ci. Une forte majorité partagea cette façon de voir et la nouvelle convention fut votée par 109 voix contre 30. Si l'on considère que le 3 0/0 était alors à 58, les offres de la Banque ne laissaient pas que d'être fort avantageuses pour le pays, fort appauvri par la guerre d'Amérique qui n'avait pas coûté moins de 97.599,496 livres et dont les résultats avaient été tous autres que ceux de la Guerre de Sept ans.

§ 2. — *Crises commerciales de* 1763, 1772, 1783

L'année 1763 fut fameuse par le nombre de grandes faillites qui prirent place sur le continent. La Guerre de Sept ans semble avoir donné lieu à de grandes spéculations. La paix amena une liquidation et par suite la débâcle d'un grand nombre de spéculateurs, débâcle qui ruina les commerçants en affaires avec ceux-ci. Parmi ces faillites la plus importante est sans contredit celle des frères Neufville, à Amsterdam, lesquels laissèrent un passif de 330,000 guinées et ruinèrent non seulement 18 grandes maisons Hollandaises, mais encore un grand nombre de riches marchands de Hambourg (1). Le choc fut tel que pour quelque temps on ne fit plus d'affaires qu'au comptant. Bien entendu ces désastres ne pouvaient se borner à ces deux seules grandes cités commerciales. Il y eut de nombreuses faillites dans

(1) Les commerçants d'Amsterdam avaient été avertis par leurs collègues de Hambourg que, s'ils ne soutenaient pas les frères Neufville, les négociants hambourgeois suspendraient leurs paiements. Malheureusement la missive était arrivée trop tard, et les Hambourgeois exécutèrent leur menace.

toute l'Allemagne, et la crise s'étendit à l'Angleterre où selon Smith la Banque fit aux commerçants des avances de près d'un million.

L'Angleterre allait être bientôt le siège principal d'une crise analogue. Crise qui, comme celle que nous venons de relater, ne se borna d'ailleurs pas à son pays d'origine.

Les années 1770 et 1771 avait été par toute l'Europe des années de grande prospérité commerciale, mais ceci est surtout vrai pour l'Angleterre où notamment le commerce d'exportation atteignit un degré jusque-là inconnu et qu'il ne devait pas égaler à nouveau avant 1787. Comme l'observe Macpherson (1), de nombreuses faillites sont souvent la suite d'une prospérité commerciale trop grande, tout comme certains désordres de la constitution humaine viennent d'une trop grande confiance dans notre santé. Que cette théorie soit d'une façon générale juste ou erronée, elle se trouve dans le cas qui nous occupe pleinement justifiée par les faits. Une manie de spéculations s'était déchaînée à nouveau, et un associé de la maison Heale ayant disparu avec 300,000 livres, cette

____

(1) V. volume IV. p. 524. Le nombre des faillites était de 425 en 1726, de 446 en 1727, et 388 en 1728. Depuis, jamais il n'atteint le chiffre de 300, sauf en 1764 où le chiffre des faillites était 301. V. pour les faillites de 1700-1793, Chalmer : *Estimate of the Strength of Great Britain* (1810), p. 36.

maison s'écroula le 10 Juin 1772, entraînant quelques autres maisons dans sa ruine. La Banque et divers commerçants s'efforcèrent de soutenir le crédit, et pendant quelques jours semblèrent réussir ; mais finalement ils ne purent y parvenir, et un effondrement général se produisit. Le nombre des faillites atteignit le chiffre prodigieux de 525, alors que depuis 1728 elles n'avaient pas atteint le nombre de 300 ; on revenait à l'année de la Mer du Sud, et cette crise est à retenir, car ce fut là la première de ces grandes paniques modernes, qui joueront un tel rôle dans l'histoire de la Banque. Le mal s'étendit en Hollande l'année suivante, et bientôt, grâce à la manie générale des spéculations tant commerciales que sur les fonds publics, elle s'étendit à toute l'Europe. M. Macleod calcule que les pertes totales furent de 10,000,000 de livres (1).

Le mal fut calmé en Angleterre grâce à une série de mesures énergiques. Les marchands hollandais agirent avec leur intelligence ordinaire. La Banque de Stockholm soutint toute maison de réelle importance et, d'après Francis (2) l'Impératrice de Russie préserva de tout danger les commerçants anglais de

(1) V. p. 433.
(2) V. p. 177.

Saint-Pétersbourg en leur donnant un crédit illimité chez ses propres banquiers.

Comme la crise de 1763, la crise de 1783 se produisit après un traité de paix. Dès 1782 à la suite de la reconnaissance de l'indépendance des Etats-Unis le commerce international qui avait beaucoup souffert de la guerre prit un grand développement. Cette extension des affaires et l'ouverture de marchés nouveaux conduisirent aux opérations les plus extravagantes, auxquelles s'ajoutaient des émissions de billets très exagérées, et un drainage alarmant des espèces métalliques de la Banque produisit une crise qui faillit aboutir à la suspension des paiements en numéraire.

Or les directeurs avaient observé que si on pouvait restreindre les émissions, fût-ce pour une courte période, bientôt le numéraire paiement des exportations affluerait plus rapidement encore qu'il n'était sorti. La doctrine à laquelle s'arrêtèrent les directeurs fut la suivante (1) : « Pendant que continue la sortie des espèces métalliques, on doit restreindre autant que possible toute émission, mais dès que le flux semble s'arrêter ou prendre même une direction contraire, on peut étendre librement les émissions. » — En conséquence la Banque résolut de ne faire aucune communication au gouvernement, mais seulement de

____

(1) Cette doctrine est due à Bosanquet. V. Macleod. p. 437.

restreindre provisoirement ses émissions, jusqu'à ce que le change redevînt favorable. L'alarme atteignit son comble en mai 1783. On refusa alors de faire des avances au gouvernement sur l'emprunt de l'année, mais en même temps on ne demanda pas le remboursement des avances faites jusqu'alors et qui étaient de 9 à 10 millions. On se tint à ce système jusqu'en octobre, époque à laquelle avait finalement cessé la sortie des métaux précieux, et un mouvement en sens contraire commença à se produire. Et quand ces indices favorables furent confirmés, la Banque fit au gouvernement des avances considérables sur l'emprunt, encore qu'à ce moment le numéraire dont elle disposait avait été réduit à 473,000 livres et était inférieur à celui qu'elle possédait à l'époque où elle éprouvait les plus grandes appréhensions.

§ 3. — *Refonte des Monnaies*.

L'année 1774 nous ramène à une question qui nous a beaucoup occupé, mais qui cette fois-ci nous retiendra bien moins longtemps. Ce fut la question de la refonte des monnaies. Dans le cours du xviiie siècle la monnaie avait progressivement été détériorée. Le rapporteur d'une Commission nommé par la Chambre constate que l'amoindrissement de l'or était dans les monnaies de près de 9 0/0, l'once d'or qui avait valu 3,18,0 en 1730 avait atteint la valeur de 3,18,10 en 1761

et même celle de 4,1 en 1772. Aussi le gouvernement ordonna-t-il en 1774 une refonte qui amena
l'once d'or à 3,17, 6, prix auquel elle se maintint jusqu'en septembre 1797.

§ 4. — *Gordon Riots, la Banque attaquée.*

Les troubles anticatholiques de l'année 1780 firent
courir à la Banque les dangers les plus sérieux. L'a-
gitation était d'abord limitée aux environs du Parlement, où les émeutiers et leur chef Lord George
Gordon se livrèrent sur les membres des deux Chambres aux violences les plus déplorables, dans le but
d'empêcher le vote d'un projet favorable au Catholicisme (1). Mais comme il arrive presque toujours dans
les luttes ayant pour prétexte la religion, les protes-
tataires se transformèrent bientôt en émeutiers et les
Membres de l'Association protestante (2) comme
se faisaient nommer les partisans de Gordon,
mirent au pillage les chapelles et maisons privées
catholiques, détruisirent les objets du culte, et
n'oublièrent pas d'emporter les images précieuses et
la vaisselle d'or et d'argent. La police étant impuis-
sante à prévenir ou à réprimer ces actes, les émeu-

____

(1) Il s'agissait de suspendre les incapacités édictées contre les catholiques par Guillaume III.

(2) L'Association avait déjà deux ans d'existence, mais elle s'était
bornée jusque-là à une agitation pacifique.

tiers, sans doute dans un esprit de large tolérance. ne se bornèrent plus à piller les catholiques, ils firent main basse sur les biens de tous ceux qui se trouvaient sur leur chemin, sans distinction de culte ou de religion, et finalement ils prirent d'assaut la prison de New-Gate et mirent en liberté leurs confrères détenus (1).

Enhardis par ce succès, les bandes révoltées se dirigèrent vers la Banque d'Angleterre. Le gouvernement averti envoya quelques secours, auxquels vint fort heureusement s'adjoindre un corps de volontaires formé par des citoyens de Londres. Ces mesures impressionnèrent les émeutiers qui ne poussèrent que faiblement une attaque qui menée avec plus de vigueur aurait probablement réussi. Cette attaque comporte un intérêt historique; c'est seulement depuis le jour où elle eut lieu que la Banque est gardée et de jour et de nuit. Le lendemain, une armée de 20,000 hommes fut réunie, et après une bataille assez sérieuse les émeutiers furent défaits, laissant 300 hommes sur le champ de bataille; 192 d'entre eux furent comdamnés et 25 exécutés (2). Quand à leur chef Lord Gordon, il fut acquitté, après une longue détention subie à la Tour. Il mourut en 1793, après avoir

---

(1) On trouvera des détails sur cette émeute dans toutes les histoires d'Angleterre. Dickens en a donné une description particulièrement vivante dans *Barnaby Rudge*, un de ses meilleurs romans.

(2) V. *Notes and Queries*, l'Intermédiaire des chercheurs et des curieux anglais, 2e série, tome 1, p. 518.

été condamné à 5 ans de prison pour deux libelles contre Marie-Antoinette et, chose bizarre pour un champion du protestantisme, après s'être probablement converti à la religion israélite. La plupart du monde le considérait comme un peu fou, mais il eut de chauds admirateurs, dont l'un, Watson, nous a transmis l'histoire de sa vie (1).

(1) Robert Watson, *Life of Lord George Gordon, with a philosophical review of his political conduct*, et sur ses procès, 1° *Cobbets State Trials*, XXI, p. 485-687, et 2° *The whole Proceedings on the Trials of two Informations against Lord George Gordon*, 1787.

TROISIÈME PARTIE

LA BANQUE D'ANGLETERRE DEPUIS LA RÉVOLUTION FRANÇAISE

CHAPITRE PREMIER

SITUATION ÉCONOMIQUE DE L'ANGLETERRE AU MOMENT
DE LA RÉVOLUTION.

Vingt ans avant la Révolution française, l'Angleterre était encore un pays agricole et commercial. L'agriculture principalement absorbait la grande majorité des citoyens et était la source principale des revenus de la nation (1). Quant à l'industrie déjà

(1) On calculait la population anglaise à 8.500.000 âmes, et le total des revenus annuels de la nation à 119.500.000 L. La population agricole était de 3.600.000 avec 66 millions de revenus, et la population industrielle de 3 millions avec 27 millions de revenus seulement, (V. la liste des classes diverses de la société avec le montant de leurs revenus respectifs dans G. Bry, *Histoire Industrielle et Économique de l'Angleterre*, p. 453). Il en résultait que la classe agricole était non seulement la plus nombreuse mais aussi de beaucoup la plus riche. Et tout concourt à prouver qu'elle était fort heureuse et vivait dans l'abondance. V. notamment comparaison avec la situation des paysans français dans Young, *Political Arithemetic*, p. 133,158, sans parler du *Tour in France*. Voyez aussi Sir J. Stewart, *Enquiry into the Principles of Political Economy* (1767) livre 1, chap. 18, et Adam Smith, Livre I, chap. 8.

prospère au xviiie siècle, elle était loin, dit M. Bry (1),
de présenter dans de vastes usines, la concentration
de capitaux et les grandes agglomérations ouvrières.
Les grandes fortunes de cette époque sont encore
possédées par les Compagnies commerciales. Les
maîtres d'alors étaient des artisans qui travaillaient
souvent eux-mêmes avec leurs femmes et leurs enfants dans des villages ou à la campagne. Le système
dominant était celui qui combine le travail agricole
et le travail industriel.

Vingt ans après la Révolution, l'Angleterre était
déjà en petit l'Angleterre d'aujourd'hui.

Pour ne prendre qu'un exemple, celui de l'industrie cotonnière, cette industrie fut introduite en
Angleterre au début du xviiie, siècle à la suite d'une
passion du public pour le calicot et autres étoffes
importées des Indes. Mais son importance était
encore si petite que même en 1750, on n'exportait des
cotonnades que pour 45,000 livres alors qu'on exportait des laines pour 2 millions. En 1833, l'exportation
des laines avait progressé à 6,539,731 livres, et celle
des cotons à 18,486,400 (2).

Une révolution industrielle s'était produite dans
l'intervalle.

(1) V. Bry, p. 447.

(2) Elle dépasse aujourd'hui 70 millions de liv., et la consommation
intérieure est égale à cette somme, c'est donc un commerce de 3 1/2
milliards qu'alimente cette industrie. L'exportation des laines atteint
600 millions de francs.

Si l'on considère maintenant que de 1793 à 1815, c'est-à-dire durant la période dont nous parlons, l'Angleterre se trouva engagée dans une lutte qui finit par lui coûter plus de 2 milliards par an, en absorbant presque 21 en totalité (1), et que pendant cette guerre elle vit ses alliés vaincus, ses troupes fréquemment battues, la dette publique passer de 247 à 861 millions de livres, et ses impôts annuels monter à 70 millions ; si l'on considère aussi que le commerce et l'industrie anglaise se trouvèrent en face de difficultés extraordinaires, la Banque d'Angleterre ayant suspendu ses paiements en espèce, les marchés continentaux et ceux de l'Amérique du Sud s'étant soudainement fermés aux produits anglais (2), et Napoléon ayant conçu, avec le décret de Berlin, la plus terrible machine qui ait pu être inventée contre le commerce britannique, on arrive rapidement à la conclusion qu'il doit y avoir une corrélation étroite entre le triomphe final de l'Angleterre et la révolution économique qui prit place dans ce pays.

Et de fait on s'expliquerait mal la politique de l'Angleterre pendant cette période, on n'entendrait surtout rien à son histoire financière, si l'on négligeait cette transformation économique comparable seulement à

(1) La guerre coûta exactement 831,146,449 livres.
(2) A tout ceci s'ajoutaient les difficultés de se procurer certaines matières premières, par exemple les laines espagnoles, qui étaient indispensables à l'industrie anglaise.

à celle que subit l'Europe lors de la découverte du Nouveau Monde et dont il importe de donner au moins un aperçu.

Esquisse de la Révolution Industrielle en Angleterre (1). — Commençons par le cas le plus frappant et déjà cité celui de l'*industrie cotonnière*. De 1697 à 1764 (2) les importations de coton avaient passé de 1.976.359 à 3.870.392 lbs anglaises. Le progrès était mince, le travail se faisait à la main. En 1764, Hargreaves inventa le *mule-jenny* qui permettait, grâce à une roue, de faire marcher d'abord 8 broches, puis un nombre encore supérieur, si bien qu'un seul homme pouvait bientôt filer plus de 100 fils de coton à la fois. Un autre progrès considérable fut l'introduction de la filature par cylindres, mus d'abord par des ouvriers puis par l'eau (3). Enfin Arkwrigh perfectionna cette machine et en fit pour la première fois le grand instrument de manufacture cotonnière. Arkwright avait prit son brevet en 1769.

(1) Consulter comme ouvrages généraux sur la question. Cunningham, *op. cit.*, livre III, 2e partie. H. Traill. *Social England*, volume V. chap. 18 et 19. Bry, *op. cit.*, livre V. ch., I et II. Lecky, *op. cit.* vol. VI. ch. 23. Mac' Culloch, *Account of the British Empire* et *Essay on Manufactures* (dans *Treatises of Econ. Policy*). De Gibbins, *Industrial History of England*.

(2) Voyez la liste complète des variations pendant cette période dans Baines. *History of the cotton Manufacture in Great Britain* (1835), p. 109.

(3) La première conception de ce procédé est attribuée soit à John Wyatt, soit à Lewis Paul. V. dans le premier sens, Baines et dans le second French. *Life and Times of Compton.*

Ces trois grandes inventions furent suivies par une
série d'autres, telles la mule de Compton, et l'application par Berthollet de l'acide de chlorure au blan-
chissage des cotonnades, lesquelles inventions transformèrent tellement la situation que désormais un
seul homme put faire marcher 2.200 broches.

Ces grandes découvertes, qui firent de l'Angleterre
le premier pays industriel du globe, furent d'abord
accueillies avec terreur, car il sautait aux yeux que
permettre à un seul homme de faire à lui tout seul
un travail qui jusque-là employait 2199 de ses semblables, c'était mettre ces derniers sur le pavé (1).
Mais on constata bientôt combien ces terreurs étaient
peu fondées, car alors qu'au début du règne de Georges III les manufactures de coton n'employaient que
40.000 hommes elles en employaient 80.000 en 1785,
et 833.000 en 1831 (2). La population du Lancashire
principal siège de cet industrie n'était que de 166.200
âmes au début du XVIIIᵉ siècle, à la fin de ce même

____

(1) On trouvera dans Lecky (p. 209-210) le récit des persécutions
qu'eurent à subir Kay, Hargreaves, Arkwright et Peel, le grand-père du
premier ministre.

(2) V. Mac' Culloch, *Account of the Bristish Empire*, pp. 218, 219,
360. De 1795 à 1815 il y eut cependant dans le prix de la main d'œuvre
une baisse très considérable. Cunningham (p. 468) estime que pendant
cette période il était des 2/3 inférieur à ce qu'il avait été pendant les
10 années précédentes. On proposa à trois reprises en 1795, 1800, et
1808 de fixer un minimum de salaire, mais cette mesure fut rejetée
comme étant plutôt de nature à aggraver le mal (v. sur la dernière proposition le rapport de la Commission de la Chambre dans *Reports* t. II,
p. 97). C'était là un état de crise inhérent à toute période de transition.

siècle elle était de 672.000, aujourd'hui elle dépasse 4 millions. Les deux villes de Manchester et de Liverpool comptent plus d'un demi-million chacune (1).

Nous avons vu que de 1697 à 1764 la quantité des importations cotonnières doubla à peine, et les exportations n'atteignirent même pas un degré parallèle. Dans les vingt dernières années du xviiie siècle les unes se multiplièrent par 7 et les autres par 15 1/2 (2).

L'immense extension de l'industrie cotonnière, quoique le plus remarquable, n'est pas le seul des événements qui firent de la seconde partie du xviiie siècle la période la plus mémorable de l'histoire industrielle anglaise. Il faut citer encore l'industrie des po-

---

(1) Ces deux villes ont une population respective de 529.560 et 632.512. (V. *Whitaker's Almanach*, 1897, p. 461).

(2) J'extrais de la liste annuelle de Baines pour la période 1781-1832, quelques chiffres qui donneront une idée plus précise de la marche ascendante des importations de coton.

Coton importé pour être tissé			Laines importées	
Années 1781	3.198.778 lbs Anglaises		1771	1.829.000 lbs.
1784	11.482.083	—	1790	2.582.000
1789	32.576.023	—	1800	8.609.000
1792	34.907.497	—	1810	10.914.000

Baisse pendant cinq ans ; on remonte en 1798

et en 1799	43.379.278	
1800	56.010.732	
1802	60.345.600	
1807	74.925.306	
1810	132.488.935	(maximum période des guerres).
1813	50.966.000	
1815	99.366.343	
1831	280.080.000	

teries et porcelaines, introduites d'abord comme tant d'autres industries par des réfugiés Huguenots (1), et toutes les industries du fer.

Les industries du fer, qui existaient depuis fort longtemps (2), mais ne furent vraiment développées que grâce aux inventions de Darby of Colebrook et surtout de Cort of Gosport qui en 1783 inventa un procédé pour le puddlage et le laminage du fer. Cette industrie ne devait prendre son complet développement que pendant le XIXe siècle (3), mais quelques chiffres montreront que pendant le siècle précédent elle avait fait des progrès considérables. En 1740 la quantité totale de *pig-iron* construite en Angleterre et le pays de Galles était estimée à 17.000 tonnes. En 1796 elle était de 125.079, et en 1806 de 258.206. Elle atteignit 678.417 tonnes en 1830. Birmingham, Sheffield, et une foule d'autres villes doivent à cette industrie leur prospérité et pour ainsi dire leur existence.

Une des raisons qui firent augmenter les travaux en fer, c'est qu'après la découverte de Darby père et

(1) V. sur cette industrie : Lecky, p. 210-211 et Bry p. 500. Le centre principal de son industrie est le Straffordshire qui vient cinquième comme population parmi les comtés anglais. Ces industries doivent leur développement à Josiah Wedgood. V. sur la vie de celui-ci, Meteyard, *Life of Wedgood*.

(2) V. Mac'Culloch. *Essay on Manufactures*, p. 466 *de Treatises on Economical Policy*.

(3) V. Fairbairn. *Iron Manufacture*.

fils (1), on put se servir pour la fonte, de coke au lieu du charbon de bois dont on se servait jusque-là et qui était fort rare. La demande de coke augmentant tous les jours stimula l'exploitation des mines de charbon (2), qui bientôt prirent un développement dont la liste ci-dessous (3) permettra de juger l'importance. En 1791 il y avait 73 hauts fourneaux usant du coke et produisant 67.548 tonnes, contre 22 usant encore du charbon de bois, qui était censé produire des ouvrages plus parfaits. En 1796 il y avait 121 hauts fourneaux usant du coke, leurs rivaux tendaient à disparaître. Chacun de ces fourneaux produisait une moyenne annuelle de mille tonnes.

Les Canaux. — Ces progrès auraient été impossibles si on n'avait grandement facilité les moyens de se

---

(1) Lord Dudley avait dès 1621 pris un brevet pour une industrie analogue. Il fonda une usine qui eut une fin lamentable, puis tout fut oublié dans la tourmente des guerres civiles. Dud Dudley, fils naturel du précédent, publia en 1665 un récit de ces événements sous le titre de *Metallum Martis*. Cette brochure devenue introuvable fut réimprimée il y a une cinquantaine d'années.

(2) V. Sur le travail des mines et les difficultés qu'il présenta, *Social England* de Traill, p. 314.

(3) Voici une liste des produits des charbonnages à différentes dates, nous l'empruntons à Cunningham p. 463.

Années		
1660	2,148,000	Tonnes
1700	2,612,000	
1750	4,773,828	
1770	6,205,400	
1790	7,618,728	
1795	10,080,300	

procurer du charbon. Le progrès des manufactures suppose et stimule l'amélioration des routes publiques ; il suggéra aussi ces grands travaux qui transformèrent complètement en Angleterre la locomotion interne. Je veux parler de la construction des canaux (1).

Des canaux existaient depuis longtemps sur le continent. Sans parler de l'Italie et de l'Espagne, où ces travaux datent de fort loin, on peut signaler les travaux de Charles XII et de Pierre le Grand, et en France le canal de la Seine à la Loire, commencé sous Henri IV, et le canal du Midi, terminé sous Louis XIV. L'Angleterre restait de beaucoup en arrière, jusqu'à ce que la magnificence éclairée du duc de Bridgewater, et le génie de l'ingénieur Brindley, donnèrent le branle à un mouvement de proportions gigantesques.

Dès 1656, il est vrai, Francis Mathew proposa d'unir l'Isis et l'Avon par un canal, et on mit en avant différents projets analogues, mais rien ne fut fait, sauf l'amélioration du lit de certaines rivières. Aussi les prix des transports étaient très hauts ; le transport d'une tonne de marchandises, entre Manchester et Liverpool, coûtait 40 sh. par voiture, et 12 sh. par les rivières. Le transport du charbon, entre Worsley et Manchester, devant être fait par voiture, doublait, malgré la brièveté des distances, le prix du charbon.

(1) V. H. D. Traill *op cit*, p. 322-326 et Philips, *History of Inland Navigation*.

On se décida à créer un canal entre ces deux places en 1761 ; ce canal, le premier qui fut percé en Angleterre, fut construit par Bridley, entièrement aux frais du duc de Bridgewater. Il eut pour effet de diminuer de moitié le prix du charbon en Angleterre, et son extension donna à Liverpool et à Manchester une voie de communication aisée et économique.

Ce premier canal coûta au duc 220,000 liv., mais les salaires de Bridley n'absorbèrent pas une grande partie de cette somme, car Bridley n'était payé que 2 sh. 6 d., puis 3 sh. 6 d. par jour (1). Il était aussi économique qu'il était illettré, et ses lettres abondent en erreurs orthographiques grossières ; mais il n'en était pas moins un homme de génie et il transforma son pays.

Après ce canal, Bridley en construisit un autre, desservant les centres potiers (2), et long de 139 milles. Il mourut en 1772, âgé de 56 ans. On avait longtemps repoussé ou ridiculisé ses plans, mais il vécut assez

---

(1) Bridley était le plus sobre des hommes ; il appert de son journal que sa nourriture et sa boisson d'un jour ne lui coûtait souvent pas plus de six pence. On trouvera beaucoup de détails sur sa vie dans Smile, *Life of the Engineers* (V. *Life of Bridley*).

(2) Les canaux sont pour la poterie le moyen de transport par excellence, car ils offrent peu de danger de cassage, aussi s'en sert-on encore aujourd'hui. Du temps de Bridley il existait aussi d'autres considérations, le transport de poteries coûtait presque un shilling par mille et par tonne, et rendait tout commerce impossible. Après ce canal le transport d'Etrurie à Liverpool tomba de 50 sh. à 13 sh. 4. d, et de Wolverhamptom à Liverpool de 5 livres à 5 sh. Cela constituait une économie de 30 °/° (V. *Traill*, p. 324).

pour contempler le triomphe de ses idées. Dix-huit ans après sa mort on exécuta d'après ses plans les canaux qui mirent en communication les quatre grands ports de Londres, Bristol, Liverpool, et Hull. La même année un canal, dont l'exécution avait coûté vingt-deux ans de travaux, unissait le Forth avec le Clyde. Dans les quatre années qui suivirent, le Parlement n'eut pas à voter moins de 81 *Acts* pour autoriser la construction de canaux navigables (1).

Les ouvrages de cette nature ont encore aujourd'hui une importance de premier ordre. Pour les marchandises pondéreuses et pour celles qui n'exigent pas un transport rapide, c'est encore la meilleure voie de communication interne. Aussi voyons-nous les grands États y attacher une importance très grande, et consacrer à son extension ou à son amélioration des sommes considérables. Mais, quelle que soit l'importance contemporaine des canaux, elle n'est rien à côté de celle qu'ils avaient au siècle précédent, et en général, avant la découverte des chemins de fer. C'était alors, des moyens de transport, le moins coûteux, le moins dangereux, le plus facile, et avec tout cela il n'en était pas le moins rapide. En fait, sans ces travaux, les plus belles découvertes industrielles auraient vu leurs effets grandement atténués, et l'Angleterre industrielle et commerciale a contracté envers Bridley une dette d'éternelle reconnaissance.

(1) Lecky, p. 214.

On calcule qu'avant l'introduction des chemins de fer, on avait construit non moins de 2,600 milles de canaux navigables, ceci sans compter les canaux d'Irlande (1) et d'Écosse, respectivement de 276 et 225 milles, et que 50 millions de livres avaient été engagés dans ces travaux.

Mais si l'on doit juger les inventions d'après leurs conséquences, l'invention la plus grande fut la transformation de la machine à vapeur par James Watt.

James Watt, qui naquit à Greenock en 1736, et sur la vie duquel on trouvera des détails dans les ouvrages de Londner et les biographies de Murihead et Smiles, n'a certainement rien inventé d'absolument nouveau (2), mais il eut le mérite de rendre utile, par une série d'améliorations, une invention géniale, mais qui avant lui n'offrait pas de grands avantages pratiques (3). Il eut le bonheur de trouver toujours des amis qui, comme le philosophe Black et le Dr John Roebuck, le soutinrent pendant la première partie de sa carrière. Plus tard, il se lia avec Mathieu Boulton

(1) Sur l'Irlande, v. Newenham, *View of the Ressources of Ireland* (1809), notamment p. 202.

(2) Sur Denys Papin, le marquis de Worchester, Savery, Newcommen et bien d'autres précurseurs de Watt. Voyez R. H. Thurston, *History of the Steam Engine* Il existe sans doute d'excellents ouvrages français sur la matière, mais cette thèse ayant été entièrement écrite en Angleterre, il n'était pas très aisé de les retrouver.

(3) On ne s'en servait que pour créér par la condensation de la vapeur un vide, et produire ainsi une pression d'air sur le piston par lequel la force motrice de la machine était directement affectée. V. Lecky, p. 216. On l'employait surtout dans les mines de charbon comme pompe.

qui, quand le Dr Roebuck fut ruiné, fit de lui son associé.

Watt prit son premier brevet en 1769, mais ce ne fut que longtemps après qu'il put donner à sa machine qui n'avait jusque-là qu'une motion verticale, une motion rotatoire, et par la régularisation de la force centrifuge placer la machine dans toutes ces motions variées ou combinées sous le contrôle complet du machiniste. Une fois ce résultat atteint, la machine à vapeur était réellement entrée dans l'industrie, et on peut dire que Watt a réalisé une révolution sans précédent.

Telles furent les principales des inventions qui transformèrent l'Angleterre, pays essentiellement agricole en pays essentiellement industriel, et produisirent en peu de générations ces grandes accumulations de richesses (1) et ces grandes agglomérations d'hommes qui sont le trait dominant de l'Angleterre moderne. Rien de plus frappant à ce point de vue que la marche ascendante du commerce et de la population. Voici quelques chiffres extraits des statistiques données par Cunningham (2).

____

(1) Cette accumulation fut d'autant plus rapide que les gains des premières années furent énormes. Pitt, en établissant le *legacy-duty*, considéra comme absurde de prévoir le cas d'une succession supérieure à un million de livres, mais le changement fut tellement soudain qu'au bout d'un certain temps, il se passait rarement une année sans que le cas se présentât. V. William Johnstone. *England as it is*, chap. xii.

(2) V. *op. cit.*, p. 694-695.

Population		Années	Commerce Exportations	Importations
1700	5,475,000	1613	2,487,435	2,141,151
1760	6,736,000	1662	2,022,812	—
1770	7,428,000	1688	4,301,000	7,120,000
1780	7,953,000	1720	6,910,899	6,090,083
1790	8,675,000	1750	12,699,081	7,772,039
1801	8,892,536	1783	13,896,415	11,651,281
1811	10,164,256	1796	29,196,198	21,024,866
1821	12,000.236	1805	31,064,492	28,257,781
		1810	43,568,757	39,301,612
		1815	58,624,550	32,438,650
		1850	197,330,265	100,460,433

(Les années 1805 à 1850 : y compris l'Irlande)

Des volumes ne suffiraient pas pour étudier toutes
les conséquences de ce changement, tant au point de
vue politique que social. L'émigration des ouvriers
vers les centres manufacturiers, l'abandon de l'agriculture et même de l'industrie agricole (1), toutes les
lois ouvrières (2), la suppression des tarifs douaniers
et l'adoption des principes du libre échange découlent
directement de cette transformation. Mais ce n'en sont
pas les seules conséquences, et on peut affirmer qu'on
en retrouverait d'autres dans toutes les manifestations
de la vie sociale et dans tous les traits du caractère
Anglais.

(1) Surtout à partir du moment où les chutes d'eau cessèrent d'être
employées comme moteur principal.

(2) La première de ces lois date de 1802 et est due à Sir Robert Peel,
père du premier ministre. V. Jay, *Cours de Législation Industrielle*,
1897-1898.

Pour nous borner à l'objet de notre étude pendant cette seule période de trente années, 1789, 1819, nous ne parlerons des conséquences de cette transformation qu'aux seuls points de vue de son influence d'abord sur les guerres contre la France, ensuite sur le développement des *Banques provinciales*.

1° *Guerres de la Révolution et de l'Empire.* — On peut affirmer que sans cette transformation jamais l'Angleterre n'aurait pu, même en ayant un monopole commercial, trouver les ressources pour résister aux triomphes des armées républicaines et pour vaincre Bonaparte. On a bien voulu trouver une autre cause à cette vitalité et à ce ressort extraordinaire. On a prétendu en effet que jamais l'Angleterre n'aurait trouvé tous les trésors qu'elle a prodigués pendant une lutte qui a duré un quart de siècle, sans le cours forcé qui lui permit de créer de toutes pièces des richesses incalculables. Il ne nous sera pas difficile de démontrer combien cette opinion va à l'encontre de la réalité, que l'Angleterre n'essaya pas, tant que Pitt vécut, de tirer avantage de cette situation et de pousser la Banque à des émissions excessives, et que, lorsque plus tard elle essaya de le faire, elle n'y trouva que de cruels mécomptes. C'est au contraire grâce à Arkwright, à Watt, à Bridley et à leurs confrères que l'Angleterre put trouver des capitaux pour ses emprunts gigantesques, et frapper les impôts qui en payèrent les intérêts et pourvurent aux autres frais de la guerre. C'est ce que montre M. Lecky, avec beaucoup d'éloquence.

« Il est un fait patent, dit l'éminent historien (1), à savoir que l'issue triomphale de la grande guerre contre la France était due largement, sinon complètement, aux manufactures de coton et à la machine à vapeur. L'Angleterre aurait bien pu placer les statues de Watt et d'Arkwright à côté de celles de Wellington et de Nelson, car sans les richesses qu'ils avaient créées, elle n'aurait jamais pu supporter une dépense qui, pendant les dix dernières années de la guerre, monta à plus de 84 millions de livres par an, et en 1814 à 106 ; elle n'aurait pu non plus supporter sans banqueroute une dette nationale qui avait atteint, en 1816, huit cent quatre-vingt cinq millions . »

2° *Les Banques Provinciales.* -- Le second point que nous nous réservions de traiter était l'influence du développement industriel et commercial sur le développement des banques dans les provinces. Cette influence fut, cela va de soi, énorme, mais pour certaines raisons spéciales, elle ne fut pas très heureuse.

Dès l'abord le développement prodigieux des entreprises industrielles réclamait une grande extension du crédit et surtout du medium circulant ; or les billets de banque ne circulaient pas au delà de Lon-

(1) P. 218.

dres et la Banque ne créait pas de succursales qui auraient pu émettre des billets. Il fallait malgré tout combler le vide et le vide fut comblé par les émissions de banques provinciales qu'on créa à cette seule fin.

La Banque contribua de son côté au développement de ces banques.

Lors de la crise de 1783, que nous avons relatée, la Banque était parvenue à arrêter le drainage de son encaisse par une contraction extraordinaire de ses émissions. La crise terminée, il y eut un afflux ininterrompu d'or dans ses coffres, et la base de la circulation fut nécessairement élargie par l'issue de billets de banque en paiement de l'or. Si bien que les émissions qui n'avaient pas dépassé 6 millions de 1783 à 1785 arrivèrent à 11,121,800 L. et le *bullion* monta à 8,645,865 L. (1). Cette augmentation du numéraire et des émissions de la Banque, ayant lieu en une période paisible, eut pour effet naturel de réduire le taux de l'intérêt, alors que la Banque ne réduisit pas son taux d'escompte. Ceci permit aux banques provinciales d'augmenter leurs émissions pour l'escompte d'effets qui, si le taux de l'intérêt avait été supérieur, auraient été, en partie du moins, escomptés par la Banque. En fait, les escomptes de la Banque furent réduits de 4,973,926 L., en 1785 à

(1) V. Tooke, *History of Prices*, t. I., p. 194.

2,035,901 L. en 1789, et vu l'augmentation générale des affaires on peut affirmer que les escomptes des banques provinciales s'accrurent de plus que de la différence entre ces deux chiffres.

Pour toutes ces raisons le développement des banques fut rapide, mais en conséquence de la mauvaise organisation du crédit, il ne fut pas très heureux.

Voici quelle était la situation. Le Statut 1742, c. 13-5 (1), conférait à la Banque le monopole d'émission dans toute cette partie de la Grande Bretagne appelée Angleterre. N'échappaient à ce monopole que les banques de moins de six personnes (2). Or la Ban-

(1) V. plus haut la Banque sous le règne de Georges II, p.211. On trouvera une critique de l'organisation des Banques provinciales dans W. Boyd. *Letter to the Honourable W. Pitt on the Influence of the stoppage of Issues in Specie at the Bank of England* (1801), p. 20 de l'édition 1811 corrigée par l'auteur. Et surtout dans H. Thornton : *An Enquiry into the nature and effects of the paper credit of Great Britain*, v. le chap. VII. *Of Country Banks their advantages and disadvantages*, p. 236-261 de la réédition Mac Culloch. Plus spécialement sur les rapports de ces banques et des manufactures v. p. 245.

(2) Le privilège concédé par ce statut était limité au fait d'emprunter ou de devoir de l'argent sur des billets *(bills or notes)* payables sur demande. C'était en somme à cela que se limitaient alors les opérations de banque. La clause étant d'interprétation étroite, la méthode de s'obliger par des chèques, méthode qu'on emprunta aux Hollandais, n'était pas prohibée par la Loi. Par conséquent rien n'empêchait des sociétés de se former et de se livrer grâce à cette méthode aux opérations de banque. Ceci se fit peu à peu sans que le Parlement eût occasion d'intervenir. Quand on découvrit cette méthode, elle s'était trop développée pour qu'on pût la défendre, et peu de temps après. M. Joplin montra les premier combien était légale la formation de ces banques de depôt (*V. Supplementary Observations to the third edition of an Essay on Banking*, p. 84 — 1823). En 1833 des Sociétés par actions s'étant fondées à Londres et faisant des opérations de Banque mais sans émettre

que d'Angleterre, jouant en l'espèce le rôle du chien du jardinier, non seulement ne créait pas de succursales émettant des billets, mais encore ne voulait pas permettre à des compagnies puissantes et sérieuses de s'organiser et d'en émettre, encore que ceci aurait parfois pu l'aider à soutenir son crédit. En plus, quand les billets provinciaux subissaient un discrédit, elle se refusait à faire des émissions qui auraient pris la place de ceux-ci. Il en résultait que des compagnies riches et solides ne pouvaient faire d'émissions, et que le pays ayant besoin d'un médium circulant et ne pouvant en avoir un bon, en eut bientôt un fort mauvais. Nombre de boutiquiers, de droguistes, de tailleurs et de boulangers, profitant de la clause autorisant des banques de moins de six personnes, se transformèrent en banquiers et inondèrent le pays de papier sans valeur (1). En 1750 il n'y avait pas 12 banques hors de Londres; en 1793 on en comptait 400.

Sans doute, parmi ces 400 banques il y en avait de sérieuses, et quelques-unes subsistent jusqu'à nos jours, mais les autres n'offraient pas les mêmes garan-

de billets, la Banque d'Angleterre s'efforça en vain de les faire déclarer illégales. Aujourd'hui ces *Joint-Stock Banques* sont fort nombreuses à Londres, et plusieurs d'entre elles jouissent d'une réputation et d'une prospérité méritées.

(1) En 1775 on chercha à limiter le mal en votant un *Act* interdisant aux Banques l'émission de billets de valeur inférieure à 20 sh., et deux ans plus tard cette limite fut portée à 5 livres. Voyez, sur les gens faisant profession de banquiers le discours de Lord Liverpool en février 1826, à propos de la crise de 1825 et du rôle des banques provinciales.

ties de solidité, et notamment, poussées par le désir du gain, elles ne conservaient qu'une réserve métallique tout-à-fait insuffisante pour soutenir leurs émissions, de telle sorte qu'elles succombaient au premier afflux de demandes de remboursement (1).

C'est à cette organisation défectueuse du crédit provincial que nous devons les deux grandes crises de 1793 et de 1797.

La Banque d'Angleterre n'ayant pas voulu sérieusement contribuer à l'organisation de ce crédit, porta la peine de son insouciance et de son égoïsme. Les Banques provinciales ayant rapidement succombé, elle resta seule à soutenir le crédit. Ainsi que nous le verrons bientôt, elle n'y parvint en 1793 que grâce à l'intervention très énergique du gouvernement qui émit pour cinq millions de bons du Trésor, et en 1797 elle finit elle-même par succomber.

Du reste le mal se prolongea par delà cette année ; les mêmes faits se produisirent en 1810 et 1812. Macleod (2) nous apprend que, de 1814 à 1816,

____

(1) Entre la faillite de *Air Bank* en 1772 et l'année 1793, dit Sir Francis Baring, des banques avaient été fondées par tout le pays. Ceci produisit un changement très important et, tant que le crédit était assuré, un changement très heureux pour le pays en augmentant la circulation ; mais malheureusement les principes d'après lesquels ces banques étaient organisées étaient peu sûrs et rendaient impossible la résistance à un orage soudain, car ces banques, accordant intérêt sur tous les dépôts, ne pouvaient laisser même une somme petite dormante et improductive (*V. Observations on the Establishment of the Bank of England*, p. 15).

(2) Tome II, p. 380. Si l'on calcule, continue cet auteur, qu'il n'y a qu'un

92 jugements déclaratifs de faillite furent rendus contre des banques provinciales, et que pendant les 28 années 1791-1818 il n'y eut pas moins de 273 jugements de ce genre.

L'*Act* de 1826 vint donner la liberté de fonder des sociétés par actions faisant des opérations de banque avec pouvoir d'émission à 65 miles de Londres et au delà. La loi de 1844 vint au contraire arracher le pouvoir d'émission tant aux banques privées (banques de moins de six personnes) qu'aux banques par actions. Les banques alors existantes, à savoir 72 *Joint Stock Banks* et 207 banques privées conservèrent cependant leurs pouvoirs d'émission, mais seulement pour des sommes limitées.

Le nombre de ces banques a beaucoup diminué, et diminue tous les jours, il n'y a plus que 19 banques privées et 44 banques par actions. Chaque fois qu'une de ces banques disparaît, sa faculté d'émission passe à la Banque d'Angleterre. La faculté d'émission des banques privées ou par actions fut fixée en 1844 à 8,648,008 L. (1) ; elle n'est plus que de 5,770,146 L. (2).

jugement rendu sur 3 ou 4 suspensions de paiements, on peut facilement estimer à plus de mille les Banques ayant suspendu leurs paiements pendant cette période.

(1) 5,153,000 L. pour les banques privées et 3,495,000 pour les banques par actions.

(2) On trouvera dans l'ouvrage de M. Octave Noël, *Les Banques d'émission en Europe* (t. 1, p. 78-82), une liste très complète des Banques d'émission existant jusqu'à ce jour, ainsi que de la limite de leurs pouvoirs d'émission respectifs.

CHAPITRE II.

Politique Financière de William Pitt (1).

Quand la Révolution française éclata, Pitt était au pouvoir depuis 1784 ; sa politique générale était pacifique et sa politique financière particulièrement

(1) J'ai cru devoir écrire ce chapitre pour l'intelligence des chapitres suivants, mais je ne l'ai point fait sans beaucoup de difficultés et d'hésitations. Il est très difficile de juger une politique financière pendant une période aussi surprenante, et de bonne foi on ne pourrait exiger de Pitt qu'il eût prévu tous les événements qui allaient se dérouler sous ses yeux.

Cette première difficulté se double d'une seconde, la difficulté de se procurer des éléments de conviction. Les luttes politiques furent très vives, et on en retrouve l'écho dans presque tous les ouvrages écrits sur le sujet. De plus, l'ouvrage de M. Lecky s'arrêtant à 1793. il n'existe pas la moindre histoire générale pour cette période. *La Vie de Pitt* (4 volumes) par lord Stanhope, est tout autre chose qu'un ouvrage scientifique.

On pourra consulter sur l'objet de ce chapitre. Un discours magistral de Gladstone en date du 8 mai 1854 (V. *Parlementary Debates*, 3e série, vol. 132, colonnes 1472-79, consacrées à la question). Mac Culloch, *Collection of Tracts on the National Debt* (avec notice). *The History of the Bank of England* (1798), ouvrage déjà cité, écrit à un point de vue essentiellement libéral. G. K. Rickards, *The Financial Policy of War*, réponse à Newmarch. Grellier, *Terms of all the public Loans with an appendix by R. W. Wade* (1812), très important.

William Newmarch, dans une brochure très précieuse et pleine de documents, *On The Loans Raised by Mr. Pitt during the first French War*, a présenté une brillante défense de la politique financière de Pitt. Et la question a été plus récemment traitée avec infiniment de talent, mais malheureusement d'une façon trop succincte, par lord Rose-

heureuse (1). Il commença l'amortissement de la dette ; un million de livres y était annuellement consacré. Ce million devait être destiné à acheter des rentes sur l'État, et il s'accroissait chaque année des revenus des rentes déjà achetées. L'exécution du nouveau plan, et l'administration du fonds destiné à l'amortissement, le *Sinking fund*, était administré par une commission spéciale, indépendante des Chambres. Ce système, sur lequel on fondait des espérances exagérées, continua à fonctionner pendant toutes les guerres de la Révolution. De 1786 à 1793 il réduisit la dette publique de 10,250,000 L.

La Révolution ayant éclaté, Pitt sembla d'abord ne rien vouloir changer à sa politique. S'il n'ignora pas la Révolution, ainsi que le dit Lord Rosebery (2), il sembla du moins le faire ; et en tout cas, de nombreux témoignages le prouvent, il ne songeait pas à intervenir, et il fit tout son possible pour éviter le conflit (3). D'ailleurs il ne fit pas davantage.

bery. V. *Pitt*, p. 148-156. On lira aussi avec profit les appendices A et B, les chiffres donnés par lord Rosebery étant plus exacts que ceux donnés par Newmarch.

Enfin on pourra consulter les débats parlementaires surtout, bien entendu, les discours de Pitt et de Fox, mais on ne saurait les consulter avec trop de méfiance. Parmi les autres orateurs, il faut signaler William Smith, et son rapport du 9 février 1796.

(1) V. Rosebery, *op. cit.* chap. IV et V.

(2) p. 96.

(3) En février 1792, en introduisant le budget, Pitt prononça un grand discours, l'un des rares discours qu'il corrigea en vue de l'édition. Il y proposait la suppression de certains impôts, l'augmentation du *Sinking*

A la suite du 10 août, le Gouvernement anglais
rappela Lord Gower ambassadeur à Paris, et à partir
de cette date le sentiment d'hostilité envers la France
ne cessa de s'accroître tant chez le roi que chez le peuple anglais. Pitt essaya de résister au courant, mais
les victoires françaises dans les Pays-Bas étaient faites pour amollir sa résistance ; la décapitation de
Louis XVI emporta ses dernières hésitations. Le peuple anglais, qui se réserve le monopole de décapiter
les rois, de choisir son gouvernement et de commettre
des violations du droit international, accueillit la nouvelle de la mort de ce malheureux prince par des
manifestations extraordinaires. Les théâtres furent
fermés, toute la population prit le deuil, la chaire et
la tribune retentirent des échos du meurtre commis
en France, et la voiture du roi fut entourée par la
foule aux cris de *War with France*! Depuis le massacre
de la Saint-Barthélémy, dit Lecky (2), jamais événement, ayant lieu à l'étranger, ne souleva pareille
indignation. Pitt, continue l'auteur saisit immédiate-

fund, la suppression des subsides accordés aux troupes mercenaires
de Hesse, et la réduction de 18,000 à 16,000 du nombre des marins. Il
déclarait en outre : « Qu'indubitablement il n'y eut jamais dans l'histoire de ce pays une époque où, vu la situation internationale, nous
puissions plus raisonnablement espérer 15 années de paix ».

Lord Rosebery, p. 118 123, donne de nombreuses autres preuves de
cet état d'âme. De même Newmarch, p. 5 et Lecky, p. 2-4. V. aussi sur
la mission de Maret en Angleterre et son entrevue avec Pitt (*novembre 1792*), Ernouf, « *Maret, duc de Bassano* ».

(2) P. 122.

ment l'occasion, et le 24 janvier Grenville, ministre des affaires étrangères, ordonna à Chauvelin de quitter le pays dans un délai de 8 jours. Le 1er février, la Convention donnait à ce message la seule réponse possible, en déclarant la guerre contre le roi d'Angleterre et le Stadholter de Hollande (1).

Cette guerre ne nous intéresse qu'en ce qui touche la Banque d'Angleterre.

Du 1er février 1793 au 17 mars 1801, le Gouvernement fut forcé d'accroître la dette publique anglaise de 325.221.460 livres (2).

De son côté, la Banque fut forcée, dès février 1797, de suspendre ses paiements en numéraire.

______

(1) M Lecky, avec son talent et son érudition habituels, s'est efforcé de justifier la conduite de l'Angleterre et de la différencier de celle des monarchies continentales. Ce n'est point ici la place de discuter la question, mais si j'avais à exprimer ma pensée, je la résumerais en disant : qu'autant la conduite de l'Angleterre en ces guerres contre Louis XIV et Napoléon fut justifiable et utile à l'Europe, autant sa conduite pendant toute notre période 1789-1793 a été injuste, louche, et pleine d'hypocrisie. D'ailleurs je ne suis point mu par une admiration inconcevable pour la Révolution, et reconnais volontiers que la Convention en se livrant aux manifestations les plus incongrues et les moins convenables, a fourni les meilleurs arguments à ses ennemis.

(2) Cette somme ne constitue d'ailleurs pas la dette totale, car outre leurs obligations les souscripteurs recevaient comme partie de leur créance, un certain nombre d'annuités terminables. Ces annuités connues sous le nom de *Long Annuities* expirèrent en 1860, et leur valeur estimée à 5 0/0 d'intérêt, serait de 9,323,976 à la fin de la 8e année. Si bien que Pitt augmenta la dette de 334,525,463 Livres. Mais pendant ce temps le *Sinking fund* ne cessait de fonctionner, et on racheta ainsi 42,518,832 L. qu'il faut déduire du montant total. V. Rosebery p. 150-151.

Y a-t-il corrélation entre ces deux événements? Une administration plus saine des finances publiques aurait-elle pu éviter ce désastre? C'est ce que nous allons rechercher.

Du début de la guerre à la paix d'Amiens, on dut recourir chaque année à l'emprunt.

Le montant de ces emprunts, d'abord modeste, monta très vite et atteignit, dès 1795, des sommes fantastiques, un peu diminuées, de 1798 à 1800, il reprit de plus belle à partir de cette date. Si bien que, fin 1801, le total de la dette consolidée anglaise avait subi pendant les neuf ans de l'administration de Pitt une augmentation de 271.980.000 livres, soit une augmentation annuelle moyenne de 30,000,000.

Mais comme les obligations de tous ces emprunts furent émises bien au-dessous du pair, l'État ne toucha réellement que 202.375.000 livres sur les 271 millions (1) restant à la charge de l'État.

De même, l'intérêt payé qui était nominalement de

---

(1) Voici le montant annuel des emprunts émis et des sommes réellement perçues. Extrait de *Newmarch*, p. 39.

ANNÉES	SOMMES EMPRUNTÉES		SOMMES RÉELLEMENT VERSÉES
1793	6,250		4,500
1794	15,676		12,907
1795	55,537		42,090
1796	56,945		42,755
1797	28,275		14,500
»	3,669	Emprunt Impérial	1,620
A reporter	166,352		118,372

3 0/0 fut en réalité de beaucoup supérieur à cette somme (1).

D'autre part, cette augmentation était principalement due au désir qu'on avait au début de ne pas créer de nouveaux impôts. Pour les quatre années 1793-1797, le montant des impôts levés était de 70.000.000 livres, soit 17.500.000 par an, alors que pendant les quatre années 1799-1802, il était de 134.750.000 ce qui constitue une augmentation de 92 1/2 % (2).

Enfin, une partie importante de l'argent levé par ces emprunts ne fut pas employé au service du pays, mais disparut sous forme de subsides aux alliés. Ces subsides étaient de deux espèces : 1° *subsides directs*, 2° emprunts impériaux garantis par le gouvernement anglais et levés en Angleterre. Ces emprunts tombèrent finalement à la charge du Trésor anglais.

A tous ces points de vue, la politique financière de Pitt souleva les attaques les plus vives.

Report	166,352	118,372
1798	39,624	20,000
1799	27,125	15,500
1800	32,185	20,500
1801	49,209	28,000
	314,495	202,372

Mais sur les 314,495 millions de livres émis, 42,515 furent amortis par le *Sinking fund* ce qui laisse 271,980 millions à la charge de l'Etat.

(1) La plupart des emprunts soit pour 271,597 d'obligations furent émis à 3 0/0. Il y eut cependant 35,593 obligations émises à 5 0/0 et seulement 7,305 à 4 0/0. La moyenne du taux auquel on emprunta fut réellement de 5 £ 5 sh. 9 d pour 100 livres.

(2) Bastable, *Public Finance*, p. 589-591.

Nous allons les passer en revue.

Commençons par les critiques de M. Gladstone. A tout seigneur, tout honneur. Ce grand homme, alors chancelier de l'Échiquier, s'efforça de prouver pendant la séance du 8 mai 1854, que les frais de toute guerre doivent être pourvus par des taxes (1). C'était faire preuve d'une probité et d'un courage politiques comme on en voit peu. Après avoir donné les raisons économiques et morales qui militaient dans son sens, Gladstone passa aux leçons de l'histoire et fit une critique sévère de la politique de Pitt au début de la guerre (2). Il ridiculisa l'opinion qui faisait de ce ministre un être providentiel, mais en même temps M. Gladstone, qui professe avoir malgré tout une grande vénération pour la mémoire de Pitt, montra comment ce grand homme reconnut ses erreurs, changea de procédé et recourut énergiquement à l'impôt (3).

(1) V. tout le discours, *Parlementary Debates*, vol. 132 (mars-mai 1854) p. 1414-79.

(2) P. 1472.

(3) P. 1474. Ceci n'est pas d'ailleurs un accident dans la carrière de Pitt, mais un de ses traits les plus caractéristiques. Il faut s'étonner qu'on ne l'ait jamais mis en lumière. Pitt errait volontiers, mais la faute une fois commise, il reconnaissait vite son erreur et ne s'entêtait pas. Témoin sa conduite dans la guerre contre la France ; bien vite il vit qu'il s'était trompé en laissant éclater le conflit, et dès que l'établissement du Directoire lui offrit un prétexte pour modifier sa conduite, il ouvrit des négociations et fit son possible pour obtenir une paix honorable. Témoin sa conduite avec la Banque : il exploita tellement cet établissement qu'il le réduisit à suspendre ses paiements. Mais le papier-

En somme, l'orateur condamne le recours perpétuel à l'emprunt (1). D'autres (2) ont condamné le taux
auquel ces emprunts étaient émis, car en ne donnant qu'un revenu insuffisant de 3 0/0, on était forcé
d'emprunter des sommes bien plus considérables que
celles réellement reçues, et surtout on se privait de
la ressource possible de conversions postérieures. Enfin, on a presque unanimement blâmé Pitt pour les
subsides donnés aux alliés.

Reprenons ces différents points.

§ 1. — *Subsides accordés aux Alliés.*

Ces subsides, nous l'avons dit, furent accordés sous
deux formes. Soit argent directement versé (3), soit
garantie donnée à deux emprunts de l'Empire germa-
nique, garantie qui, vu l'état des finances de cet empire,
équivalait à un véritable subside. Le premier de ces
emprunts fut de 4.600.000 livres (4), le second, garanti en 1797, n'était que de 1.620.000.

monnaie une fois établi, il se garda bien d'abuser des facilités qu'offrait ce dangereux instrument. On pourrait citer d'autres exemples dans
ce sens.

(1) Gladstone condamna aussi le *Sinking fund*. Mais comme tout le
monde est d'accord là-dessus, la question ne sera traitée que plus bas.

(2) V. Bastable *op*. et *loc*. cités.

(3) Les sommes directement versées furent de 9,024,847 L. On trouvera
les détails de la distribution dans Rosebery, *Appendix A* et Newmarch
p. 51 *Appendix I*. Les chiffres donnés par le premier de ces auteurs
sont plus rigoureusement exacts que ceux donnés par le second.

(4) Ce premier emprunt fut garanti sur Message du Roi du 5 février

La plupart des écrivains anglais, et même New-march(1), condamnent la pratique des subsides.

Il est certain que quelques alliés méritèrent l'épithète de *treacherous allies*, que leur décerna Fox(2), et qu'ils employèrent l'argent versé à tout autre chose qu'à soutenir l'Angleterre dans ses luttes contre la Révolution (3). Il est également exact que même quand les alliés étaient de bonne foi, l'entente régnait si peu entre eux et les troupes anglaises qu'ils se faisaient plus de tort que de bien, et que finalement de plus de 15 millions qu'elle versa de 1793 à 1801, l'Angleterre ne tira que peu de bénéfices. Mais il ne faudrait pas aller jusqu'à dire, comme on ne l'a que trop fait en Angleterre, que la politique de Pitt n'a été qu'erreur et déception. A mon sens, c'est peut-être le côté par lequel il est le moins à blâmer.

En somme, cette politique n'a absorbé qu'une petite partie des frais de la guerre et on ne peut prétendre ni qu'elle a été sans effet aucun, ni que l'Angleterre n'aurait pu en espérer des effets plus grands

---

1795. La garantie donna lieu à des débats très vifs. L'opposition ne manquait pas d'arguments, et les faits en prouvèrent le bien fondé, car dès 1798 cet emprunt tomba à la charge de l'Angleterre. Le projet fut voté par 173 voix contre 58.

(1) P. 12-13, *contra* Rosebery.

(2) Discours, 5 février. Lire ce discours consacré en entier à notre question.

(3) Ceci est surtout vrai pour la Prusse qui employa la plus grande partie des 1,226,000 livres versées en 1794 à réprimer une révolte en Pologne.

encore. Il est curieux de noter qu'on a attribué à ces subsides une influence énorme sur la crise monétaire qui sévit en Angleterre à partir de 1795. C'est encore le point de vue de M. Macleod. A l'époque on croyait que c'était là la cause unique de la fuite du numéraire. L'opposition ne cessait de le répéter, et le monde commercial en était parfaitement convaincu; on semblait considérer que c'était la seule raison de l'exportation des métaux précieux et on oubliait les flottes et les armées que l'Angleterre entretenait à l'étranger. C'est ce qu'a très bien montré sir Fr. Baring. « Il importe peu au pays, dit-il (1), que l'argent soit destiné à l'armée anglaise en Allemagne, à nos flottes de la Méditerranée ou à l'empereur, mais il est d'une importance infinie de savoir si cette somme excèdera ou n'excèdera point la balance du commerce. »

Ici comme ailleurs, la faute gisait dans le fait d'entreprendre une guerre injuste et imprudente. Mais cette faute une fois commise, l'Angleterre devait d'abord s'assurer des alliances continentales et plus tard conserver ces alliances à tout prix. C'était pour la Grande-Bretagne, dépourvue d'armée sérieuse, l'unique moyen de menacer les frontières françaises; c'était surtout le seul moyen d'éloigner les armées

____

(1) *Op. cit*, p. 50-51. On trouvera au chapitre suivant des chiffres sur le montant des sommes dépensées à l'étranger pour le compte du gouvernement ; ils dépassent de beaucoup les sommes versées aux gouvernements alliés. V. Tooke, p. 208.

républicaines de ses rivages. Dès lors, si l'on peut blâmer Pitt d'avoir distribué quelques millions sans garanties réelles d'utilisation, je ne puis en justice le critiquer pour s'être, par tous moyens, efforcé d'éviter un désastre à son propre pays.

§ 2. — *Question du taux d'Émission des emprunts.*

M. Newmarch, dans son apologie, a essayé de prouver que si Pitt n'a pas émis des emprunts à 5 0/0, ce n'est pas que la bonne volonté lui ait manqué, c'est uniquement parce qu'il ne trouvait pas prêteur à ces conditions, le public voulant jouir d'un taux élevé et éviter le danger éventuel d'une conversion. M. Newmarch donne (1), à l'appui de sa thèse, des documents fort probants, nous nous bornerons à en citer les plus caractéristiques.

Ainsi le premier emprunt de 4,500,000 émis à 3 0/0 fut négocié à 72 livres, ce qui revenait à 4 livres 3 sh. 4 d. 0/0 (2). Or, d'après Newmarch,

____

(1) Pages 7-20.

(2) M. Gladstone insiste pour faire voir combien le fait d'émettre des obligations soi-disant à 3 0/0 ne constituait qu'un trompe-l'œil, et qu'après avoir emprunté à 4 l. 3 sh., il emprunta à 4 l. 10 sh., puis 4 l. 15, et finalement à 5 l. 14 sh. et à 6 l. 6 sh. 10 d. ; c'est à ce taux que fut levé l'emprunt de 1797. Mais c'est là une chose dont les contemporains se rendaient parfaitement compte, et ce n'était un trompe-l'œil pour personne.

Pitt aurait d'après sa déclaration à la Chambre (17 mars 1793) essayé en vain d'emprunter à 4 ou 5 0/0, et il fut réduit, n'ayant pas le choix, à emprunter à 3 0/0, encore qu'il reconnût que les termes imposés étaient plus onéreux qu'il ne supposait qu'ils seraient. Ce fait est confirmé par J. J. Grellier qui déclare que Pitt avait fait toute chose pour exciter une compétition qui ne s'était pas produite.

Ceci est également vrai pour les emprunts subséquents. En novembre 1796, on consolida une partie de la dette flottante qui circulait sous les noms de *Naval Bills* et de Bons de l'Échiquier. On offrait aux porteurs des options entre différents fonds portant 3, 4 et 5 0/0. Et on avait combiné les offres de telle façon qu'en fait les fonds portaient tous plus de 5 0/0 avec un boni sur les fonds à 4 et à 5 0/0. Les premiers portant 5 liv. 5 sh., les seconds 5 liv. 10 sh. et les troisièmes 5 liv. 16 sh. par cent livres de capital versé. Eh bien! ceci ne suffit pas pour attirer les souscripteurs toujours alarmés par l'éventualité d'une conversion et sur un montant de 13,029,339 livres consolidées, 85 0/0 furent souscrites à 3 0/0.

Voici enfin un fait plus caractéristique encore que les autres. En 1796, l'Angleterre se trouvait isolée et menacée d'une invasion qui paraissait inévitable. Le budget se soldait par un déficit de 18 millions (1). Et

____

(1) On proposait de lever de nouvelles troupes, à savoir 15,000 fantassins, 20,000 cavaliers irréguliers, et 60,000 hommes de milice.

comme, vu la situation, les procédés d’emprunt habituels semblaient insuffisants, on se décida à lever un emprunt patriotique, le *Loyalty Loan.*

Pour chaque 100 livres souscrites on avait 112 liv. en actions 5 0/0. Cet emprunt n’était conversible qu’après que tous les autres emprunts à 5 0/0 eussent été convertis, et les actionnaires avaient toujours le choix entre 100 livres monnaie ou 133 livres de fonds 3 0/0. Malgré tous ces avantages les actions souscrites au milieu d’un grand enthousiasme patriotique (1) tombèrent tellement, que Pitt fut forcé de secourir les obligataires en ajoutant aux termes déjà accordés une longue annuité de 7 sh. 6 d. par action, espérant ainsi arrêter une baisse qui était déjà de 14 0/0 (2).

Pour nous résumer : les accusations portées contre Pitt de ce second chef ne nous paraissent pas fondées ; celles qu’a portées M. Gladstone le sont certainement davantage, sans l’être toutefois pleinement.

§ 3. *Emprunt ou Impôt.*

Il est inutile de rappeler les arguments de M. Gladstone. Sans contester leur justesse en principe, on fait valoir contre eux : 1° que, dans l’espèce, Pitt ne pouvait frapper des impôts nouveaux sans risquer d’écraser

(1) L’emprunt fut entièrement couvert en 15 heures.

(2) Le projet de Pitt ne fut adopté à la Chambre que par 36 voix contre 35, aussi n’y fut-il pas donné de suite.

l'industrie anglaise encore dans son enfance, et 2º
que cette industrie ne fut en état de soutenir le pays
que quand les victoires navales lui eurent assuré un
monopole commercial; or ceci n'eut pas lieu avant
1798. On fait observer encore que les premières
années de la guerre ne furent pas seulement des
années de détresse commerciale très grande, ce dont
le nombre des faillites fait foi, mais aussi des années
de détresse agricole, étant donné la série extraordinaire
de mauvaises récoltes. C'étaient là, conclut-on, de
bien mauvaises conditions pour lever de nouvelles
taxes, et Pitt a été bien avisé en ne le faisant pas.
C'est vrai ; mais pour ma part je ne suis pas assuré
que Pitt n'ait songé qu'à la situation économique du
pays et crois avec Gladstone qu'il songeait surtout à
maintenir sa popularité.

D'ailleurs les critiques de M. Gladstone ne s'adres-
sent qu'à la période 1793-1797; il n'a que des éloges
à décerner à Pitt pour la période suivante. « Dès
1797, dit-il (1), Pitt fit un premier effort vers une
politique plus saine en proposant de lever 7 millions
par les *assessed-taxes*. Le plan ne réussit pas complètement, car il ne put en obtenir que quatre. Malgré cet
échec, dès l'année suivante il demandait 10 millions à
l'impôt sur le revenu, et de ce jour sa carrière se compose d'une série d'efforts continus et presque convul-

(1) V. p. 1474.

sifs pour arracher son pays aux conséquences de ses fautes premières, et pour en éviter à jamais le retour ».

Les revenus des années 1799-1802 furent, nous l'avons dit, de 92 0/0 supérieurs à ceux des années 1793-1797. La paix d'Amiens dura peu. En 1803, le revenu était de 38,600,000 liv., il était de 50,900,000liv. en 1805. En 1806 nouvel effort dans cette direction. Lord Lansdowne porte l'impôt sur le revenu à 10 0/0. Les impôts produisirent 59,300,000 liv. soit une augmentation de 15 0/0. Et de cette date à 1816 le revenu ne tomba jamais au dessous de 60 millions, alors qu'il dépassait parfois 70 (1).

Or de la rupture de la paix d'Amiens à 1816 la dette nationale ne s'accrut que de 360,000,000 liv.; ce qui fait une augmentation annuelle de 25 millions. La période 1793-1802, avec des frais beaucoup moindres (2), avait vu la dette s'augmenter de 30 millions par an. Ce résultat, relativement satisfaisant, ne fut obtenu que par l'élévation énergique des impôts. M. Gladstone affirme que l'impôt sur le revenu adopté à temps aurait sauvé la nation de ces emprunts énormes, puisque les frais annuels, n'étaient les revenus de la dette, auraient pu dans les dernières années être soldés par le produit des impôts.

Mais même en supposant que toutes les excuses

____

(1) De 1793-1797 le revenu annuel était de 17,500,000 en moyenne.

(2) L'augmentation des frais est dû principalement aux guerres d'Espagne qui furent très coûteuses.

proposées en faveur de Pitt soient fondées. En admettant, comme nous l'avons fait tout le premier, que Pitt n'errait pas en envoyant des subsides aux alliés, en admettant qu'il ne pouvait émettre des emprunts à des conditions préférables à celles qui lui étaient imposées par les circonstances, voire en admettant, ce qui est très contestable, que Pitt ne pouvait avoir recours, plus qu'il ne l'a fait, à l'impôt, il reste à la charge de ce ministre trois erreurs qui ne se peuvent excuser. A savoir le maintien du *Sinking fund*, ses prévisions sur la durée de la guerre, et enfin sa conduite vis-à-vis de la Banque, qui sont toutes trois, surtout la dernière, indignes d'un grand homme d'état (1).

Bornons-nous pour le moment à examiner les deux premières, la troisième faisant l'objet du chapitre suivant.

Le *Sinking Fund* (2).

« Le *Sinking Fund* établi par M. Pitt, dit Gladstone, était une autre forme de mal. Par ce *Sinking Fund* on achetait continuellement des fonds a 3, 4, 5 0/0 plus bas que le taux auquel on émettait simultanément des fonds nouveaux. Vous achetiez des obligations, pour amortir, à 60 et vous en émettiez

---

(1) Nous donnons notre opinion très sincère ; mais, comme nous l'avons déjà remarqué, le sujet est si difficile et si complexe que nous ne prétendons pas que notre opinion soit la bonne.

(2) V. Mac'Culloch et Rickards, *op. cit.*

souvent à 68. Ainsi ce que *the heaven born policy* faisait n'était autre chose que de rétablir le patient en lui mettant un séton dans le corps ; car ce procédé n'était autre chose qu'un drainage perpétuel des forces du pays. »

Lord Grenville, cousin de Pitt a essayé de l'excuser (1), en montrant que la nation adopta presque sans examen et avec une confiance illimitée le *Sinking Fund* qu'on considérait comme un remède omnipotent. Dès lors, on ne peut reprocher à personne d'avoir partagé ces sentiments (2) et moins que tout autre à l'auteur du plan de 1786. S'il était vrai que Pitt n'a cru au *Sinking Fund* que parceque le public le considérait comme une panacée, son tort n'en serait que plus grand, et voilà tout.

Les critiques de Hamilton (3) en 1813, et de Ricardo sept ans (4) plus tard, montrèrent clairement le côté fallacieux du *Sinking Fund*, on décida en 1823 qu'une somme réelle de 5,000,000 livres, serait annuellement mise de côté, puis finalement le *Sinking Fund*, organe spécial, fut supprimé en 1819 (5).

---

(1) V. *Essay on the supposed advantages of a Sinking Fund* (1828) l'auteur combat du reste cette institution.

(2) « It can be no reproach to any individual to have partaken lar_gely in these feeling and least of all to that able and excellent stateman who carried through the act of 1786 ».

(3) *Inquiry concering the Rise and Progress, the Redemption, and the Management of the National Debt*.

(4) *Essay on the Funding System*.

(5) L'idée de l'amortissement de la dette ne périt point pour cela. Des

Fausses évaluations de la durée de la guerre et des forces ennemies. — Pitt se trouvait en face d'une opposition redoutée quoique restreinte, et menée par des hommes qui pouvaient avoir commis bien des fautes, et qui à mon sens se souvenaient trop souvent que le gouvernement de leur pays était entre les mains de leurs ennemis politiques, mais qui, avec des moyens d'éloquence et de polémique extraordinaires, exerçaient une réelle influence sur la chambre.

Les orateurs de l'opposition, dont l'histoire a retenu les noms, ne cessaient de montrer que la guerre était injuste, qu'elle serait longue et infructueuse, et qu'elle conduirait le pays à la ruine. Les victoires incessantes des armées républicaines, et la conduite peu loyale de plusieurs alliés, leur apportaient chaque jour de nouveaux arguments. Pitt s'efforçait de ne pas s'aliéner le pays en proposant de nouveaux impôts, et de tranquilliser la Chambre en lui peignant la guerre comme devant être de courte durée, la France étant à bout de ressources et « sur les bords, que dis-je, au fonds de l'abîme de la ban-

---

conversions et des rachats sous diverses formes vinrent sous une sage, patriotique et clairvoyante administration réduire fortement la dette nationale. Parmi les procédés employés, celui des annuités terminables vient d'être imité en France par M. Caillaux. On était arrivé ainsi à réduire la dette nationale à 625 millions de livres (Automne 1899), mais depuis quelque temps les choses semblent avoir pris une autre orientation.

queroute » (1). C'était là un de ses arguments favoris ; il en revenait toujours aux assignats et à l'état des finances de la République.

J'admets que Pitt croyait à ce qu'il disait. Je comprends aussi qu'il ait pu d'abord se complaire à l'idée que la guerre serait de courte durée, et que l'état chaotique où se trouvait le gouvernement français ne lui permettrait pas de mener une guerre avec vigueur. Mais combien de temps pouvait-il conserver cette illusion? Comment un homme d'état tel que lui a-t-il pu nourrir ces pensées après la bataille de Fleurus (2)? Et si, raisonnablement, il ne pouvait y croire, était-il loyal « d'amuser le pays, » selon la pittoresque expression de Fox (3), « avec l'état des assignats et la banqueroute de l'ennemi », alors qu'on le menait

(1) Cette phrase *On the verge, nay, in the gulph of bankruptcy*, servit de devise à une réponse aux allégations de Pitt, écrite à Paris en 1696 par Tom Paine et intitulée *The decline and Fall of the English System of Finance.*

(2) Encore en octobre 1695, il écrivait à Addington qu'on aurait la paix avant Pâques.

(3) V. le discours de Fox à l'occasion de la suspension des paiements de la Banque ; on en trouvera plus bas une analyse. Voyez, dans la même occasion, le discours de Sheridan. « Les avertissements ne vous ont pas manqué, dit celui-ci. Le marquis de Lansdowne et beaucoup d'autres sénateurs avaient prédit l'approche de cet événement mélancolique. Mais M. Pitt était si occupé à calculer la dépréciation des assignats et mandats français, qu'il n'avait pas le temps de prêter ses soins à notre circulation fiduciaire *immaculée*, ainsi que lord Grenville, cet homme d'Etat lumineux, la nommait il y a deux ans ».

allègrement au cours forcé et tout prêt de la faillite (1).

(1) Les défenseurs de Pitt (v. Newmarch, p. 23) font valoir que ces illusions étaient partagées par une grande partie du public, et qu'on en retrouve la trace dans le dernier ouvrage de Burke, *Letters on a regicide Peace*, publié à la fin de 1696. Pour ce qui est de Burke, son témoignage est ici de peu de poids. Il avait pris une trop grande part à la déclaration de guerre contre la France pour qu'il pût avouer franchement son erreur, et d'ailleurs quelques doutes planent sur les mobiles qui ont induit de champion du libéralisme à écrire ses *Considérations sur la Révolution française*. Quant au fait que Pitt partageait les illusions du public, c'est justement ce dont je me plains. Ce *heaven-born minister*, comme l'appelait Gladstone, avait assez de génie pour pouvoir, tant dans ce cas comme dans celui du *Sinking fund*, se faire une opinion personnelle, et n'être pas réduit, comme un politicien vulgaire, à suivre les errements de ses contemporains.

CHAPITRE III

« Act » de restriction. — suspension des paiements
de la Banque d'Angleterre.

A. *Crise de 1793.* — La guerre débuta sous de
sombres auspices. La récolte de 1792 fut très mauvaise, comme d'ailleurs la plupart des récoltes de
1789-1802, le prix du blé avait augmenté de 13 schil-
lings, et à cette détresse agricole vint s'ajouter une
crise économique des plus graves, précédant immédiatement la déclaration de guerre (1). Cette déclaration, si attendue qu'elle fût, vint achever le crédit
public déjà ébranlé. « Les faillites, dit Macpherson (2), commencèrent en novembre, quand elles
étaient déjà au nombre de 105, il y avait peu d'années où leur montant ait atteint la moitié de ce
chiffre. » Mais ce n'était là que le commencement.
Le 19 février, la Banque refusa le papier de la maison Lane, Son et Fraser, laquelle le lendemain suspendit ses paiements, laissant un déficit de 1 million.
Cette faillite fut suivie de plusieurs autres et le nom-

(1) Tooke, *History of Prices*, t. I p. 176-177, me semble trop réduire
l'importance de la déclaration de guerre ; on trouvera une vue plus juste
dans Baring, *op. cit.*, p. 19.
(2) V. *Annals of Commerce*, t. IV, p. 254.

bre des faillites alla en augmentant les mois suivants (1).

Presque simultanément, à ces ruines vinrent s'ajouter les faillites des Banques provinciales. La crise
commença par Newcastle, ou à la suite d'un *run*
inopiné, la Banque suspendit ses paiements, encore
que les associés eussent une fortune suffisante pour
faire face aux demandes.

Le mal se répandit dans tout le pays où le
crédit était très mal organisé. Les Banques
provinciales faisaient des émissions inconsidérées,
et si elles ne furent pas toutes ruinées, du moins
le crédit de chacune subit un choc sans précédent. Un sentiment de défiance régnait aussi bien
dans la capitale que dans les provinces; il était impossible de se procurer de l'argent sur les actions des
usines ou des canaux, à plus forte raison ne pou-
vait-on emprunter sans donner de sûretés. De son
côté la Banque obéissant à des appréhensions, que
Sir Francis Baring (2) condamne comme dénuées
de fondements, contracta ses émissions, releva le
taux de son escompte, en contemplant impassible
les faillites qui se multipliaient avec une rapidité
effroyable (3).

(1) Ce nombre était de 105 en mars, 188 en avril, 209 en mai, puis,
une détente se produisant, 158 en juin et 108 en juillet.

(2) V. sur toute la crise, Barring, *op. cit.*, p. 15-35.

(3) Voici, d'après Tooke (p. 193, note), le nombre des faillites de
l'année 1793, comparé à celui des deux années précédentes.

Il importait d'aviser, d'autant plus que le mal avait gagné l'Écosse, et qu'un des directeurs de la Banque royale d'Écosse était arrivé à Londres, demandant secours et déclarant qu'à moins d'une aide immédiate de la part du Gouvernement, une faillite générale allait se produire.

Sur l'instigation de Sir John Sinclair, et après une réunion des marchands de la cité, Pitt décida d'avancer aux marchands des bons de l'Échiquier pour cinq millions de livres, sur des marchandises de toute nature. La Chambre, malgré l'opposition assez peu éclairée de Fox (1) et de Grey, vota le projet. Et le remède était tellement efficace que, sur la seule annonce du vote, 70,000 livres furent envoyées à Manchester et à Glasgow. Ceci fut d'une influence considérable dans une crise causée par l'absence d'un numéraire suffisant et par une méfiance générale. L'idée qu'on pouvait trouver du crédit suffit à

l'année 1793 : 1956 faillites dont 26 de banques provinciales.

    1792 : 934   »   1   »   »
    1791 : 769   »   1   »   »

(1) Fox prétendit que le projet constituait une violation de la constitution (p. 757), et un moyen de placer des pouvoirs indus et exagérés entre les mains de l'exécutif (V. ce discours *Parl Hist.*, vol. 30, p. 755-788). Au fond ce qui gâte les discours de Fox, c'est que cet orateur cédait à l'habitude de censurer toutes les mesures bonnes ou mauvaises que proposait le gouvernement. Un peu plus d'impartialité et une étude plus approfondie des questions n'auraient pas défiguré ses harangues, qui, à bien des points de vue, sont des chefs-d'œuvre. Les discours de Fox ont été publiés en 1815 en 6 volumes, mais cette édition est incomplète et défectueuse.

calmer les craintes et à éviter plusieurs demandes. Comme le dit Macpherson, « l'intention manifestée par le Parlement de soutenir les marchands, opéra comme un charme sur tout le pays, et dans une grande mesure, par une restauration presque instantanée de la confiance publique, rendit inutile la nécessité d'une aide ».

En fait on n'eut pas à avancer en totalité les cinq millions votés par le Parlement. Il y eut 338 demandes pour 3,855,624; on fit droit à 238 d'entre elles pour 2,202,200 livres. Des autres demandes, 49 furent rejetées, et le reste retiré par les demandeurs eux-mêmes. L'État loin de perdre à cette opération fit, tous frais déduits, un bénéfice de 4,348 livres; deux seuls des emprunteurs firent faillite, et une partie des autres paya sa dette même avant l'échéance.

B. *Crise de* 1797. — Sir Francis Baring (1) et M. Tooke (2) conviennent également que rien ne pou-

---

(1) V. p. 43.

(2) V. 178-179 et 192-211. Tooke place le début de la crise un peu plus tôt que Baring. Il constate que l'hiver 1794-1795 ayant été des plus rigoureux, on commença, dès le printemps, à avoir des appréhensions sur la moisson et les prix montèrent très rapidement. L'automne suivant la situation devint si difficile que le roi crut devoir la signaler aux Chambres dans les termes suivants : « I have observed for some time past with the greatest anxiety, the very high price of grain, and that anxiety is increased by the apprehension that the produce of the wheat harvest in the present year, may not have been such an effectually one to relieve my people from the difficulties with which they have to contend. » (Discours du 29 octobre 1795).

On proposa plusieurs mesures, principalement des bons d'importations jusqu'à ce qu'une certaine quantité de blé fut importée. Parmi les

vait être plus satisfaisant que la condition économique du pays en l'année 1794 et partie de l'année 1795. Tous deux s'accordent aussi à reconnaître que l'ère des difficultés qui allait aboutir à la catastrophe de 1797 commença pendant la seconde partie de 1795.

La tranquillité, la confiance et la prospérité générale, dit Baring, furent si extraordinaires pendant cette période qu'on trouvait difficilement 4 0/0 de son argent. On allait passer soudainement de l'abondance à la disette, de la disette à la détresse, et de la détresse à la banqueroute.

Le 27 février 1797 la Banque arrêtait ses paiements en espèces. Quelles furent les causes de cette transformation?

Indépendamment d'une administration maladroite, la Banque, dit Baring (1), a pu souffrir des quatre raisons suivantes :

1º Convulsions des Banques provinciales et de la circulation fiduciaire en province, causant une crise similaire à celle de 1793 ;

2º Une invasion française produisant une alarme générale ;

3º Une exportation trop grande de lingots ou monnaies envoyés sur le continent ;

mesures secondaires, il en est une assez singulière : les membres des deux Chambres s'engagèrent à réduire d'un tiers la consommation de blé faite dans leurs maisons, et à pousser tous leurs amis à prendre des mesures analogues.

(1) V. p. 65.

4º Une influence incorrecte du gouvernement.

Changeant cet ordre nous commencerons par étudier ensemble les questions 3 et 4, qui sont d'ailleurs connexes.

§ I. — *Influence Incorrecte du Gouvernement. Conduite peu loyale de Pitt. Exportation et drainage du numéraire et des lingots.*

Les énormes abus qui auraient pu être perpétrés par un gouvernement peu scrupuleux, et le dangereux pouvoir qu'un instrument aussi puissant que la Banque d'Angleterre aurait pu lui conférer, avaient été perçus par ses adversaires au temps de sa création. Nous avons vu les grandes précautions qui furent prises par *l'act* de 1695 pour empêcher la Banque de faire des avances d'aucune sorte au gouvernement, sans l'autorisation du Parlement. On avait cependant pris l'habitude, depuis une période inconnue, de faire des avances pour le montant de ces *Treasury Bills of Exchange* qui étaient payables à la Banque. Le total de ces avances était de 20 à 30 mille livres ; quand il arrivait à cinquante cela donnait lieu à des protestations. Pendant la guerre d'Amérique, cette limite fut de beaucoup dépassée et atteignit quelquefois 150,000 livres. La légalité de ces procédés parut douteuse à M. Bosanquet, gouverneur de la Banque, qui en conféra avec le conseil des directeurs, celle-ci décida qu'on s'adresserait au gouvernement, afin que celui-ci proposât au Parlement d'accorder un bill d'indemnité, pour le passé, et d'autoriser ces transactions pour l'avenir, mais seulement jusqu'à *une quotité déterminée*. La limite devait être fixée à 50 ou à 100,000 livres. Mais Bosanquet quitta sa place à cette époque, et ne put poursuivre les négociations. Pitt était trop intelligent pour ne pas apercevoir de suite les énormes facilités que le gouvernement obtiendrait si cet *act* était passé. En conséquence, il en pressa le vote devant le Parlement en ayant soin d'omettre toute clause de limitation (1).

Jamais un aussi formidable engin n'avait été placé entre les mains d'un gouvernement. Il lui permettait de tirer sur la Banque, sans aucune restriction, car les directeurs ne pouvaient prendre l'audacieuse décision de déshonorer ses effets. La Banque fut dès lors entièrement à la merci de Pitt, et il usa largement de la ressource qui lui était offerte (2).

Vers la même époque le gouvernement anglais commença à envoyer des subsides aux puissances continentales. Mais ainsi que nous l'avons expliqué,

---

(1) *Statut* 1793, ch. 32.

(2) Voici une analyse des sommes avancées au gouvernement d'après les documents officiels déposés à la barre des communes sur la demande de M. Tierney. (V. *History Bank of England*, p. 110). *Bank of En-*

ce n'était pas les seules sommes envoyées à l'étranger. A titres divers on exporta, en 1793, 2,715,232 livres ; en 1794, 8,335,592; en 1795, 11,040,236. Sans compter 4,702,818 livres exportées à l'étranger pour des dépenses navales (1). Ces grands versements eurent pour effet de rendre le change contraire et excitèrent une grande alarme à la Banque. Au moment même où ce grand drainage d'espèces avait lieu, les billets du Trésor augmentèrent d'une façon inconnue,

gland 9 March. 1797. An account of the amount of Money, advanced for the public service by the Bank of England and outstanding on the 25 th. of February 1797.

Avances sur le *Land Tax*	1794	141.000
	1795	312.000
	1796	1.624.000
	1797	2.000.000
	Total.	4.077.000
Sur la *Malt Tax*	1794	196.000
	1795	158.000
	1796	750.000
	1797	750.000
	Total.	1.854.000
Les fonds consolidés de 1796		1.323.000
Vote de crédit pour 2 1/2 mil. 1796		821.400
	Total.	2.144.400

Total entier 8.075.400 liv. auquel s'ajoutent des avances sans intérêt sur des *Exchequer-Bills* pour 376.739 livres, et sur des *Treasury Bills* pour 1.512.274. Ce qui porte le montant total des avances faites par la Banque en quatre ans à 9.964.413 *livres.*

(1) V. Tooke p. 208. En 1796 les exportations se chiffrèrent par 10.649.946 livres ; chiffres empruntés par Tooke aux appendices n° 23 et 27 du rapport à la Chambre des Lords.

et les demandes du monde commercial devenaient également pressantes.

Dès le 11 décembre 1794, les directeurs voyant la situation s'obscurcir de plus en plus firent des représentations à Pitt. En janvier 1795, apprenant la conclusion prochaine d'un emprunt étranger et d'un emprunt intérieur, ils déclarèrent que le trésor ne pouvait attendre d'eux une aide plus marquée, et surtout qu'ils ne pouvaient permettre que les avances sur les *Treasury Bills* dépassent 500,000. L. Pitt promit tout, prétendit ensuite avoir oublié sa promesse au milieu de la multiplicité des affaires, et finalement, loin de s'acquitter, il imposa au mois d'août une nouvelle avance de deux millions. Il avait même commencé par demander 2 millions et demi.

Le change commença à descendre rapidement dès la fin de 1794, et en mai 1795, il était tellement déprimé qu'il devint profitable d'exporter des lingots (1). Le seul moyen de contrebalancer cette mauvaise

(1) Sir Fr. Baring (p. 49) démontre que le profit de la transmission de l'or de Londres à Hambourg était en janvier 1796 de 7 1/2 0/0, en février de 6 1/2, et en mars de 8 3/4. Depuis, grâce à des bonnes récoltes, le change redevint favorable jusqu'en février 1800.

V. Sur la question. *Letters written to the Governor and Directors of the Bank of England, in september* 1796, par Sir John Sinclair. L'auteur recommande quatre remèdes à la situation (v. p. 14-18) :

1° Augmentation du capital de la Banque. Remède plusieurs fois employé.

2° Emission des coupures de 2 ou 3 livres.

3° Emission avec autorisation du gouvernement d'un million de billets de banque, inconvertibles pendant une année. Ces billets devaient

influence eut été de réduire l'émission de bank notes.
Au lieu de cela, la Banque, pressée par les exigences
de Pitt, eut le tort d'étendre cette émission en créant
des billets de 5 livres, au lieu de 10 livres, la plus
faible coupure admise jusqu'alors. En août 1794, le
montant de la circulation n'atteignait pas 10 millions
de livres; en février 1795, il s'éleva à 14 millions.
Le drainage du numéraire commença à produire tout
son effet pendant l'automne de 1795; l'encaissement
faiblissait de plus en plus. Les directeurs de la
Banque, voyant toutes leurs démarches demeurer
sans succès, comprirent qu'il fallait choisir entre la
faillite du gouvernement et la leur propre; ils déclarèrent en conséquence, par une résolution du 31
décembre 1795, que la somme consacrée chaque jour
aux escomptes serait fixée par avance. Tout l'excédent
des demandes devait être écarté, moyennant une
réduction proportionnelle sur les bordereaux admis,
sans aucun regard pour la respectabilité de ceux qui
avaient envoyé les effets, ni pour la solidité des effets
eux-mêmes (1).

circuler sans dépréciation, après une entente avec les différents marchands dont la banque escompte les effets.

Ces trois mesures tendaient à l'augmentation du medium circulant.

4° La refonte des monnaies. Car l'or anglais, l'Etat se chargeant de
tous les frais, est tellement supérieur à celui des autres nations, qu'il
est impossible qu'il ne soit pas exporté.

Sir John Sinclair proposait, en somme, d'altérer les monnaies, et c'est
à ce sujet qu'il consacre la seconde des deux lettres dont se compose
sa brochure.

(1) V. le texte de la déclaration dans Tooke p. 200, note. La mesure

Cette clause devait servir à repousser les exigences du gouvernement, mais ce n'était pas une barrière suffisante pour maintenir l'insatiabilité du premier ministre. Pitt n'avait jamais accompli sa promesse si souvent répétée de réduire à 500.000 livres les avances faites sur des bons du Trésor : le 14 juin 1796, le montant de ces avances était de 1.232.649 livres. A la fin de juillet, il fit une demande de 800.000 livres et

adoptée par la Banque, combinée avec la contraction des émissions, et le grand bénéfice que procurait l'exportation des métaux précieux, causa une grande insuffisance de médium circulant, et souleva de nombreuses protestations dans le monde commercial. Le 2 avril une grande réunion de marchands eut lieu à *London Tavern* ; l'assemblée vota une résolution déclarant que la rareté du numéraire était due à l'augmentation du commerce et surtout aux mesures prises par la Banque. On nomma un comité pour trouver un moyen par lequel sans violation du privilège on pourrait augmenter le medium circulant (V. sur cette affaire: Thornton, p. 87-89 et surtout la brochure du rapporteur de ce comité W. Boyd. *Letter to honourable W. Pitt on the Influence of the Stoppage of Issues in Specie at the Bank of England* (1801), not. p. 86-102 de l'édition de 1811 revue et corrigée par l'auteur. M. Boyd fit un long rapport, proposant que le Parlement nommât un *Board on Office*, composé de 25 de ses membres, autorisé à émettre des billets payables à six mois, portant un intérêt quotidien de 1 1/4 pence par jour pour 100 livres, échangés contre des valeurs d'or ou d'argent, ou des lettres de change à échéance de moins de trois mois. Ce plan fut soumis au chancelier de l'Echiquier. Celui-ci assura le comité que les directeurs de la Banque avaient déjà proposé un remède, la consolidation de la dette flottante, qu'on allait employer, avant de recourir au projet proposé par le comité. M. Boyd ajoute (p. 102), que la dette flottante fut consolidée par un emprunt de 7.500.000 livres, qu'on contracta à des conditions fort libérales, après qu'on eût laissé entendre aux contractants qu'un changement total dans la conduite de la Banque allait prendre place. La détresse de mai 1795 montre comment cette promesse fut tenue.

Sir Fr. Baring consacra une courte brochure à la critique du projet de M. Boyd. V. *Observations on the Publication of M. Boyd Esq. M. P.*

en août il demanda une somme égale. Les directeurs furent induits à accepter la première, mais refusèrent la seconde de ces sommes. Mais Pitt déclara que l'une sans l'autre de ces deux sommes ne lui serait d'aucune utilité et les invita à revenir sur leur décision. C'est ce qu'ils firent après s'être livrés encore une fois, à des remontrances platoniques.

En novembre, Pitt adressait une nouvelle demande de 2.750.000 livres sur la garantie de certains impôts. Cette somme lui fut accordée à condition qu'avec elle seraient payées les avances sur les bons du Trésor qui étaient maintenant de 1.513.345 livres. Pitt reçut l'argent et se garda bien de payer les bons. Puis il revint à la charge, demandant de nouvelles avances destinées à Saint-Domingue et à l'Irlande. La somme requise pour l'Irlande devait d'abord être seulement de 200.000 livres, mais par la suite, elle atteignit le chiffre de 1.750.000 livres.

A tout ceci devaient s'ajouter:

§ 2. — *Les convulsions des Banques provinciales et une invasion française produisant une véritable panique.*

Henry Thornton estime qu'à la suite de la crise de 1793, les émissions des Banques provinciales avaient diminué de moitié et il ajoute que les besoins du commerce avaient attiré une quantité énorme d'argent destiné à combler le vide. Dans l'intervalle, bien que le cours du change fût devenu favorable, la

Banque d'Angleterre continua à resserrer ses émissions. Pendant les trois derniers mois de l'année 1796, elles ne furent pas supérieures à celles de l'année 1782, bien que le montant des paiements commerciaux fût de plusieurs fois supérieur à celui de cette année. Les paiements devaient malgré tout avoir lieu, et faute de monnaie fiduciaire, ils avaient lieu en numéraire, si bien que l'encaisse métallique constamment mise à contribution, passa de 2.972.000 livres qu'elle était en mars 1796, à 2.502.008 en décembre de la même année, quand commença une fuite de l'encaisse plus formidable.

L'année 1797 trouva la situation politique plus mauvaise que jamais. Les Banques provinciales, sentant venir l'orage, prenaient des précautions et tâchaient de tirer de Londres le plus de numéraire possible. C'était encore une cause de la diminution de l'encaisse.

Un événement de peu d'importance stratégique fit éclater la crise définitive. Le débarquement d'une poignée de troupes françaises occasionna, dit Baring (1), une alarme générale se manifestant principalement par une demande d'argent monnayé, car on refusait même les lingots. Toutes les classes de la société furent saisies de panique : commerçants, artisans et

(1) V. Baring, p. 45-54.

surtout femmes et fermiers voulaient tous des guinées
dans le seul but de les cacher (1).

(1) Voici donc les quatre causes indiquées par Baring, comme ayant
amené la suspension des paiements. Baring s'abstient de juger la
conduite des directeurs. Que faut il penser de celle-ci ? Les directeurs se défendaient d'avoir contribué en rien à la suspension des paiements et en rejetaient toute la responsabilité sur le gouvernement qui
les avait acculés à cette extrémité par des demandes exagérées. Ils prétendaient que si le gouvernement les avait remboursé, ils n'auraient pas
hésité à porter secours au monde commercial, et ceci semble hors de
doute. Mais beaucoup d'écrivains contemporains (v. surtout Thornton,
chap. IV, p. 172-210 de la réédition Mac Culloch) prétendirent que
même les avances faites au gouvernement n'auraient pas dû empêcher la
Banque de continuer ses émissions et d'aider le commerce.

En dernière analyse, c'est donc sur ce terrain que la question se pose,
et de bons arguments ne manquent pas aux partisans de cette façon de
voir. Ils font remarquer que la contraction excessive des émissions
avait causé une demande inusitée de guinées, que par suite les billets
provinciaux était tombés dans le discrédit, et que la Banque n'avait rien
fait pour combler le vide laissé par la disparition de ces billets (v. plus
haut, Chap. I, troisième partie p. 244, sur la mauvaise organisation du
crédit provincial). En plus, cette contraction avait amené la vente forcée
et partant la dépréciation des fonds publics, et ceci aurait été évité si
seulement la Banque avait maintenu ses émissions au degré de l'année
1795. Enfin on constate que quand le change était fort contraire, et
qu'il était profitable d'exporter de l'or, les directeurs avaient émis pour
14,000,000 de livres de billets et qu'ils avaient réduit leurs émissions à
8,640,225, alors que le change était favorable depuis plusieurs mois.
Pour tout dire en deux mots la contraction des émissions avait beaucoup contribué à vider les caisses de la banque pendant l'automne 1796
alors qu'une émission plus libérale aurait contribué à les remplir à
nouveau.

Le *Bullion Report* partagea cette façon de voir, qui était en somme
la consécration de la théorie *expansive* développée par Bosanquet en
1783, et avec la plupart des auteurs du temps condamna la théorie *res-
trictive* appliquée par les directeurs.

Il semble donc certain que la Banque eut une grosse part de responsabilité dans la crise de 1797, et ceci fut reconnu même par les directeurs de la Banque devant le comité de 1810. Mais, comme le montre très
bien Macleod (p. 461-463), on peut se demander si une administration

La crise avait commencé par la faillite de la Banque de Newcastle qui eut lieu le 20 février 1797. La nouvelle en arriva immédiatement à Londres ; et à partir de ce moment, les événements se précipitent. La réserve de la Banque était réduite, le 25 février, à 1,272.000. La Banque avait d'autre part considérablement diminué ses émissions de 10.550.830 (21 janvier) elles furent réduites à 8.640.000 (25 février). Ceci ne donne qu'une idée de la diminution de la circulation fiduciaire, car les Banques privées furent obligées de suivre l'exemple de la Banque. Pour faire face à leurs paiements, plusieurs furent obligées de faire des sacrifices énormes, vendant leurs titres avec une perte considérable. Le 3 0/0 était à 51 et les autres fonds subissaient une baisse analogue.

si intelligente et si prudente qu'elle fût, aurait pu éviter la suspension des paiements, mesure que Robert Peel a qualifiée en 1844 de fatale ? Macleod ne peut s'empêcher de penser qu'il est heureux que cette mesure ait pris place à cette période, car quelque temps après la situation allait devenir encore pire. Au danger permanent d'une invasion vinrent s'ajouter la rebellion en Irlande et la révolte des matelots de la flotte dangers tellement terribles qu'une circulation fiduciaire conversible avait peu de chance de leur survivre. Enfin la faculté de produire des désordres publics par des demandes constantes d'or aurait été une arme redoutable entre les mains des ennemis soutenus par les sympathies politiques qu'ils comptaient en Angleterre.

Notre mesure en somme éloignait une source de terreurs perpétuelles et la grande dépréciation des billets qui prit place quelques années plus tard n'était nullement une conséquence nécessaire de cette mesure, mais était due seulement à une imprévoyance étonnante du Gouvernement et des directeurs de la Banque. La suspension des paiements était donc une mesure inévitable et il valait mieux pour le pays qu'elle prit place avant les grands désastres.

L'heure fatale avait sonné : il fallait subir la suspension des paiements en espèces. Les directeurs de la Banque demandèrent conseil et assistance à Pitt. Celui-ci obtint du roi qu'il vînt présider le conseil privé, et une décision (1) unanime adopta la défense signifiée à la Banque d'opérer aucun paiement en numéraire tant que le Parlement ne se serait point prononcé sur les mesures à prendre.

La Banque, en arrêtant, le 27 février 1797, les paiements en espèces, publia (2) l'assurance que l'état satisfaisant et prospère de ses affaires devait écarter tous les doutes quant à la solidité. En même temps, chose bien plus importante, une grande réunion de notables négociants et banquiers adoptèrent une résolution par laquelle ils s'engageaient de recevoir les billets de banque en paiement des sommes à eux dues. Cette résolution fut couverte par quatre mille signatures parmi lesquelles figuraient tous les noms importants de la cité.

Le roi crut de son devoir de communiquer aux Communes, par un message royal (3), cette situation sans précédent. Pitt introduisant ce message aux Communes (4), proposa la nomination d'un comité d'en-

(1) V. cette décision du 26 février dans *Parl. Hist.*, t. 32, p. 1518.

(2) V. cette circulaire dans *History of the Bank of England* (1798), p. 43.

(3) V. *The King's Message respecting the unusual demand of specie*.

(4) V. *Parl. Hist.*, p. 1518-1519.

quête sur la situation de la Banque, encore qu'il ne nourrissait aucun doute sur la solidité de cet établissement. Fox répondit par un discours assez terne (1) et Sheridan (2) par une harangue assez violente, mais ni l'un ni l'autre ne s'opposèrent à la nomination d'un comité.

La discussion reprit sur la réponse au message et donna à Fox l'occasion de prononcer un discours superbe (3), mais où il n'y a pas de remède indiqué excepté la conclusion rapide de la paix.

Aux Lords, il faut noter les discours de lord Grenville, lord Bedford, et lord Lansdowne (4). Ce dernier déclara que ses collègues lui rendraient cette justice qu'il avait prédit ce qui arrivait, depuis 1793. Il compara le crédit à l'âme de l'Angleterre : on avait tout fait pour ruiner ce crédit d'abord par des dépenses et des prévarications sans nombre, puis par une guerre

---

(1) *Parl. Hist.*, p. 1519-1520.

(2) *Parl. Hist.*, p. 1520-1522.

(3) V. p. 1526-1538. Voici quelques extraits de sa conclusion : Voyons maintenant, dit-il, quelle fut la politique financière du ministère pendant cette guerre ? Trois mois se sont-ils jamais passés sans qu'il ne produisît un expédient nouveau ? Et ces expédients n'ont-ils pas, sans aucune exception, été que des erreurs. (V. aussi *Fox's Speeches*, t. VI. p. 289). Et plus loin : Le ministre a conduit la guerre sur l'espoir que nous vaincrons la France par un conflit de finances, et vous voyez à quels excès nous sommes réduits. Chaque année, il nous a amusés au sujet des finances de la France, en les montrant tantôt comme au bord, tantôt comme au fond de l'abîme de la banqueroute. Tout en amusant ainsi le pays, il l'a conduit sur le même bord, et jeté dans le même précipice.

(4) V. p. 1564-1568.

et des subsides versés aux étrangers ; on allait aujour-
d'hui lui porter un coup définitif en édictant le cours
forcé.«Retenez ma prophétie,disait-il en terminant(1),
et ne dédaignez pas mes conseils tandis qu'il en est
encore temps. Si vous tentez de faire des billets l'étalon légal, le crédit périra. Il pourra subsister quelque
temps, mais le dénouement est certain. Nous ne parlons pas sur des conjectures, l'expérience nous fournit
la preuve de ce que nous avançons. La fièvre est aussi
bien la fièvre à Londres qu'à Paris ou Amsterdam, et
les conséquences d'une suspension de paiements sont
les mêmes en tous pays ».

Le 3 mars le comité de la Chambre des Communes
déposa son rapport. Il déclarait que « le montant des
réclamations à exercer contre la Banque ne dépassait pas 13.770.390 livres ; et que le montant des ressources qu'elle possédait était (en dehors de la dette
du gouvernement, dette permanente s'élevant à
11.686.000 livres, et portant intérêt à 3 pour 0/0), de
17.597.280 livres, d'où résultait une excédent de
3.126.890 livres, sans compter la dette du gouvernement (2).

La situation paraissait donc belle et rassurante,
mais le comité se gardait bien d'indiquer que sur les

____

(1) P. 1567.
(2) V. ce rapport dans *Parl. History*, tome 33 p. 25-26, et le rapport
déposé au nom du comité de la chambre des Lords par lord Chatam,
frère ainé de Pitt, et concluant dans un sens identique, *ibid*. p. 26-29.

17.597.280 d'actif, il y avait plus de dix millions avancés au gouvernement, ce qui reduisait à sept millions les ressources immédiatement disponibles. Ce point fut très bien mis en lumière par Sheridan (1). L'orateur commença d'abord par remarquer que les 11.686.800 livres, dette du gouvernement ne pouvaient être regardées comme un capital, la Banque n'ayant point les moyens d'en réclamer le paiement. Il ne fallait parler que d'une annuité de 130.000 livres. De plus, dit-il, il apparaît qu'en dehors des 11 millions déjà cités la Banque a avancé près de 10 millions pour les services publics. Quelle était, dès lors, sa situation. Elle ne doit que 13 millions, elle a une créance de 10 millions contre un seul débiteur, et ce débiteur vient maintenant lui offrir généreusement son appui. Supposez un individu devant en tout 13.000 livres, et qu'une somme de 10.000 livres, lui fût due par un seul homme, on considérerait très étrange le fait de ce débiteur d'intervenir et de dire à son créancier : « Vous êtes dans une situation difficile, je dois faire une enquête sur vos affaires et garantir le paiement de vos billets. » Le créancier pourrait lui répondre : « Payez moi seulement les 10.000 livres, que vous me devez, car je ne saurai que faire de votre garantie ».

Parlant des banquiers, Sheridan se demande ce

(5) V. p. 34-37.

qu'ils sont ? Et il répond : les employés et gardiens de leurs constituants. Quelle consolation n'est-ce pour ceux-ci que d'apprendre que leurs employés prêtèrent leur argent au ministre, qui le prêta à l'empereur, qui le donna à ses soldats, lesquels furent tués.

Les avertissements, dit toujours Sheridan, n'ont pas manqué à M. Pitt, mais celui-ci était si occupé à calculer la dépréciation des assignats et mandats français, qu'il n'avait pas le temps, je suppose, de prêter ses soins à notre monnaie fiduciaire *immaculée*, ainsi que Lord Grenville, cet homme d'état lumineux, la nommait il y a deux ans.

A ces critiques parlementaires (1) firent suite une série d'épigrammes (2) et de quolibets auxquels Law

----

(1) On consultera avec profit l'histoire de la Banque d'Angleterre publiée en 1798. Cet ouvrage, écrit immédiatement après la suspension des paiements par un partisan acharné de Fox et de Sheridan, nous donne un bon résumé des opinions de l'opposition libérale sur cette crise, à laquelle il est presqu'uniquement consacré.

(2) Lord Stanhope nous a conservé la suivante, qui est vraiment fort réussie.

> « Of Augustus and Rome
> The Poets still warble
> How he found it of brick
> And left it of marble
> So of Pitt and England
> Men may say without vapour
> That he found it of gold
> And left it of paper ».

D'après lord Stanhope, ce n'est d'ailleurs que la mise en vers d'un bon mot qui avait déjà paru dans un journal de société. Ces vers rappellent

et le régime des assignats n'avaient pas échappé, et qui sont l'accompagnement habituel des débâcles financières.

Mais ni discours ni épigrammes n'empêchèrent l'*Act de Restriction*, c'est le nom sous lequel il a passé à la postérité, d'être voté le 3 mai. En voici les principales dispositions :

1° On accordait une exonération à la Banque et à tous ceux qui étaient en rapport avec elle, pour ce qui découlait de l'ordre du conseil ;

2° Il était défendu à la Banque de rembourser ses créanciers en numéraire, ni d'employer celui-ci à aucun paiement, à moins que ce ne fût pour l'armée et la marine, ou sur l'ordre du conseil privé ;

3° La Banque ne devait durant la restriction faire aucune avance en billets ou en numéraire pour le service public au delà de 600,000 liv. st. ;

4° Si quelqu'un avait déposé à la Banque une somme supérieure à 500 livres or, il pouvait recevoir paiement des trois quarts de sa créance ;

5° Les paiements de dettes faits en billets de banque devaient être considérés comme faits en numéraire ;

ceux écrits en France 3 ou 4 ans auparavant.

> Ah ! le bon billet qu'a la Châtre !
> Disait Ninon d'un air folâtre
>   Dans ses ébats.
> Gardez vous, detracteurs frivoles
> D'appliquer jamais ces paroles
>   *Aux assignats.*

6° Aucun débiteur ne pouvait être tenu de fournir caution ni être emprisonné pour dettes, tant qu'il n'avait pas été établi qu'il n'avait point offert paiement en billets ;

7° Les billets de la Banque étaient admis au pair dans toutes les caisses publiques, en acquit de l'impôt ;

8° L'*Act* restait en vigueur jusqu'au 24 juin suivant.

Enfin un *Act* en date du 1er mai, destiné à suppléer à la disparition du numéraire, suspendit le *Statut* 1775, ch. 51, restreignant la circulation de petites coupures.

En quelques jours la Banque ordonna la préparation et l'émission de billets de 1 et 2 livres. Et pour faire face à la demande de moindre monnaie, les directeurs avertirent qu'ils s'étaient procuré une grande quantité de dollars espagnols valant 4 sh. 6 d (1).

En somme l'*Act* de 1797 permettait à la banque de ne point rembourser ses billets, et conférait à ceux-ci de grands privilèges, mais ne leur donnait pas cours

---

(1) On découvrit plus tard que cette estimation était de 2 pence inférieure à leur valeur réelle, et leur prix courant fut augmenté de 3 pence. Ceci laissait un profit d'un penny par dollar et les orfèvres se mirent à en fabriquer ; leurs produits ressemblaient tellement à ceux de la Banque, que celle-ci ne pouvant faire de distinction fut obligée de payer les uns aussi bien que les autres.

Pour naturaliser ces pièces espagnoles on frappa une petite tête de Georges III sur l'effigie du roi d'Espagne Ferdinand. Ceci donna lieu à un brocard sévère mais juste.

« The Bank to make their Spanish dollars current pass

« Stamped the head of a fool on the head of an ass ».

V. Lawson, *History of Banking*, p. 104.

légal et chacun pouvait refuser d'être payé autrement qu'en numéraire.

Par une curieuse coïncidence au moment même où l'*Act* de restriction était voté en Angleterre, la planche aux assignats était brisée en France, et les mandats successeurs des assignats allaient eux-mêmes être bientôt supprimés.

CHAPITRE IV.

Conséquences de l'Act de Restriction

Tel était l'*Act de Restriction*. On lui a attribué des conséquences considérables et même extraordinaires.

C'est à cette mesure, a-t-on dit, que l'Angleterre a dû ces ressources énormes qui lui ont permis d'engager et de mener à bien la plus gigantesque des guerres modernes. C'est grâce au numéraire en papier que Pitt et ses collègues auraient pu lever ces emprunts qui étonnèrent l'univers. C'est encore au papier monnaie qu'il faudrait attribuer les bienfaits les plus divers. Pour tout dire en un mot, le gouvernement Anglais en édictant l'*Act de Restriction* aurait trouvé cette pierre philosophale qu'avaient cherchée en vain les alchimistes du moyen âge.

Cette façon de voir se répandit très vite. Les débats sur le *Bullion Report* de 1810 nous fourniront l'occasion de montrer que la majorité du Parlement en était profondément imbue. Depuis, cette opinion a été constamment reproduite. Et encore en 1861, après l'*Act* de 1819, après les travaux de Tooke et de Macleod, un écrivain de l'autorité de Lord Stanhope, dans un ouvrage qu'on qualifie en Angleterre de *Standard life of Pitt* (1), pouvait écrire ceci.

« On doit cependant reconnaître que, pendant la durée de la guerre, le système d'un papier-monnaie inconversible rendit de grands services à l'Angleterre. De nature a être étendu en proportion des exigences des services publics, et soutenu par une confiance absolue dans la foi nationale, il nous permit, plus qu'aucun autre système n'aurait pu le faire, de lever an par an des emprunts d'une importance inconnue jusqu'alors, de transmettre des subdides répétés à nos alliés étrangers, et de supporter sans plier le fardeau de taxes accumulées. C'était, en résumé, un système gigantesque de crédit fiduciaire, permettant la lutte contre un gigantesque ennemi (2). »

Dans notre exposé de l'état de l'Angleterre à la fin du xviiie siècle, nous avons dit en nous appuyant sur des autorités incontestables, que si l'Angleterre a pu résister à l'irrésistible élan des armées révolutionnaires, et si elle a pu finalement abattre Napoléon, c'est moins grâce au génie de ses marins, de Wellington, et de Pitt, que grâce au génie de Bridley, de Watt, et d'Arkwright. C'est seulement, en effet, à la suite du développement extraordinaire que ces grands

---

(1) Cette appréciation qui est assez exacte donne une triste idée des autres ouvrages consacrés à cette vie, et de l'état des études historiques en Angleterre. Il est bien regrettable aussi que lord Rosebery soit resté dans les limites étroites d'un essai.

(2) V. *op. cit*, vol. II, p. 21.

hommes ont donné à son industrie et à son commerce, que la Grande Bretagne a pu lever des emprunts
colossaux, soudoyer l'Europe, maintenir ses armées
et ses flottes, et attendre patiemment le moment où
la fortune daigna enfin sourire à ses armes. Il nous
faudra maintenant montrer que non seulement Pitt
qui n'avait adopté le *Restriction Act* que contraint et
forcé (1) ne s'en est point servi de la façon dont l'ont
prétendu ses maladroits admirateurs, mais en plus
qu'à partir du moment où les héritiers de Pitt se sont
engagés dans cette voie, et où les directeurs de la
Banque profitèrent avec un rare aveuglement de la
faculté de non remboursement pour faire des émissions exagérées, l'Angleterre loin de tirer quelque
avantage de cette politique se trouva engagée dans
des difficultés inextricables. Difficultés qui sans la
campagne de Russie auraient conduit le Royaume-Uni
à un désastre, et dont le public éprouvait encore les conséquences, longtemps après l'établissement de la paix.

Notre travail sur les conséquences de l'*act* de restriction se divise donc en deux parties ; la première
comprenant les dernières années du règne de Pitt, et
allant à la rigueur jusqu'à 1809 (2) ; la seconde s'éten-
dant de 1809 à 1819.

---

(1) Lord Grenville déclara lors de la discussion du *Bill Stanhope*
(1811) que le jour où Pitt fut obligé de proposer la restriction fut un
des plus pénibles de sa vie.

(2) Il convient de signaler ici trois ouvrages français qui parurent vers

Pendant la première période le Gouvernement et la Banque n'usent du privilège conféré par l'*act* de 1797 qu'avec une prudence extrême. Les inconvénients de la suspension des paiements ne sont pas grands; ils commencent cependant à se faire sentir et attirent l'attention d'esprits distingués qui, dès lors, s'efforcent de préciser les règles et les conditions d'une saine circulation fiduciaire.

La seconde période nous montrera les conséquences de ces émissions excessives dans lesquelles d'aucuns ont vu le salut de l'Angleterre. Ces conséquences désastreuses, et dont dès 1801 on peut voir certains signes avant-coureurs, fixèrent décidément l'attention publique sur la question de la circulation. Elles donnèrent lieu à un débat, qui fut le premier et resta peut-être le plus fameux des grands débats monétaires du XIXe siècle. Et c'est l'examen de ce débat, le célèbre débat autour du *Bullion Report,* qui fera l'objet du prochain chapitre. Pour le moment, nous ne considérons que à la première période.

cette époque; ce sont, je crois, les premiers ouvrages français consacrés à la Banque d'Angleterre.

1° J. H Marnière (1801), *Essai sur le crédit commercial.* L'auteur décrit les banques de Gênes et d'Angleterre.

2° *Considérations sur la facilité d'établir à Paris une Banque égale à celle de Londres* (1802) du même auteur.

3° J. H. Lassale. « *Des finances de l'Angleterre* » (1803). Commentaire des résultats de l'*Act* de restriction et dissertation sur la lourdeur des impôts; il contient beaucoup de phraséologie politique.

Quant l'*act* de restriction fut voté, le change était
tellement favorable, que l'importation d'or se fit très
abondante. Le 30 mai, M. Manning déclarait, à la
Chambre des Communes, que de très grandes quantités d'or avait afflué à la Banque, tant de l'intérieur
que de l'étranger. Le gouvernement et les directeurs
de la Banque s'accordèrent cependant à penser qu'il
serait imprudent de reprendre les paiements en
espèces au moment où le *Restriction act* expirait, et
cette loi fut prorogée d'un mois après la réunion de
la prochaine session parlementaire.

Le Parlement se réunit à nouveau le 2 novembre.
Le 15 du même mois, la Chambre des Communes
nomma un comité pour examiner la question, et le
rapport de ce comité, déposé le 17 novembre, constate que le 11 du mois le total des obligations de la
Banque était de 17,578,910, et son actif montait à
21,418,460 livres, laissant une balance favorable de
3,839,550 livres sans compter la dette du gouvernement, soit 11,686,800 livres; que les avances au gouvernement avaient été réduites à 4,258,140, tandis
que les espèces et les lingots étaient cinq fois plus
nombreux qu'au 25 février et de beaucoup plus nombreux qu'ils ne l'avaient été depuis septembre 1795 ;
que le change sur Hambourg était extraordinairement
favorable et que selon toute apparence, il continuerait
à être tel; qu'enfin et surtout les banquiers et les
commerçants de Londres ne ressentaient du fait de

l'*act* aucun inconvénient, car alors que la loi les autorisait à retirer les 3/4 de leurs dépôts, ils n'en avaient retiré que le seizième.

Malgré tous ces faits très agréables, et en dépit d'une déclaration des directeurs constatant que la Banque pouvait sans danger reprendre ses paiements, le gouvernement préféra maintenir la situation présente, et une loi fut votée prorogeant l'*act* jusqu'à un mois après la conclusion de la paix.

L'émission des billets était conduite avec beaucoup de ménagements ; son montant pour l'année 1797 était supérieur d'un demi-million à peine, comparé à celui de l'année 1796 qui était de 11,030,110 livres, et ceci malgré l'absence du numéraire dans les opérations habituelles (1). En août 1798 (2), la circulation des billets s'élevait à 10,649,550 livres en billets de 5 livres et au-dessus et à 1,531,060 en billets au-dessous de 5 livres, en tout à 12,180,610 livres.

Deux ans après la suspension, soit le 25 février 1799, le montant total des émissions était de 12,959,860 livres. La réserve métallique avait atteint 7,563,900 livres ; elle dépassait le tiers des engagements de la Banque qui ne montaient qu'à 21 millions, y compris 8 millions de dépôts. La situation se

---

(1) Le montant des émissions était, pour 1795, de 13,539. 160.

(2) V. Tooke p. 207. A cette date le montant des dépôts était de 8,300,720 livres contre 4,891,530 livres en février 1797.

maintint dans ces conditions favorables pendant tout le reste de l'année 1799.

Le privilège de la Banque expirait en 1812. Elle obtint dès 1800 une prorogation de vingt et une années à partir de cette époque, c'est-à-dire jusqu'en 1833, moyennant un prêt de 3 millions de livres, consenti sans intérêt pour trois années (1). Ce sacrifice de 3 millions, prélevés sur ses réserves, ne laissait pas que d'être fort lourd malgré les gains considérables que faisait la Banque par suite de son droit de commission perçu sur les emprunts publics souscrits dans ses bureaux; la Banque y consentit néanmoins car elle était en ce moment fort attaquée, notamment par Pulteney qui proposait la création d'une Banque nationale, et il importait de s'assurer à tout prix le renouvellement du privilège.

Revenons à la question du montant des émissions. Au 25 décembre 1799, il y avait en circulation pour 12,335,920 livres de billets de plus de cinq livres. Ce montant n'était pas de beaucoup supérieur au montant des émissions au jour de la suspension des paiements (2). En tout cas ce n'est pas avec une augmentation de 2 millions de livres que Pitt pouvait soudoyer l'Europe et couvrir les frais d'une guerre

----

(1) A l'expiration du terme. ce prêt fut prolongé de six années, mais sur le pied d'un intérêt réglé à 3 0/0 ; enfin le remboursement fut ajourné jusqu'à la conclusion de la paix.

(2) Il était d'ailleurs inférieur au montant de l'année 1795.

terrible. La vérité est que Pitt sentit pleinement la faute qu'il avait commise en abusant du crédit de la Banque; il n'était pas dans son caractère de s'entêter, sa faute une fois reconnue, et il n'était pas davantage homme à profiter de l'*act* de restriction pour se procurer des ressources artificielles. Il connaissait trop les inconvénients du papier-monnaie pour se laisser aller à une débauche de billets et pour transformer ainsi les billets de la Banque d'Angleterre en vulgaires assignats. Quelles qu'aient pu être ses erreurs passées, à partir de 1797, sa politique ne mérite que l'éloge et l'admiration; il eut un recours énergique à l'impôt, ne craignit pas de compromettre sa popularité en introduisant l'*income-taxe*, consolida par des emprunts successifs une dette flottante qui avait pris des proportions formidables, et enfin par ses soins les avances consenties par la Banque loin d'augmenter depuis l'*Act* de Restriction furent au contraire réduites.

Bien plus, il laissa à ses successeurs un excellent exemple, et cette sage politique resta en vigueur même après sa mort. C'est ce que démontre Tooke dans un ouvrage qui a rendu possible l'étude de cette période.

Tooke montre d'abord (1) qu'après une hausse peu

______

(1) P. 281.

sensible pendant les années 1802 et 1803 (1), le montant des émissions fléchit à nouveau. Les moyennes des cinq années suivantes n'étaient que de 12,957,404 alors que de 1802 à 1803 elles étaient de 13,450,727. Le système des moyennes étant assez décevant, il vaut mieux dire « que le montant des émissions de 1808 était inférieur à celui de 1802 (2).» Et Tooke peut ajouter avec raison que la situation de la Banque en février 1808 était probablement la même que si elle eût payé en or (3).

Mais il y a mieux; Tooke (4) montre la modération étonnante des avances consenties par la Banque au Trésor.

Des documents déposés devant le Parlement, en

(1) Les années 1800 et 1801 virent se dérouler une crise de laquelle nous parlons plus bas.

(2) Voici au surplus le montant des sept années.

1802	13,917,977	livres
1803	12,983,477	»
1804	12,621,348	»
1805	12,844,170	»
1806	12,697,352	»
1807	13,221,988	»
1808	13,402,160	»

(3) Son actif était de 35,239,550 dont 7,855, 470 L. de réserve métallique, son passif de 30,150,820 dont 11,961, 960 L. de dépôts. V. Tooke, p. 281. Comme on voit, le montant de la réserve métallique et celui des dépôts dépassaient ceux de 1799, qui fut pourtant une année excessivement heureuse. La réserve métallique tomba à 5 millions en 1800, à 4 et 3 millions 1/2 de 1801 à 1803, puis elle reprit et son montant fut de 6 millions en 1804, et de 7,644,500 en 1805. On se rappelle qu'après la crise de 1793 ce même montant avait atteint 6,770,000 en 1794, pour fléchir ensuite jusqu'à 1,186, 170 livres en février 1797.

(4) V. p. 286-287.

conséquence des motions répétées de M. Greenfell, il appert : que la moyenne des dépôts du Gouvernement était, en 1806, de 12,197,303 livres (1), et que ce montant flotta pendant quelques années entre 11 et 12 millions. Or, la moyenne des avances faites par la Banque au Gouvernement était en ces années quelque peu inférieure à 14 millions et demi. Si bien que les avances réelles en numéraire, comme aussi le montant réel des sommes dont disposait le Gouvernement, en dehors de ses dépôts, ne dépassait pas de beaucoup pendant la période 1804-1808, la somme de 3 millions.

Les avances faites à l'État ont dépassé, comme moyenne annuelle, les dépôts du Trésor :

<pre>
de 1780 à 1784 de 4,841,000 livres.
   1785 » 1789 » 2,335,000
   1790 » 1796 » 5,664,000
   1797 » 1803 » 5,364,000
   1804 » 1810 » 4,146,000
</pre>

« Cette faiblesse relative des avances faites au Gouvernement, conclut Tooke (2), annihile complètement la supposition généralement faite et sur laquelle on

(1) En 1800 la moyenne des dépôts était de 6,251,488 livres.
　　 «　 1806　　　　　　　　 »　　　　　　 12,197,303.
de 　 1807-1817　　　　　　　 »　　　　　　 11-12,000,000
(2) V. vol. IV, p. 96. Dans ce volume Tooke reprend avec quelque développement la question qu'il avait déjà traitée.

a bâti tant de raisonnements, comme sur un point hors de discussion, que la Banque d'Angleterre devint par l'*act* de Restriction un simple instrument entre les mains du Gouvernement. Et soit que la modération du montant des avances résultât de la modération des demandes de l'État, soit qu'elle fût la conséquence des refus des directeurs de la Banque, une telle conduite, étant donné le montant de l'encaisse (1), tend à renforcer la présomption que le Gouvernement et les directeurs étaient sincères lorsqu'ils déclaraient leur intention de reprendre les paiements en espèces ».

On voit ce qui reste des allégations des historiens et des économistes qui ont voulu faire de Pitt un Law plus heureux. Nous allons voir maintenant quels ont été les fruits des émissions excessives auxquelles se laissa entraîner la Banque à partir de cette période. Mais auparavant il nous faudra indiquer les théories économiques écloses au contact de l'*Act* de Restriction. Car, quelque modéré qu'ait pu être l'usage que le Gouvernement a fait de l'*Act* de Restriction, celui-ci n'en a pas moins affecté la vie économique du pays. Les troubles qu'il a causés éveillèrent la curiosité du public éclairé, et donnèrent lieu à la découverte de vérités qu'on ne faisait jusqu'alors que soupçonner.

---

(1) La quantité de cette réserve prouve que la Banque avait l'intention de reprendre ses paiements, sans quoi à quoi rimait l'achat de lingots, à 4 livres l'once d'or, qui eurent lieu pendant cette année.

Conséquences de l'Act de Restriction quant aux doctrines économiques. — Le côté théorique de la question fut discuté devant le Parlement d'une façon acccidentelle et qui mérite d'être contée. L'*Act* de Restriction expirait en septembre 1802; six mois avant cette date la paix d'Amiens avait été conclue, et encore que la Banque se déclarât prête à reprendre ses paiements, sur l'avis d'Addington, Chancelier de l'Échiquier, le délai fut prolongé jusqu'à mars 1803. Les arguments apportés en faveur de cette mesure montrent une ignorance complète de la matière. Addington proposait la prolongation de l'*Act* en se fondant sur le cours défavorable du change. « Il est hors de doute, dit-il, que le change est défavorable à ce pays-ci, que le commerce d'exportation reste stationnaire, et que tant que le change nous est défavorable toute augmentation du numéraire circulant (*circulating cash*) créerait un commerce hautement défavorable au commerce général de ce pays. Pour ces derniers mois de grands achats de guinées en vue de l'exportation se sont produits. » Ce sont là justement les raisons pour lesquelles un retour aux paiements en espèces devait avoir lieu sans délai. La raison de l'achat des guinées était la surabondance du papier, le papier perdait de sa valeur comparé aux guinées, et, conséquence nécessaire, les guinées étaient exportées.

Malgré tout l'*Act* de Restriction fut prolongé jusqu'au 1er mars. Bien entendu le change ne s'était pas amélioré dans l'intervalle, et, partant des mêmes principes, Addington proposa une nouvelle prolongation ; il l'obtint et peu de temps après la guerre ayant éclaté, il ne fut plus question de supprimer l'*Act* de 1797 qui resta en vigueur jusqu'en 1819.

Mais cette fois la prolongation ne fut pas votée sans débat. Fox fit remarquer (1) que cette façon de raisonner aboutissait à établir en axiome que toutes les fois que le change serait contraire les paiements en espèces doivent être suspendus. *Or, continua-t-il, il est même possible que l'état défavorable du change soit dû à cette même suspension de paiements.* En 1772 et 1773 il y avait une grande quantité de numéraire déprécié dans le pays, le change nous était contraire ; sitôt qu'une refonte fut opérée, le change nous redevint favorable. Il en est de même aujourd'hui, car le papier n'est pas beaucoup meilleur que de l'or altéré puisqu'il emporte les mêmes effets. Ne peut-on pas par conséquent espérer qu'étant donné que dans le cas précédent les monnaies ayant été améliorées, le cours du change nous fut à nouveau favorable, une reprise des paiements en espèces aura les mêmes heureux effets (2).

(1) V. ce discours *Parlementary History*, vol. 36e et dernier, p. 1150-1153.

(2) V. p. 1153. C'était la première fois que les raisons du cours défavorable du change étaient exposées à la Chambre des Communes. On

La doctrine insinuée ainsi par Fox fut exposée à la Chambre Haute avec beaucoup de talent et de clarté par Lord King qui, quelques mois plus tard (1), donna un excellent exposé des principes qui doivent régir la circulation fiduciaire. Selon lui (2) la seule limite naturelle et authentique de toute circulation fiduciaire non convertible, n'a de règle que la discrétion des personnes chargées de l'émission. Déterminer la quantité des billets nécessaires à la circulation est dans tous les cas un problème difficile et délicat; et seule une étude, très attentive, du prix des lingots et du cours du change, est capable de donner un critérium exact de cette quantité. Dans le cas présent, il était évident, par suite du trouble existant pour le prix des lingots et le cours du Change, que les directeurs avaient dépassé cette limite.

La question discutée devant le Parlement s'était déjà posée devant le public dans les conditions suivantes.

Nous savons que jusqu'à la fin de 1799 le cours du change était favorable. Le prix de l'or s'était maintenu de son côté à 3 L. 17,6 l'once. Une mauvaise

en a fait grand honneur à Fox, et ses biographies rappellent également qu'il fut également le premier à citer Adam Smith dans un débat parlementaire. Le malheur est que dans le premier cas il émettait des vérités sous une forme dubitative, et dans le second, il citait un ouvrage qu'il confessa plus tard n'avoir jamais lu. V. sur ce second point, le *Dictionnary of national Biography*, au mot d'« Adam Smith ».

(1) Le 13 décembre 1803.
(2) V. *Parl. Debates*, vol. I, p. 1836.

récolte et de grosses faillites à Hambourg ayant entraîné une grande exportation de numéraire suffirent à changer tout cela. Le prix des lingots (1) monta à 4 L. 5 sh. par once, et le change sur Hambourg tomba à 14 0/0 au-dessous du pair, alors que les frais du transport du métal précieux n'excédaient pas 7 0/0.

Ces phénomènes ne peuvent s'expliquer que par la dépréciation du numéraire ; mais au moment où ils se produisirent leurs causes échappèrent complètement à un public stupéfié. Macleod (2) donne une bien fine analyse de cet état d'esprit. Nous avons vu, dit-il, que lors de la grande crise 1696-1697, il fut universellement reconnu, par le Parlement et les commerçants les plus éminents, que c'était le mauvais état des monnaies qui produisit la grande hausse du prix des lingots, et la grande baisse du change. En ce temps les billets de banque n'étaient pas un étalon légal (*legal tender*) et on disait toujours d'eux, quand leur valeur courante différait de leur valeur nominale, qu'ils étaient dépréciés. On ne voit personne disant que c'étaient les billets qui dénotaient la valeur de la livre, et que les lingots avaient monté. Adam Smith mit en lumière le principe que les lingots comme marchandise ne sauraient avoir une

____

(1) L'exportation de l'or étant interdite, l'or en lingots pouvait seul, sauf la contrebande, servir aux opérations du dehors ; c'est donc sur sa valeur qu'il faut calculer le véritable état de la circulation extérieure.

(2) V. vol II, p. 2-3.

valeur différente de celle des lingots en numéraire, sauf en cas de dépréciation des monnaies. Et Hume de son côté avait observé que le Change ne pouvait que peu varier du prix de transmission des espèces.

Ces idées étaient des vérités établies en cas de circulation métallique. Mais soudain un nouvel élément vint compliquer la question; on avait à compter avec une circulation fiduciaire non convertible; quelles devaient être les règles applicables à cette nouvelle espèce de monnaie ?

La question ne se posa pas tout d'abord, car la résolution générale des négociants de la cité de soutenir le crédit de la Banque, la décision du gouvernement d'accepter les billets de banque au pair en paiement des taxes, et les grandes précautions que prirent les directeurs pendant les premières années qui suivirent la restriction éloignèrent l'idée généralement admise que, la suspension votée, les billets subiraient une forte dépréciation, et, pour quelque temps les billets circulèrent au pair.

Aussi ne fût-ce qu'après la crise de 1800 qu'on soupçonna cette grande vérité : que si sous une circulation métallique une détérioration des monnaies produisait une hausse du prix marchand des lingots au-dessus du prix de la monnaie et une baisse du cours du change, la proposition opposée est également vraie : que sous une circulation fiduciaire qui représente seule la circulation métallique, si la valeur marchande du lingot excédait la valeur de la monnaie et le cours du change baissait au-dessous du prix de la transmission des métaux précieux, ces excès pouvait venir seulement de la dépréciation de ce qui représentait la circulation métallique. Par conséquent, toutes les fois que ces circonstances se présentaient, elles indiquaient infailliblement que la circulation fiduciaire était dépréciée.

On ne sait exactement à qui il faut attribuer le mérite de la découverte de cette grande vérité. Walter Boyd fut certainement le premier à la proclamer dans sa lettre à Pitt (1). Boyd devina aux résultats qu'il produisait et encore que la quotité des émissions fût tenue secrète, qu'il devait y avoir un accroissement dans le montant des billets; en réalité, quand son opuscule parut, en 1801, cet accroissement dépassait 3 milllons de livres (2). La brochure de Boyd eut pour effet d'attirer l'attention sur ce point et sa brochure fut suivie par les ouvrages plus complets de Thornton et de Lord King (3).

Une crise monétaire en Irlande devait bientôt four-

---

(1) *A letter to the right honourable Pitt on the influence of the stoppage of the issues in Specie*, etc., ouvrage déjà cité plus haut.

(2) L'augmentation n'était pas très forte, mais le mécanisme de la circulation était si délicat que le moindre choc suffisait à le fausser.

(3) Nous avons souvent cité *An Enquiry into the nature and effects of the paper-credit* de Thornton. La brochure du Lord King, postérieure à ses discours, parut seulement en 1804; nous en parlerons tout à l'heure.

nir une bonne occasion pour contrôler et compléter cette théorie.

Crise Monétaire en Irlande. — La Banque d'Irlande encore que le change fût favorable à ce pays et que l'or y fût abondant reçut l'ordre de suspendre ses paiements par un *act* du Parlement irlandais, suivant de près l'*Act* de 1797.

Le change de Dublin sur Londres avait toujours été favorable à l'Irlande, et cet état de choses se maintint jusqu'en 1797. Puis la situation changea soudain, une dépression progressive et continuelle se produisant. Lord Archibald Hamilton (1) constata que cette dépression coïncidait avec l'augmentation des émissions de la Banque d'Irlande : celles-ci qui étaient de 600.000 livres, en 1797, étaient maintenant de 2.700.000 (2). De plus entre Dublin et Belfast, cités distantes de 100 miles l'une de l'autre, il y avait une différence de 10 0/0 quant au change, et le change sur Londres était de 20 0/0 défavorable à Dublin. En même temps le prix de l'or augmentait et les guinées ne pouvaient être achetées qu'avec une prime de 2 sh. 6 d.

Un comité d'enquête sur l'état de la *currency* Irlandaise (3) fut nommé. Il comprenait les principaux

---

(1) V. *Parlementary Debates* du 13 février 1804, sur l'*Irish Restriction Bill*. p. 1082-1098.

(2) V. p. 1083.

(3) Il n'y a pas de mot français correspondant exactement au mot *currency*, terme qui comprend aussi bien la circulation métallique que la circulation fiduciaire. Michel Chevallier proposait de le traduire par

hommes d'Etat du temps, et il est le premier comité
nommé par le Parlement Britannique pour faire une
enquête sur la circulation fiduciaire.

Opinions des Directeurs de la Banque d'Irlande. —
Parmi les témoins entendus par le comité étaient
Mess. Colville et d'Olier directeurs de la Banque
d'Irlande. Le premier expliqua l'augmentation des
émissions par l'état contraire du change ; la monnaie
du pays était exportée pour solder les différences, et
il fallait par conséquent suppléer par du papier à la
diminution de l'or. Il ne croyait pas que l'extension
des émissions fût une cause de la baisse du change ;
bien au contraire, car le papier remplaçant l'or permettait à celui-ci d'être exporté, et par conséquent
était une raison évidente et certaine (*a clear and deci-
ded cause*) pour empêcher le change d'atteindre un
degré plus bas.

Son collègue partageait complètement ses vues. En
ce qui concerne la dépréciation des billets, il fut
d'avis que la circulation fiduciaire qu'on dit dépréciée
doit être d'abord prouvée un fardeau pour les possesseurs de billets, et tel serait le cas où ceux-ci auraient
cherché à s'en débarrasser par des contrats exceptionnels; jusque-là le seul achat d'or à prime est l'effet

le mot numéraire. Mais ce mot me semble s'être cristallisé et n'être pas
susceptible d'une interprétation plus large, aussi me suis-je généralement servi du mot « circulation ». tout en étant sensible aux
inconvénients qu'il présente. Peut-être valait-il mieux garder le terme
anglais ?

et non la cause du change, et par conséquent n'est pas une preuve de la dépréciation elle-même.

Pour les deux directeurs, la seule vraie cause du cours du change, tenait à une balance de commerce défavorable, et par conséquent dans le fait que l'Irlande devait plus d'argent qu'elle ne pouvait payer. Or la base même de leur argumentation était fausse. L'enquête ouverte par le comité prouva que la balance de commerce, loin d'être défavorable à l'Irlande, se soldait par un bénéfice, et que dans la seule partie de l'Irlande (Belfast) où le papier monnaie était sous le coup d'un véritable ostracisme, le change était défavorable à la Grande Bretagne.

En somme une opinion qui devait bientôt triompher en Angleterre, commençait à avoir cours en Irlande ; elle peut se résumer en deux mots : on ne doit pas parler de la dépréciation du papier, le papier n'est pas déprécié, c'est le prix de l'or qui a augmenté (1).

---

(1) Cette opinion fut fortement combattue par M. Marshall, inspecteur général des douanes à Belfast. Celui-ci montra que chez les changeurs à Dublin, une guinée valait une guinée plus 2 sh. 2 d. en papier, qu'on obtenait une lettre de change de 100 livres sur Londres en la payant 106 livres en or ou billets de banque d'Angleterre, alors qu'il fallait la payer 116 livres en papier Irlandais, et que cette différence était remarquable dans l'achat de n'importe quelle marchandise. Si cette baisse de 10 à 12 0/0 dans le prix de toutes choses était due à l'augmentation du prix de l'or, cet état de choses aurait dû attirer l'or anglais, qui n'aurait pu demeurer dans un pays où sa valeur était restée stationnaire. De plus les billets de banque issus au pair avec le numéraire, auraient dû augmenter *pari passu* avec lui de façon à ce qu'on pût les échanger l'un contre l'autre. En cas contraire, il y avait baisse dans leur valeur originale, et par conséquent dépréciation.

Quant à la réglementation des émissions, les directeurs de la Banque d'Irlande émirent cette théorie, reprise plus tard par les directeurs de la Banque d'Angleterre : « que la ligne de conduite, en pareille matière, doit différer selon que la circulation était convertible ou non ». Que dans le premier cas ils devaient régler leurs émissions sur le prix des guinées et le change sur Londres ; en cas de demande extraordinaire de guinées, ou de change contraire, les émissions devront être diminuées, afin d'arrêter le drainage du numéraire.

Mais en cas de circulation non convertible, la ligne de conduite changeait. Une Banque, dirigée prudemment, pouvait émettre des billets en proportion des demandes à elles adressées, et sans considération pour le cours du change et le prix des guinées, pourvu toutefois que les billets fussent émis en échange de sûretés sérieuses et convertibles, tels des effets de commerce, de solidité indubitable, payables à des périodes déterminées, et fondées sur des opérations vraiment commerciales.

Le Comité, après de longues études, conclut à la dépréciation du papier, et à l'absurdité de la théorie d'après laquelle l'or aurait augmenté de valeur. Le rapport ajoute que la différence entre le taux du Change ne pouvait varier plus que le prix du transport des lingots d'un pays à l'autre, que toute augmentation, supérieure à ce prix, devait avoir d'autres raisons, et à ce propos ils notèrent l'augmentation énorme des émissions qui, depuis l'*Act* de Restriction, n'avaient plus pour frein la convertibilité des billets.

Le Comité, après quelques remèdes secondaires, notamment l'assimilation des *currencies* anglaises et irlandaises (1), recommanda que les directeurs réglassent dorénavant leurs émissions sur le prix des guinées et le change extérieur.

La présentation du rapport sur la circulation irlandaise ne semble pas avoir excité un bien grand intérêt, et il eut peu de conséquences.

Il fut bien interdit, en 1805, d'émettre en Irlande des billets inférieurs à une livre, mais, en 1809, une proposition de M. Parnell pour l'assimilation des *currencies* anglaise et irlandaise, selon la recommandation du rapport, fut rejetée sans discussion, et le rapport lui-même ne fut pas imprimé avant 1826. Il dut cependant être communiqué à la Banque d'Irlande, et paraît avoir eu quelques effets sur elle, car pendant les mois de mai, juin et juillet 1804, les directeurs diminuèrent leurs émissions de 3 à 2 millions 1/2, et le change s'en ressentit : dès le mois d'août ils devaient d'ailleurs revenir à leurs anciens errements.

A quelque temps de là, Fox profita de la déclaration

_____

(1) Les billets de banque d'Irlande devaient être payables en billets de banque d'Angleterre, et la Banque d'Irlande avait à établir un fonds à Londres dans ce but.

d'Addington, à savoir qu'une émission de billets excessive aboutissait à leur dépréciation, pour le féliciter (1), et proclamer hautement que la Chambre n'entendrait plus cette opinion fantastique *que le papier n'était pas déprécié, mais la valeur de l'or augmentée* (2).

Nous allons voir comment cette prophétie allait se réaliser.

(1) A noter d'ailleurs qu'Addington continuait à professer que c'était une hérésie de croire que la dépréciation du papier pouvait avoir un effet quelconque sur le change.

(2) V. sur cette question des doctrines écloses au contact de la loi de 1797. *Thoughts on the Restriction of Payments in Specie at the Banks of England and Ireland.* Par Lord King (1804).

Lord King, à propos de la crise irlandaise, exposa, avant Ricardo, la véritable méthode pour prouver la dépréciation d'une circulation fiduciaire. « Une augmentation du prix de l'or au-dessus du prix de la monnaie et une chute du cours du change au-dessous du coût de l'expédition des lingots d'une place à l'autre, sont pour l'auteur la preuve et la mesure de la dépréciation du papier-monnaie. » La brochure est suivie d'un appendice fort utile donnant le cours du change avec Hambourg, Paris et Dublin ainsi que le prix du *Standard silver* depuis 1789.

Cet ouvrage, supérieur à ceux de Boyd et de Thornton, a été depuis éclipsé par la brochure de Ricardo : « *The high Price of Bullion a proof of the depreciation of Money* », 1810. Ce dernier ouvrage parut d'abord sous forme de lettres dans le *Morning Chronicle*. La première y fut insérée dans le numéro du 9 septembre 1809. V. édit. des œuvres de Ricardo par Mac Culloch en un volume, p. 261-290. V. aussi de Ricardo, sur le même sujet : *A Reply to M. Bosanquet's practical Observations*, p. 303-360.

CHAPITRE V.

Le Bullion Committee et le Bullion Report.

A'. — *Nomination du « Bullion Committee »*. — Nous avons vu ainsi comment la Banque d'Angleterre pendant les premières années qui suivirent l'*Act* de Restriction n'était pas tombée dans la folie des émissions excessives. La prudence des directeurs, la modération des demandes gouvernementales, la sagesse et le patriotisme du monde commercial, tout avait contribué à éviter aux billets anglais le sort des émissions irlandaises. Des billets de banque non convertibles circulaient au pair, et le plus fameux des économistes français a pu dire avec raison que c'était là une des plus belles expériences qui aient été tentées en économie politique. Cette situation si belle se maintint même après la mort de Pitt, mais elle ne lui survécut pas longtemps ; une série d'événements politiques, et un changement dans la ligne de conduite de la Banque, suffirent à la transformer du tout au tout.

La transformation commença avec les décrets de Berlin et de Milan. Ces mesures eurent pour effet de fermer à l'Angleterre tous les ports d'Europe, sauf ceux de Suède. L'Angleterre y répondit par une série de mesures de même nature, dont l'effet fut l'interdiction d'une foule de produits français ou de pays sous l'influence directe de la France, telles la laine d'Espagne et les soieries italiennes, et partant d'une spéculation sur tous ces produits. De plus l'atteinte que toutes ces mesures portaient au droit des neutres, faillit amener un conflit avec l'Amérique ; et la perspective de cette nouvelle guerre donna lieu à une hausse de spéculation sur le prix des produits américains, notamment sur ceux du tabac et du coton.

A la rareté des produits qui favorisaient la spéculation, vint s'ajouter une cause touté autre. L'entrée des Français en Portugal puis en Espagne donna l'indépendance de fait aux colonies de ces deux Etats, et ouvrit aux produits anglais les ports de l'Amérique du Sud qui, jusqu'alors leur étaient rigoureusement fermés. C'était un large champ ouvert à la spéculation, elle s'y précipita sans hésiter. Bientôt on assista à une nouvelle édition des événements de 1720. Des sociétés par actions de tous genres, ayant pour objet la construction de canaux et de ponts, la création de compagnies d'assurances ou de brasseries, et toutes les autres opérations qu'on peut imaginer apparurent à l'horizon. La Banque d'Angleterre, au lieu de servir de frein modérateur, encouragea sans mesure l'esprit de spéculation. Sir Fr. Baring, déclara, dans sa déposition devant le *Bullion Committee*, que depuis la restriction il connaissait plusieurs employés qui, selon la forte expression anglaise, ne valaient pas 100 livres (not worth L. 100), qui s'étaient établis marchands et à qui la Banque ouvrait des crédits de 5 à 10 mille livres ; crédits qui ne correspondaient pas aux exigences réelles du commerce et qui n'auraient pu prendre place, si la suspension des paiements était abolie.

La valeur du papier escompté par la Banque, en 1795 de 2,946,500 liv., était de 15,475,700 en 1809, et de 20,070,000 en 1810. Ce n'était pas tout. Concurremment avec la manie de spéculation, s'étaient développées les Banques provinciales qui, comme avant 1793, inondaient le pays de leurs billets. Le nombre de ces Banques réduit en 1797 à 270, était en 1808 de 600, et bientôt il allait être de 721. C'est à ce dernier chiffre en effet qu'il montait, quand le *Bullion Committee* fut nommé 2 ans plus tard. En cette même année 1810, la Banque d'Angleterre avait émis des billets pour 21,000,000 liv., et les émissions des Banques provinciales semblent, d'après les meilleurs calculs, avoir excédé ce chiffre et atteint celui de 30 millions.

A cette augmentation, sans fondement légitime, de la circulation fiduciaire, allait correspondre deux phénomènes déjà constaté en Irlande en 1804, la hausse du prix de l'or et la baisse du change. Ces deux phénomènes prenant des proportions inquiétantes, le prix des guinées avait atteint 26 ou 27 sh. M. Horner demanda le 1er février 1810 des explications au gouvernement. A la suite de ce discours, la Chambre décida d'ouvrir une enquête pour rechercher les causes de la hausse du prix des lingots, et le fameux *Bullion Committee* fut chargé de ce soin.

Le *Bullion Committee* comprenait les personnes les plus compétentes du Parlement, Mess. Baring, Huskisson, Horner, Foster, etc., mais il comprenait moins d'illustrations politiques que le Comité de 1804, avec lequel il n'avait que deux membres communs Mess. Sheridan et Foster.

Le Bullion Report. — Le rapport de ce comité œuvre de Horner, Huskisson, et Thornton, est resté fameux sous le nom de *Bullion Report* (1).

Macleod (2) remarque, avec raison, que quoique le *Bullion Report* ait fait beaucoup de bruit, et ait effacé le souvenir du rapport de 1804, les deux rapports portent sur des faits similaires, émettent les mêmes principes, et aboutissent à des conclusions identiques.

Cela tient probablement à ce que le rapport de 1810 touchait à des intérêts plus généraux, et qu'il fut rédigé dans une forme plus scientifique et dans un style plus littéraire. Car au fond c'est là la seule

---

(1) V. ce rapport avec les minutes des dépositions dans *Parl. Debat.*, vol. XVIII, part. VIIe.

(2) V. la magistrale analyse du *Bullion Report* donnée par cet auteur, *op. cit.*, n° 58-80.

différence qu'on peut trouver entre ces deux rapports.
Outre les ressemblances indiquées, il faut noter encore
l'analogie qui existe entre les témoignages déposés
devant les deux enquêtes. Dans l'un et l'autre cas les
témoins consultés appartenaient aux quatre mêmes
catégories. C'étaient : 1º les directeurs de la Banque;
2º des banquiers privés; 3º des commercants; 4º des
témoins indépendants. — De plus les témoignages des
directeurs de la Banque et des marchands (1) anglais
correspondent à ceux donnés par leurs confrères irlandais en 1804; ils soutenaient comme eux que le prix
de l'or avait augmenté et que le papier n'était point
déprécié, et partageaient la même théorie quant à la
régulation des émissions et tous les autres points en
controverse.

Objet du débat soumis au « Bullion Committee » —
Quel était l'objet du débat que le Bullion avait a
trancher?

Le voici. On était d'accord sur trois points de fait:
à savoir: 1° qu'alors que le prix des lingots d'or devait
être de 3 livres 17 sh. 6 d. par once, leur prix marchand avait atteint quatre livres dix shillings; 2° que
le cours du change avait baissé du dessous du pair,
14 0/0 sur Paris 9 0/0 sur Hambourg et 7 0/0 sur

______

(1) Les marchands avaient quelque intérêt à voir triompher la doctrine des directeurs, car il était naturel qu'ils tinssent à voir leurs effets
escomptés en aussi grand nombre que faire se pourrait ; or, il y avait
beaucoup moins de facilités à ce point de vue, quand existait la convertibilité des billets.

Amsterdam ; 3° que tandis que les émissions des billets augmentaient le numéraire disparaissait. — Mais on était loin de s'entendre sur les causes de ces événements, et la controverse portait principalement sur quatre points que nous allons reprendre successivement :

1° Sur le point de savoir si les billets étaient dépréciés, ou si au contraire le prix de l'or avait augmenté ;

2° Sur celui de savoir si l'augmentation des émissions avait quelque influence sur le cours du change ;

3° Sur l'effet qu'une diminution des émissions pourrait avoir sur le prix de l'or et le cours du change ;

4° Sur la conduite à tenir quant à la régulation des émissions.

Tels sont les quatre points qui furent l'objet de l'Enquête du *Bullion Committee* et des Conclusions du *Bullion Report*.

§ 1. — *De la dépréciation des billets.*

La situation de l'Angleterre en 1810 était exactement celle de l'Irlande en 1804, sauf un point. En Irlande, les Billets de Banque étaient manifestement dépréciés ; il y avait deux prix dans le commerce : l'un en billets, l'autre en numéraire, et il y avait des boutiques ou les guinées étaient vendues pour des Billets de Banque de valeur nominale supérieure. En

Angleterre tel n'était pas le cas (1), en partie parce que les billets de Banque étaient reçus à leur valeur nominale, et beaucoup parce que le fait de vendre des guinées à plus de 21 sh. constituait un délit, et que cette disposition de la Loi n'était pas restée lettre morte; vers cette époque un individu nommé Yonge (2) eut à en subir l'application. Sans ce fait il y aurait eu deux prix pour toutes choses comme il en était en Irlande. Aussi nul ne payait des lingots en guinées mais seulement en papier.

A cela près, la question restait entière, et la théorie de la non dépréciation des billets conservait des partisans nombreux et convaincus. L'un deux M. Chambers, notable commerçant, la défendit avec une habileté singulière (3).

M. Chambers reconnaissait volontiers que le cours forcé avait un effet sur le change, mais il ne considérait pas comme possible qu'une circulation non

(1) Du moins en général, car lors des débats sur le *Bullion Report* beaucoup de députés citèrent des cas où le fait s'était produit. V. 338-339

(2) Quelque temps après, la Cour des *Common Pleas* cassa le jugement prononcé contre Young et déclara que le fait de vendre des guinées à prime ne constituait pas un délit. Du reste, le seul ésultat qu'on obtint en ressuscitant un statuts oublié, c'était de faire transformer les guinées en lingots. Ceci était bien défendu par la loi, mais donnait un bénéfice de 12 sh. par once, et le public préférait encourir une pénalité, plutôt que d'échanger ses guinées contre du papier. Si bien que les guinées disparurent et le public n'eut guère l'occasion de violer la loi en établissant deux prix pour les marchandises.

(3) V. *loc. cit.*, p. CCCXC.

forcée fût excessive : il n'y a pas cours forcé tant que le papier est accepté volontairement et il n'en est ainsi qu'autant que le papier n'est pas déprécié. De même si M. Chambers reconnaissait qu'une augmentation excessive de la circulation métallique, par exemple à la suite de la découverte de nouvelles mines, avait pour conséquence la hausse du prix de toutes les marchandises, il se refusait à concevoir les effets analogues d'une augmentation excessive de la monnaie fiduciaire. Celle-ci conservait son plein crédit, car, disait-il, la monnaie fiduciaire ne peut être augmentée au delà des besoins du public, autrement celui-ci se refuserait à échanger tout article de quelque valeur contre un morceau de papier.

Plus loin M. Chambers, pressé de questions, fut obligé de reconnaître que selon l'étalon fixé par la Monnaie on pouvait avoir 5 dwts (1) 3 grains pour un billet d'une guinée, alors que sur le marché on n'avait pour ce prix que 4 dwts 8 grains, et dès lors le billet de banque n'était pas échangeable contre ce qu'il représente d'or. Mais le témoin qui ne s'embarrassait pas pour si peu, déclara qu'il ne considérait pas que l'or fût un étalon supérieur (*fairer Standard*) pour le prix des billets de banque que l'indigo ou le drap.

(1) *Dwt* est une abréviation des mots *penny-weight*.

On pouvait répondre à M. Chambers qu'un billet de Banque était une promesse de payer un poids déterminé d'or de qualité déterminée. Mais il ne prétendait pas représenter une quantité quelconque d'indigo. Du moment qu'il ne valait pas les 5 dwts 3 grains de *Standard gold*, il était déprécié. Mais la véritable erreur de Chambers, et de tous ses correligionnaires, était d'être arrivé à croire que la monnaie fiduciaire est la mesure réelle de tous les biens, et que l'or est seulement une de ces marchandises dont la valeur est mesurée en se reportant à l'étalon invariable et universel.

C'est l'idée qu'a ridiculisée si éloquemment Canning et dont le *Bullion Report* a bien montré le peu de fondement. D'après ce rapport l'idée que le prix marchand de l'or a pu dépasser le prix de la monnaie provient d'un malentendu. L'or était dans ce pays la mesure des valeurs. Les marchandises étaient considérées bon marché selon qu'elles étaient échangées contre plus ou moins d'or. *Mais une quantité donnée d'or ne pouvait jamais être échangée pour une quantité supérieure de métal de même qualité* (1), excepté quelque différence tenant à des causes accessoires (2).

(1) P. CCIX.

(2) Cette différence variera notamment selon la commodité qu'il y aura à posséder des lingots ou du numéraire. Le rapport donne aussi d'autres causes de cette différence, la détérioration des monnaies, le retard à la frappe des lingots, l'obstruction à l'exportation, ces deux dernières causes occasionnant une différence de près de 5 1/2 0/0.

Une once de *Standard gold* ne pouvait jamais atteindre au marché plus de 3 L. 10 sh. 10 1/2 d., à moins que 3 L. 17 sh. 10 1/2 d. dans notre numéraire ne continssent moins qu'une once d'or.

Depuis la suspension des paiements en or cependant, l'or avait cessé dans une certaine mesure d'être la mesure des valeurs et il n'y avait d'autre étalon que le médium circulant, émis en partie par la Banque d'Angleterre et en partie par les Banques provinciales, medium dont la valeur variait seulement selon sa quantité. Il était hautement désirable que la valeur du *medium* circulant fût conformée à l'étalon réel et légal, l'or.

Finalement, le *Bullion Report* comparant la situation d'une monnaie métallique dépréciée, à celle d'une circulation fiduciaire inconvertible et excessive, montre que ces deux circulations produisent les mêmes effets : la hausse du prix de toutes choses y compris l'or, et la baisse du change sur tous les pays, sauf ceux ayant une circulation également dépréciée.

Aucune de ces causes n'existe à Hambourg quant à l'argent, l'étalon étant un poids régulièrement fixé d'argent, d'une *standard finess*, et nul empêchement n'étant porté à l'exportation. En Angleterre, conclut le rapport, la différence n'avait jamais excédé 5 1/2 0/0, tant que la Banque payait en or, et que la monnaie était de poids. Cette différence aurait été plus grande dans les pays où la monnaie impose des frais de fabrication du numéraire, mais en Angleterre on subit seulement une perte d'intérêt proportionnelle au temps pendant lequel l'or est retenu à la Monnaie.

§ 2. — *De l'effet qu'une augmentation des Emissions
peut avoir sur le cours du change* (1).

Le rapport, pour faire la preuve de cet effet
commence par poser en règle indiscutable que la différence du change entre deux pays ne peut dépasser
les frais de transport, soit le frêt et l'assurance. Les
risques de la guerre pouvaient certes augmenter ces
frais. Mais des témoignages recueillis il résultait que
la dépense totale de l'envoi des lingots en Hollande
ne dépassait pas 7 0/0, et celle de l'envoi des lingots
à Paris était encore moindre. Or la dépression avait
été de 20 0/0, comment expliquer cette baisse de 13 0/0
indépendante de celle causée par les frais de transport? Uniquement par la dépréciation de la circulation.

On avait prétendu, il est vrai, que cette hausse pro-
venait d'une demande d'or sur le continent. Mais en ce
cas le prix de ce métal aurait dû monter également
sur les marchés continentaux et il était prouvé que
cette hausse n'existait point.

Un témoin qui déposa à deux reprises sous le nom
de *a Continental merchant* (2), montra, sur cette ques-

(1) V. p. CCXV-CCXXVII.
(2) V. ces dépositions dans *Parlementary Deb.*, t. 17, partie 8e,
p. 325 et 354.

tion de l'influence des émissions sur le change, des connaissances que ses collègues anglais auraient pu envier. Pour lui la balance du commerce étant considérablement en faveur de l'Angleterre (1), la baisse du change ne s'explique que par des émissions excessives. « Cet effet des émissions excessives est, dit-il, un fait constant ; il s'est produit encore l'été dernier (été 1809) en Autriche, où à la suite d'émissions excessives le cours du change sur l'Angleterre tomba de 50 0/0 plus bas qu'il n'était auparavant et l'or passa de 3 à 4 fois sa valeur nominale.

§ 3. — *De l'effet qu'une diminution des émissions pouvait avoir sur le prix de l'or et le cours du change.*

Il est facile de deviner, d'après ce qui précède, que pour les directeurs de la Banque l'effet d'une pareille mesure serait nul. Il est clair que du moment que l'on n'accorde aucun effet à l'augmentation des émissions, on ne saurait en accorder un à leur diminution.

(1) Voici quelques chiffres empruntés au *Bullion Report*, p. CCXXIII. La balance du commerce avait été favorable à l'Angleterre en

1805 pour	6,616,000 livres.	
1806 »	10,437,000	»
1807 »	5,566,000	»
1808 »	12,481,000	»
1809 »	14,834,000	»

Il est pourtant facile d'apercevoir que la diminution du papier augmenterait sa valeur vis-à-vis de tous les autres biens y compris l'or. Et comme le prix de l'or sur le marché était déterminé seulement par rapport au prix payé en billets de banque et non en guinées, il est évident qu'une réduction de la quantité de papier aurait réduit le prix de l'or exprimé en papier et rapproché le valeur réelle des billets de leur valeur nominale. En rehaussant ainsi la valeur de la circulation, on devait, si la diminution était suffisamment effective, rehausser le change au pair et ramener l'or dans la circulation. A ces considérations théoriques, le *Bullion Report*, poursuivant l'assimilation entre une circulation métallique et une circulation fiduciaire, également dépréciées, adjoignait entre autres l'exemple historique de la crise de 1796-1797, quand une refonte du numéraire eut pour effet d'abaisser le prix des lingots et de ramener au pair le cours du change.

§ 4. — *Sur la conduite à tenir quant au règlement des émissions. Et spécialement si cette conduite devait être différente selon que les Billets étaient convertibles ou non* (1).

Pour les directeurs, depuis la restriction, il n'y

(1) V. *Bullion Report*, p. CCCXXVIII et suivantes.

avait plus nécessité de régler les émissions sur le prix du lingot et le cours du change, le seul criterium étant la demande d'escompte. Les directeurs (1) et plusieurs marchands se montrèrent très anxieux d'établir une doctrine de la vérité de laquelle ils étaient convaincus, à savoir qu'il ne saurait y avoir excès d'émission, tant que les avances consistaient en escompte d'effets de solidité commerciale certaine, résultant de véritables transactions et payables à des périodes courtes et déterminées.

Le *Bullion Committee* s'est attaché à combattre cette théorie déjà développée par les directeurs de la Banque d'Irlande. D'après son rapport, l'erreur fondamentale gît dans le fait de ne pas distinguer entre une avance de capital aux marchands et une addition de monnaie à la masse du medium circulant. Si on ne considère que l'avance de capital faite à ceux qui sont prêts à en faire un emploi judicieux et productif, il est évident qu'il n'est d'autre limite que celle imposée par les moyens du prêteur et sa prudence dans le choix des débiteurs. Mais dans l'état présent, cette avance constitue en même temps une augmentation de medium circulant. Dans le cas de l'avance par l'escompte d'un billet, c'est incontesta blement tant de capital, tant de pouvoir d'achat placé entre les mains du marchand qui reçoit les billets;

(1) V. notamment les dépositions de MM. Whitmore, ancien gouverneur et Pearse, alors gouverneur de la Banque.

et si ces mains sont sûres, l'opération dans sa première phase est utile au public. Mais aussitôt que le marchand a échangé les billets en question contre quelque autre article, les billets tombent dans la circulation et constituent une augmentation d'autant pour la masse du numéraire. Une telle addition a pour effet nécessaire de diminuer la valeur relative de ce numéraire, et comme les billets, étant inconvertibles, ne pourront pas retourner à la Banque par le libre jeu des lois économiques, l'augmentation continuera à exister jusqu'à ce qu'enfin la Banque ait touché le montant des effets primitivement escomptés. Mais avant que ces billets soient ainsi rentrés à la Banque, de nouvelles émissions auront neutralisé par avance les bons effets que leur rentrée aurait pu avoir. Et ceci sera vrai pour chaque avance successive. Si les escomptes vont en augmentant, le montant de papier-monnaie qui dépasse les besoins du public ira également en augmentant et le prix des marchandises subira lui aussi une augmentation parallèle.

Le rapport donne ensuite différentes statistiques sur le montant des billets en circulation à différentes périodes. Mais il ne considère pas que le montant des billets peut servir de criterium sur le point de savoir s'il est ou non excessif. Des situations commerciales différentes exigeaient des quantités différentes de billets. L'état du crédit public était

aussi à considérer, et différentes méthodes, écono-
misant l'usage de la monnaie, pouvaient beaucoup
influer sur la quantité nécessaire. *Le seul vrai criterium devait être trouvé dans l'état du change et le
prix des lingots.*

Conclusions du « Bullion Report ». – Le rapport
conclut en déclarant : qu'en ce temps existait une
circulation fiduciaire excessive dont les symptômes
incontestables étaient le haut prix du numéraire, et
la grande dépression du change ; que cet excès devait
être attribué à la suppression de tout contrôle sur
les émissions de la Banque, et qu'on devait par suite
beaucoup regretter que l'*Act* de Restriction, qui ne
devait avoir qu'une durée temporaire, eût subsisté
comme une mesure permanente de guerre.

Les conséquences désastreuses de l'état de choses
existant étaient trop connues pour que leur descrip
tion fût nécessaire, et il était plus que probable qu'elles
iraient en augmentant ; l'intégrité et l'honneur du
Parlement exigeaient donc que cet état de choses
prît promptement fin.

La continuation de cet état de choses impliquait
pour le Parlement la tentation d'avoir recours à une
dépréciation de la monnaie, par une altération du
titre, chose que bien des gouvernements firent dans
des circonstances analogues et qui semble un remède
tout prêt. Mais ce serait une brèche à la foi publique
et aux premiers devoirs du gouvernement que d'abais-

ser l'or à la valeur du papier, au lieu de rehausser le papier au titre légal de l'or. Quelques-uns proposaient de remédier au mal, par une limitation légale du montant des émissions de la Banque, mais ces mesures étaient vaines car la proportion nécessaire ne pouvait jamais être fixée, et si elles étaient votées ces mesures pouvaient de beaucoup aggraver les inconvénients d'une pression temporaire, et en tout cas cette intervention serait incompatible avec les droits de propriété commerciale.

Le seul remède efficace et convenable était la reprise des paiements en espèces. Mais cette opération étant des plus délicates, son exécution devait être laissée à la prudence de la Banque. Le Parlement devait en fixer seulement l'époque, et laisser à la Banque l'application des détails. En tout cas, le comité estimait que pour mener l'opération à bon port un délai de deux ans était nécessaire et suffisant.

Tel est le *Bullion Report* ; il donna naissance à toute une littérature économique (1), et provoqua de

---

(1) Cette littérature est si abondante que ce serait une étrange entreprise que de vouloir l'étudier avec quelque détail. Le travail que nous avons fait pour la littérature qui a préconisé la création d'une banque ne serait plus possible ici. Aussi bien l'étude des brochures publiées vers 1810 ne nous apprendrait rien de nouveau ; elles ne font que ressasser des arguments connus. La plus habile des critiques dirigées contre les principes du *Bullion Report* est celle de M. Bosanquet, qui a fort bien ordonné les arguments déjà présentés dans ses *Practical Observations on the Report of the Bullion Committee.* Cette brochure est restée fameuse moins pour son mérite intrinsèque que pour la foudroyante

longs débats devant le Parlement. Il convient de dire
quelques mots de ceux-ci. Nous nous garderons bien
d'ailleurs de nous livrer à une analyse détaillée de
tous les discours prononcés, et nous ne citerons que
ceux d'entre eux qui touchent à des points non
encore abordés.

*Discussion du « Bullion Report » devant la
Chambre des Communes.* — Le rapport fut déposé
par Horner le 9 juin 1810. Il ne fut formellement pris
en considération que le 6 mai 1811. — Le débat fut
ouvert par M. Horner qui prononça un fort long discours (1), qu'on lira encore aujourd'hui avec plaisir
et intérêt ; il y développa les arguments sur lesquels
nous nous sommes suffisamment étendus, et conclut
en soumettant au vote de la Chambre une série de
résolutions, que le lecteur trouvera en note (2), et

réplique qu'elle s'est attirée de la part de Ricardo. V. *Reply to M. Bosan
quet's Practical observations.*

(1) Ce discours dura trois heures, on le trouvera dans *Parl. Deb.*,
vol. 19, p. 799-832.

(2) V. p. 830-32. Les 7 premières se réfèrent à l'étalon légal du pays.
8° Que les billets de banque étaient des stipulations de payer sur demande le nombre de l. st. spécifié par eux. 9° Que quand le Parlement passa l'*Act* de restriction, il n'entendait pas altérer la valeur de
ces billets. 10° Que malgré cela ils étaient depuis longtemps au-dessous
de leur valeur légale. 11° Que cette baisse était causée par l'augmentation
excessive des émissions de la Banque d'Angleterre, aussi bien que des
banques provinciales. 12° et 13° Que l'extraordinaire depression du change
était due en grande partie à la dépréciation de la monnaie de ce pays.
14° Que durant la suspension les Directeurs de la Banque devaient regler
leurs émissions sur le prix des lingots et le cours du change. 15° Que
la seule méthode pour préserver à la circulation fiduciaire sa valeur

qui sont sensiblement la mise en articles des conclusions du *Bullion Report*.

M. Rose répliqua longuement (1) à M. Horner et développa des arguments qui pour être en sens contraire ne nous sont pas moins familiers.

Le débat devient singulièrement plus intéressant avec l'apparition de M. Henry Thornton, qui prononça le discours (2) de beaucoup le plus original que la Chambre ait entendu sur le sujet. Pour lui, la grande question, en controverse, était celle de savoir si les émissions de la Banque doivent être réglées sur le prix de l'or et le cours du change, et si les émissions excessives pouvaient avoir quelque effet sur ceux-ci. Il s'attacha à démontrer l'affirmative d'abord en développant à son tour les principes du *Bullion Report* ; et ensuite, à l'aide de nombreux exemples historiques, il proposait surtout le cas de la Banque de France comme une illustration remarquable de sa thèse (3). La Banque de France ne pouvait, selon ses statuts, consentir un emprunt au gouvernement, qui fut forcé en 1805, année de la reprise des hostilités, de s'adresser à divers banquiers et commerçants ; ceux-

originelle était de la rendre payable sur demande. 16° Que les paiements en espèce devaient être repris dans un délai de deux ans.

(1) V. p. 833-895.

(2) V. p. 895-919.

(3) V. p. 907. V. en outre sur les causes de la crise de 1805 le rapport de Dupont de Nemours, spécialement les pages 48-55. Edition de Londres 1811 (Note de l'auteur).

ci furent obligés de fabriquer entre eux des effets pour le montant de la somme demandée, et firent ensuite escompter ces effets à la Banque, qui devint ainsi le prêteur reél. La conséquence de ces transactions fut une augmentation énorme du papier de la Banque de France. Un drainage de numéraire s'ensuivit ; et les diligences transportaient dans les départements le numéraire que la Banque était continuellement obligée de faire revenir à grands frais. Elle fut enfin forcée d'arrêter ses paiements, et vit ses billets subir 10 0/0 d'escompte. Le cours du change subit presque immédiatement une baisse analogue. Ce fut alors que la Banque, sur les conseils de Dupont de Nemours (1), rapporteur d'un comité spécial, restreignit ses émissions. Dans un délai de trois mois, les paiements reprirent comme par le passé, et le change fut rectifié.

Un autre cas fort intéressant, analogue au cas de l'Angleterre, était celui de la Suède. Thornton (2), après avoir donné une idée du régime des banques dans l'état scandinave, montra que, quoique à la
su ite d'une suspension des paiements en espèce, le

(1) Voici les propres paroles du rapporteur. « Il faut resserrer l'escompte aussitôt que l'on s'aperçoit qu'il se présente à la caisse plus de billets à réaliser en argent que de coutume. Qu'est-ce à dire que ces demandes d'argent ? Qu'il y a sur la place plus de billets que les affaires présentes n'en exigent. Et comment y pourvoir ? En diminuant leur quantité par un retrait plus fort que l'émission nouvelle. — Le titre exact du rapport est « Sur la Banque de France et les causes de la crise qu'elle a éprouvée ».

(2) V. p. 910-911.

papier subit une dépréciation de près de 70 0/0, le public suédois n'était pas absolument convaincu de la dépréciation de sa monnaie fiduciaire, car beaucoup de marchandises, et notamment le fer, n'avaient pas subi une hausse analogue à la baisse de cette monnaie.

De même en Russie, quoique le *rouble* fût tombé de 48 *pence*, sa valeur primitive, à 12 ou 14 *pence*, et quoiqu'on sût que la quantité du papier s'était beaucoup accrue, le monde commercial russe, parmi lequel l'orateur avait longtemps vécu, s'obstinait à attribuer cette baisse à une balance de commerce défavorable ou à des événements politiques qui étaient impuissants à apporter un pareil changement. Mêmes errements chez le public américain, lors de la crise de 1720 due uniquement aux émissions excessives des Banques américaines (1).

M. Thornton compare le public à l'homme qui d'un bateau croit voir la terre s'éloigner de lui ; de même nous croyons, dit-il, que notre monnaie fiduciaire, qui est dans toutes les mains et avec laquelle nous sommes identifiés, est fixe, et que le prix de l'or se meut. Passant alors à la question de la balance du commerce, que M. Rose croyait défavorable, M. Thornton opposait à l'orateur son propre discours, où il avait constaté combien extraordinairement favorable

____

(1) V. Marshall, *History of Washington.*

cette balance avait été. D'après le rapport annuel des Douanes, l'excès en faveur de l'Angleterre était de 400 millions de francs ou 16 millions de livres.

La seconde partie du discours de M. Thornton était consacrée à la question de l'étalon métallique. L'orateur montra qu'une circulation permanente de la monnaie fiduciaire était très dangereuse, car elle tendait à augmenter le nombre des partisans d'une restauration du numéraire avec une dépréciation de son titre. Même l'argument de justice, remarque Thornton (1), sert après une certaine période au parti de l'altération ; car si 8, 10 ou bien 20 ans se sont écoulés depuis la baisse du papier, il peut sembler injuste de restaurer l'ancien titre du medium circulant, puisque dans l'intervalle des contrats ont été conclus et des emprunts consentis avec l'idée que le présent état de choses continuerait à exister. M. Wansittart qui proposa un contramendement aux résolutions de M. Horner, controversa les principes du *Bullion Report*.

Il semble notamment croire, comme la plupart de ses collègues, que c'est l'*Act* de Restriction qui avait fourni au pays les immenses ressources nécessaires à soutenir la guerre. Nous avons déjà fait justice de cette théorie, mais il convient de la rappeler, car c'est pendant ces débats qu'elle a d'abord été affirmée comme un point hors de doute.

(1) V. p. 917.

M. Wansittart s'appuya sur ce fait, qu'il n'y avait pas de différence entre les prix en numéraire et ceux en papier, pour déclarer qu'il ne croyait pas applicables, au cas présent, les théories qu'avait soutenu pour l'Irlande, en 1804, le comité dont il faisait partie. Le cas n'était plus le même ; en effet, tandis qu'en Irlande les billets de Banque étant dépréciés (1), la monnaie se vendait ouvertement à prime, et que l'on voyait s'établir deux prix différents selon la nature des paiements, aucun de ces phénomènes ne se produisait en Angleterre. Il n'y avait donc pas dépréciation. C'était triompher à bon compte. Car si ces phénomènes ne se produisaient pas en Angleterre, c'était que la sévérité de la loi les empêchait de se produire. En ce moment même trois hommes étaient en état de détention préventive, en vertu d'un vieux statut d'Édouard VI ressuscité pour la circonstance.

Du reste, était-il vrai que les prix ne variaient pas selon la nature des paiements ? C'est ce que plusieurs députés nièrent avec énergie.

M. Sharpe, membre du comité, prouva (2) que le Gouvernement lui-même, qui avait édicté ces lois, était forcé de les violer, et de reconnaître cette même dépréciation qu'il prétendait empêcher. Ainsi il était d'usage d'envoyer des guinées à Guernesey pour

(1) M. Wansittart attribuait du reste cette dépréciation, non à des émissions excessives, mais à des circonstances politiques passagères.
(2) V. *Parl. Débat.*, p. 1062.

payer les troupes qui s'y trouvaient. Chaque guinée était payée aux soldats au taux de 23 shillings. Ainsi encore une personne ayant hérité d'un parent éloigné la somme de 1,000 guinées, reçut paiement du legs en numéraire. Ella alla convertir cette somme en fonds publics. Le trois pour cent était à 64 1/2, mais lorsqu'on apprit qu'elle était prête à payer en or, après quelques considérations, on consentit à vendre à 60 (1).

Plusieurs autres discours furent prononcés avant la clôture des débats ; je ne puis m'empêcher de donner quelques extraits de celui prononcé par un des hommes les plus généreux et les plus capables qui soient nés en Angleterre.

Lord Castlereagh ayant parlé « *du sentiment de la valeur* attribuée à l'agent de la circulation par rapport aux marchandises », Canning profita de cette occasion pour pulvériser la théorie opposée à celle du *Bullion Report*. Celle-ci consistait simplement en ceci, que la livre sterling n'était rien de tangible ; c'était une vision imaginaire, une vague idée qui n'avait pas d'existence réelle, et qui pouvait varier selon les temps. C'était un sentiment de la valeur (*a sens of value*) communiqué d'une façon mystérieuse d'une personne à une autre. Le sentiment de

____

(1) Sir Fr. Burdett constata de son côté que, malgré les prohibitions, on lui avait offert un prix différent, selon qu'il paierait en papier ou en numéraire.

valeur! s'écrie Canning ; mais quel sentiment, d'où vient-il, et comment peut-il être communiqué à d'autres? Qui le promulgue, qui le reconnaît, et comment s'impose-t-il? Quel art arrivera jamais à le calculer, et quelle autorité pourra contrôler les variations qu'il subit? On abandonne tous les engagements qui se résolvent en paiement d'une somme déterminée, à une mesure qui changerait de jour en jour, d'heure en heure, sans autre règle que celle de la fantaisie et de l'intérêt de chaque individu, mis en conflit avec la fantaisie et les intérêts du voisin !

Malgré l'excellence de tous ces discours, la Chambre ne fut pas convaincue de la vérité des principes du *Bullion Report*. Non contente de repousser les résolutions de M. Horner (1), elle adopta, malgré les objurgations de Canning (2), une série de résolutions en sens contraire proposées par M. Wansittard à la fin d'un nouveau discours (3). Ces résolutions en 16 articles comprenaient des déclarations comme celle-ci: « que le billet de Banque n'avait point cessé d'être l'équivalent de l'étalon métallique déterminé par la loi (4) ».

(1) La première de ces résolutions fut repoussée par 151 contre 75, et pour les autres la majorité qui comprenait Robert Peel alla croissant. V. *Parl. Deb.*, p. 1169.

(2) Canning à la fin de son discours (V. *Parl. Deb.*, tome XX, p. 94-123) déposa un amendement qui fut repoussé par 82 voix contre 48. Les deux discours de Canning ont été publiés sous le titre de *Substance of two Speeches delivered on the 8 th and 13 th of May 18.*

(3) V. Discours Wansittart, t. XX, p. 1-74.

(4) V. Seconde et troisième résolution, c'était contraire à toute évidence.

CHAPITRE VI.

ABROGATION DE L'« ACT » DE RESTRICTION.

§ I. — *Conséquences du rejet du Bullion Report. — Intervention de lord King. — La Loi Stanhope.*

Il résultait des votes des Chambres une conséquence inévitable, à savoir, que la Banque était encouragée à émettre autant de billets qu'elle voudrait ; elle pouvait ainsi faire varier le prix de toutes choses, et la valeur de la propriété et des revenus de chacun dépendait de son bon vouloir.

En fait, comme la dépréciation des billets allait croissant, les débiteurs avaient tout bénéfice à voir se prolonger cette situation, mais les créanciers étaient ruinés. Si bien que lord King, autant pour sauvegarder ses propres intérêts que pour faire résoudre une question de principe, adressa une circulaire à ses fermiers et locataires par laquelle il leur demandait d'être désormais payé en « or, guinées ou pièces d'or portugaises, soit en billets de banque en somme suffisante pour acheter au prix marchand actuel, le poids d'or nécessaire à l'acquittement de leur rente » (1). Dans cette même circulaire, lord King justifiait sa conduite en faisant valoir qu'en 1807, année où ses fermiers s'étaient engagés à le payer en monnaie bonne et légale (*good and lawful money of Great Britain*), l'or valait 4 livres l'once ; or il en valait aujourd'hui 4 livres 14 shillings, soit une différence de 17 livres 10 shillings 0/0.

Cette prétention était du reste parfaitement légale, car l'*Act* de 1797 avait bien autorisé la Banque à suspendre ses paiements, mais n'avait pas décrété le cours forcé. Elle était également juste, car outre les raisons que donnait lord King, une autre saute aux yeux : les fermiers voyaient les prix des récoltes augmenter et continuaient à payer les mêmes fermages en billets dépréciés.

Mais si légale et si juste que cette demande pût être, elle venait démolir d'un coup la théorie que la Chambre venait si péniblement d'établir. Aussi Lord Stanhope (2) proposa une loi prohibant toute différence entre les paiements en papier et ceux en numéraire, il se basa sur ce que 27 shillings étaient demandés pour une guinée (3), fait qui fut confirmé

(1) V. cette circulaire reproduite tout au long dans le discours de lord King à la Chambre des Pairs. V. *Parl. Deb.*, p. 792-893.

(2) Les méchantes langues prétendirent que lord Stanhope devait 100,000 livres, et qu'en plaidant si chaleureusement la cause des débiteurs, il plaidait *pro domo*. Mais lord Stanhope donna un démenti formel à ces allégations. V. *Parl. Deb.*, p. 762.

(3) Pour lord Stanhope, ce qui faisait la légalité d'une monnaie ce

par lord Holland, adversaire de la nouvelle loi, et
est une nouvelle preuve de l'inexactitude des affir-
mations de Wansittart.

Le projet fut combattu par lord Grenville (1), un
des membres du cabinet qui fit voter la Restriction,
et par le marquis de Lansdowne, lord Grey, et Lord
King. Ce dernier présentant l'apologie de ses actes (2).
Il fut facile à tous ces orateurs de montrer qu'après
avoir autorisé la suspension de paiement des billets,
on allait maintenant plus loin, et on aboutissait fatalement au cours forcé.

A vrai dire, par cela même qu'on avait voté l'*Act*
de Restriction, on était amené à voter la loi nouvelle,
et même à décréter le cours forcé. Ceci a été fort
bien montré par lord Eldon, un partisan de la nouvelle loi. Il prit à titre d'exemple le cas d'un jeune
commerçant ayant à lutter pour la vie. Ce jeune
homme dit-il, possède une fortune privée de 3,000 livres, déposées à la Banque et doit payer un loyer annuel
de 90 livres. Son propriétaire lui demande son loyer

n'était ni son poids, ni sa finesse, car pareille mesure de valeur
n'existait pas en Angleterre, mais l'empreinte. Or si les billets de banque et l'or avaient la même valeur proportionnelle quant à la livre, ils
étaient égaux, et pour prouver cela il n'était pas besoin d'aller plus
loin que le premier livre d'Euclide, où se trouve l'axiome que deux
choses égales à une troisième sont égales entre elles.

(1) C'est dans ce discours que Grenville déclara que le jour où
M. Pitt et lui furent réduits à proposer l'*Act* de restriction avait été l'un
des plus douloureux de leur vie politique.

(2) V. ce discours, p. 790-814.

en or, alors que la Banque refuse de lui payer ses intérêts en numéraire. Est-il juste, dira-t-il avec raison, que le même législateur qui me force à recevoir des billets, m'oblige à payer mon loyer en or, que je ne puis me procurer, et par conséquent me réduise sinon à la prison du moins à la vente de mes biens.

Quoi qu'il en soit de ces discours, la loi fut votée (1), et ses effets originairement limités au 25 mars 1812, furent prolongés pendant toute l'existence de l'*Act* de Restriction.

Il est inutile d'ajouter qu'en dépit de cette Loi, le trafic continua comme par le passé, le prix de l'once d'or ayant atteint 5 livres 10 shillings. En revanche la Loi eut un effet néfaste sur les affaires. Tous les anciens créanciers perdaient 30 à 40 0/0 de leurs créances, et notamment ceux qui avaient consenti des baux à long terme (*leases*) recevant seulement les 2/3 de leurs intérêts. La Banque de son côté n'ayant en rien limité ses émissions et des Banques provinciales continuant à se fonder, les prix de toutes choses continuèrent à augmenter, et celui du blé atteignit un point auquel il n'était encore jamais parvenu.

---

(1) La loi fut votée à la Chambre des Lords par 43 voix contre 16, et aux Communes par 95 contre 20. Le texte voté différait quelque peu du texte proposé d'abord par Stanhope, mais il est inutile d'entrer dans des détails qui n'offrent plus qu'un intérêt rétrospectif.

§ 2. — *L'Act de 1819.*

La fin de la guerre, des récoltes abondantes, une forte diminution des émissions provinciales (1), améliorèrent tellement la situation, que la Banque commença à envisager la perspective d'une reprise des paiements en espèces. Vers novembre 1816, les directeurs avaient amassé assez d'or, pour déclarer qu'ils étaient prêts à payer immédiatement tous leurs billets antérieurs à 1812 et à partir d'avril 1817, tous ceux antérieurs à janvier 1816. Mais pendant l'intervalle le public s'était si bien accoutumé aux billets, que non seulement il ne les présentait pas à la banque mais encore, dans plusieurs cas, il les préférait à l'or.

La reprise partielle des paiements en espèces avait fort bien réussi, et on se préparait à reprendre le paiement général, quand un drainage du numéraire vint à se produire. Ce drainage était principalement dû aux grands emprunts que les états continentaux, s'efforçant de remplacer leur papier déprécié, venaient contracter en Angleterre à des taux élevés; et aussi à la réduction de l'intérêt porté par les bons de l'Échiquier qui avait fait perdre à ceux-ci une partie de leur ancienne faveur.

---

(1) Cette réduction était due principalement à la faillite de 89 Banques d'émission provinciales qui eurent lieu de 1814 à 1815, et comme conséquence et preuve de la vérité des principes du *Bullion report*, l'or tomba de 5 livres 6 sh. l'once à 3 livres 18 sh. (1er octobre 1816).

Le prix de l'or commençait à monter (1) ; les directeurs de la Banque loin de réduire leurs émissions
avancèrent 28 millions au lieu de 20 au gouvernement, et les Banques provinciales montrèrent encore
moins de sagesse. La situation devint si sérieuse que
le 3 février 1819, les deux Chambres nommèrent chacune un comité pour s'enquérir de la situation de la
Banque.

Les deux comités examinèrent un certain nombre
de témoins sur le sujet, et le résultat de cette enquête
est surprenant. Alors qu'en 1804 et 1810 la majorité
du monde commercial ne croyait pas à l'influence des
émissions sur le change ou le prix de l'or, en 1819
elle partageait absolument les théories du *Bullion
Committee*. On peut voir en ce sens les dépositions
de la plupart des témoins, et celles du gouverneur, du
deputy-gouverneur et divers autres directeurs de la
Banque. Seule et malgré tout, l'assemblée générale
des directeurs de la Banque se prononça en sens
contraire et vota le 25 mars une résolution officielle
pour manifester officiellement sa façon de voir (2).

Les comités deux Chambres s'entendirent pour
recommander : qu'après le 1er février 1820, la Banque fût obligée de délivrer de l'or de la qualité du

(1) Il était en janvier 1819 de 4 livres 3 sh. l'once.
(2) La Banque persista encore 8 ans dans cette opinion. Et ce n'est
qu'en 1827 que cette résolution fut solennellement effacée des livres de
la Banque.

titre (*standard finess*) en quantités non moindres que
60 onces, à 1 sh. livres 4, par once ; qu'après le 1ᵉ octobre 1820, le taux fut réduit à 3 livres 19, 6. et, après
le 1ᵉʳ mai 1821, au prix de la monnaie c'est-à-dire
3 livres 17 10 1/2. Cette obligation de payer en lingots
devait continuer pour non moins de deux et pas plus
de trois ans, à partir du 1ᵉʳ mai 1821, époque où les
paiements en espèces reprendraient.

Le rapport fut soumis à la Chambre des Lords le
21 mai 1819. Lord Harrowby introduisit bientôt les
propositions ministérielles qui étaient conformes à
celles du rapport. Ces propositions furent discutées,
mais le débat fut étrangement déplacé par suite d'une
proposition de Lord Landerdale qui demandait que le
titre de la monnaie fût altéré de façon à correspondre au prix marchand. Robert Peel dans un discours
magistral prouva : 1ᵉ Qu'il était nécessaire de revenir
aux paiements en espèces ; 2º qu'on ne devait point
réduire le titre du numéraire.

Sur le premier point Peel commence par confesser
que ses idées avaient complètement changé depuis
1811. Tout écrivain sensé reconnaissait que le vrai
étalon de valeur (1) consistait en une quantité définie
de métal d'une certaine qualité, avec une inscription
affirmant ce poids et cette qualité. Sans doute la
Banque était parfaitement solvable, mais s'ensuivait-

(1) V. ce discours, *Parl. Debates*, p. 676-705.

il qu'il ne pût y avoir une émission exagérée de papier. Si la solvabilité seule suffisait à démontrer qu'il n'y avait pas excès d'émission, la théorie de Law était juste, et la terre aussi bien que tous autres fonds pouvait être convertie en médium circulant.

Quand à l'altération du titre, Peel la combattit avec énergie. Il ne saurait y avoir aucun inconvénient, dit-il, à obliger la banque à payer en espèces de titre non altéré. Elle l'avait fait de 1776 à 1797, et le prix de l'or n'avait jamais dépassé 3 livres 17 sh. 6 d. Mais il était dit qu'il avait depuis atteint 5 L. 2 sh., et que par conséquent c'était un étalon variable. Cela tenait à ce que nous lui avions depuis introduit un substitut, et que ses prix étaient considérés par rapport à ce substitut. *Que la chambre se garde bien de confondre le prix avec la valeur.* Ceux qui parlent du prix de l'or augmentant, sont-ils préparés à prouver que sa valeur intrinsèque était augmentée ? La valeur de l'or loin d'avoir augmenté avait dans les dernières cinquante années diminué, en partie à cause de la plus grande abondance du numéraire, et en partie à cause des substituts qu'on employait.

Une théorie, admise par beaucoup, voulait qu'au lieu de régler le papier sur la valeur de l'or, on réglât l'or sur la valeur du papier. Ceci n'était rien moins qu'une fraude dont les créanciers seraient victimes.

(1) C'est ce que montra aussi lord Liverpool à la Chambre des lords dans un discours qui mérite d'être cité à côté de celui de Peel.

Il était ridicule de croire que les nations étrangères se laisseraient imposer par de pareils procédés. Le seul résultat serait qu'après que les créanciers seraient lésés, nous resterions avec un numéraire déprécié.

Il fallait imiter l'exemple des plus glorieux et des des plus sages de nos ancêtres, et revenir à l'ancien titre du numéraire. Trois réformes fameuses avaient déjà eu lieu dans ce sens sous Edouard III, Elisabeth et Guillaume III (1) et dans les trois cas ces souverains avaient affaire à des difficultés bien plus grandes que celles d'aujourd'hui.

L'idée que ce pays-ci devait sa gloire et ses succès militaires à une monnaie fiduciaire inconvertible

---

(1) Sur la première de ces réformes. V. Ruding, vol. I. p. 190-203; sur la troisième, v. *supra* 1re partie, chap. v, entièrement consacré à la question. Sur la seconde V. Ruding, vol. I. p. 332-343 et Froude, *History of England from the fall of Wolsey to the defeat of the Spanish Armada*, vol. VII, p. 453-460. Elisabeth trouva les monnaies dans un état de dépréciation épouvantable. Sur l'avis de Burleigh, fondateur de la maison des Cecils, elle se décida à une refonte générale malgré les difficultés énormes que présentait une pareille opération. L'opération réussit parfaitement, et laissa un profit de 14,079 livres à la couronne.

Comme le constate Froude (p. 453) aucune mesure du règne d'Elisabeth n'a reçu des éloges plus mérités. A vrai dire, ces éloges ont quelquefois dépassé les mérites, puisque quelques historiens l'ont représentée comme s'étant accomplie aux dépens de la couronne.

Elisabeth était très fière de sa réforme. Elle reçut les félicitations officielles du Parlement (V. *Parl. Hist.*, vol. IV, p. 214). Elle fit frapper une médaille commémorative avec l'inscription: *Bene constituta re nummaria*, et son inscription funéraire conclut ainsi: *Gallia domata, Belgium sustentum, Pax fondata et Moneta in justum valorem redacta.*

était ridicule; nous avons eu de grandes gloires militaires même avant 1797. La grande différence pour
Peel entre l'Angleterre et les autres Etats est que
celle-ci n'a jamais violé sa foi. C'est cette honnêteté
et ces sentiments qui lui permirent de résister à l'ad-
versité, et d'obtenir le triomphe final. Maintenant, conclut l'orateur, que nous avons atteint l'autre rive nous
ne devons pas abandonner le grand principe qui
nous soutint dans un voyage aventureux.

Le reste de la discussion aux Communes n'apporta
rien de nouveau ; parmi les orateurs qui obtinrent
le plus de succès, on peut citer Canning qui, à la fin
de la séance suivante, semble avoir obtenu un succès
triomphal (1), et Ricardo (2) dont le succès fut très
considérable lorsqu'il montra les contradictions entre
les dépositions des directeurs de la Banque, et la déclaration de leur assemblée; il conclut qu'eu égard à
leur conduite passée il ne restait plus à la Chambre
qu'à leur enlever des mains un pouvoir extraordinaire.

L'*Act, Statute* 1819,ch. 49 (3), fut voté à l'unanimité,
après un amendement par la Chambre des Lords (4).

En voici les principales dispositions.

(1) V. *Parl. Debat.*, p. 800. La fin de sa très brève allocution fut
accueillie au témoignage de ce journal par un applaudissement universel (*Loud and Universal cries of hear, hear*).

(2) V. le discours de Ricardo, p. 742-748.

(3) *Statutes of the Realm*, vol. 59, p. 156.

(4) V. *Parl. Deb.*, p. 1137.

I. — Prorogation des *Acts* pour la suspension des paiements en espèces jusqu'au 1er mai 1823, époque où ils cesseront d'avoir effet.

Mesures Transitoires empruntées aux rapports :

1o A partir du 1er février au 1er octobre 1820 la Banque doit payer les billets présentés au taux de 4 L. 1 sh. l'once (1) ;

2o Du 1er octobre au 1er mai 1821, elle doit payer au taux de 3 l. 19. 6 ;

3o Entre le 1er mai 1821 et le le 1er mai 1823 le taux des lingots sera 3 L. 17 sh. 10 1/2 d. par once.

II. Le commerce des lingots et des monnaies est déclaré libre ;

III. En plus une loi du 6 juillet 1819 (*Statute* 1819, ch. LXXVI) vint défendre expressément à la Banque de faire une avance quelconque au gouvernement sans autorisation du Parlement. Au cas où une demande serait jugée nécessaire, elle devait être faite par écrit, et devait être, ainsi que la réponse de l'assemblée des directeurs de ladite Banque, déposée devant les Chambres du Parlement.

On espérait ainsi mettre un terme à des facilités qui avaient rapidement dégénéré en licence, et qui avaient occasionné cette crise épouvantable qui, après 22 ans de secousses terribles, venait enfin d'être heureusement terminée.

____

(1) Les porteurs subissaient ainsi une perte de 3 shillings et demi par once.

Reprise des paiements en espèces. — L'*Act* fixait comme date extrême de la reprise de ces paiements le 1er mai 1823. Mais ce dernier terme fut devancé, et, le 1er mai 1821, le cours forcé, qui régnait depuis 1797, fit place à une circulation métallique, dont ce pays avait été privé pendant 24 ans et deux mois.

Dans cet intervalle, la crise avait parfois atteint un haut degré d'intensité et la rareté des espèces monnayées avait amené sur les billets émis par la Banque une dépréciation qui, de 8 livres 7 sh. par 100 livres en 1801, avait été de :

7 livres 5 sh. en 1802	25 livres 3 sh. en 1814	
2 — 3 sh. de 1803 à 1809	19 — 14 sh. en 1815	
13 — 9 sh. en 1810	16 — 14 sh. en 1816	
7 — 16 sh. en 1811	2 — 13 sh. de 1817 à 1818	
20 — 14 sh. en 1812	4 — 9 sh. en 1819	
22 — 18 sh. en 1813	2 — 12 sh. en 1820	

et ne prit fin qu'en 1821, date à laquelle les billets ont de nouveau circulé au pair.

CHAPITRE VII

LA BANQUE D'ANGLETERRE DE 1819 à 1844 (1).

La reprise des paiements en espèces et la facilité
avec laquelle la Banque avait devancé le terme fixé
par la loi de 1819 réveillèrent bientôt la confiance.
Les récoltes qui avaient été insuffisantes pendant les

(1) Ce chapitre septième comprendra moins une étude qu'une esquisse
de l'histoire de la période qui va de 1819 au grand *Act.* de 1844. Nous
nous bornerons à indiquer sommairement les événements qui ont déterminé le vote de cet *Act.* Ces évènements sont si étroitement liés avec la
loi de 1844 que leur étude forme une partie nécessaire et intégrante de
l'étude de cette loi. De même on ne pourrait étudier l'*Act* de Robert
Peel, sans avoir sérieusement scruté les crises qui l'ont précédé. Mais
alors, nous dira-t-on, pourquoi n'avoir pas étudié la Charte qui régit
présentement la Banque d'Angleterre, et s'être borné à une étude historique intéressante peut-être, mais d'un intérêt éminemment spéculatif.
Voici quelle serait notre réponse. L'étude générale de l'émission du
billet de banque en Angleterre était l'objet primitif de cette thèse, et
j'avais dans ce but recueilli un grand nombre de notes et de renseignements (qui serviront peut-être dans quelques années). Mais après un
certain temps je me suis aperçu que la grande question de la liberté ou
de la réglementation des émissions deviendrait infailliblement le pivot
d'une pareille étude. Or, s'il est une question où le mot du philosophe :
Tout est dit, soit de saison, c'est bien celle-là. Plus spécialement
en ce qui touche l'Angleterre, les crises nombreuses qu'eut à traverser
la place de Londres dans ces 57 dernières années ramenèrent périodi-
quement la question sur le tapis et donnèrent lieu à l'éclosion toujours
renouvelée d'une littérature aussi abondante que diverse. En France
les revues, journaux et sociétés économiques n'ont pour ainsi dire
jamais laissé reposer cette question, et la crise de 1866 donna lieu à

trois dernières années du régime du cours forcé,
furent au contraire des plus abondantes pendant les
trois saisons qui suivirent l'année 1821. Au témoignage de Tooke, les intérêts industriels et commerciaux du pays n'avaient jamais été dans une situa-

une controverse fameuse, sur les mérites de l'*Act* de 1844, entre
Wolowski et Michel Chevalier. (On trouvera toute cette discussion avec
les articles de ces deux économistes dans *la Banque d'Angleterre et
les Banques d'Ecosse* de Wolowski). Il était donc facile d'écrire sur la
question un ouvrage volumineux ; il l'était moins de dire quelque chose
de nouveau. Seules une connaissance profonde des opérations de Banque, une longue pratique des affaires, pouvaient donner assez d'autorité et assez d'expérience pour présenter des vues nouvelles. Dans ces
conditions, ayant d'ailleurs toujours considéré qu'une thèse de docto-
rat doit être autre chose qu'une compilation d'ouvrages antérieurs, il
fallait trouver autre chose, c'est alors que j'ai songé à l'histoire de la
Banque d'Angleterre.

L'histoire de la Banque conçue à un point de vue scientifique est,
dit M. Stephens (p. ix, préface), encore à écrire. L'histoire de Francis,
ouvrage excellent dans son genre, s'occupe du sujet à un point de
vue populaire. Probablement, si quelqu'un, possédant les aptitudes
nécessaires pour écrire cette histoire, l'intelligence littéraire indispensable pour faire usage de vastes masses de matériaux, et l'ima-
gination historique requise pour donner à son œuvre forme et consistance, a jamais contemplé sa tache, il a dû être effrayé par son
énormité, par la réflexion qu'elle doit embrasser une bonne partie de
l'histoire commerciale et industrielle de ce pays-ci pendant plus de
deux siècles. La littérature de ce sujet est de plus énorme, et les infor
mations qu'elle contient n'ayant jamais été recueillies et exposées
d'une façon scientifique, la besogne de l'auteur est doublée d'autant.

Il est probable que si j'avais, privé de toutes les qualités requises par
M. Stephens, mesuré soigneusement les difficultés de la tâche qui était
devant moi, je ne l'aurais peut-être pas entreprise. L'attrait de la difficulté, c'est-à-dire la présomption inhérente à la jeunesse m'engageait à
persévérer. Mais cette présomption, si puissante qu'elle soit, n'a su me
cacher ni les faiblesses ni les lacunes énormes que présente cet essai.
Aussi ai-je invoqué le témoignage de M. Stephens sur les difficultés

tion plus satisfaisante que de 1821 à 1824. Aussi le roi félicita-t-il le Parlement sur l'état florissant du pays par son discours clôturant la session 1823, et répéta-

que présentait la présente étude, non point dans une pensée de vanité triomphante, mais dans l'espoir d'obtenir de mes juges le bénéfice des circonstances atténuantes.

Un dernier mot. On trouvera plus haut les raisons qui nous ont poussé à laisser de côté l'étude de l'*Act.* de 1844. Cette étude, nous l'avons remise mais non point abandonnée. Plus mûrs et ayant profité des l'enseignements de l'expérience nous pourrons la reprendre avec plus de fruit. Nous serons alors plus à même d'émettre un avis sur la question, jamais tranchée, de la liberté et de la règlementation des émissions.

Il est probable que cet avis, tout en étant en principe favorable à l'idée d'une certaine limitation des émissions, se rapprochera de la définition qu'Emile Augier donnait jadis dans une réponse non prononcée à un discours de M. Emile Ollivier. On raconte, disait le dramaturge qu'une Minerve fut retrouvée, pièce par pièce, dans des fouilles successives, sur une étendue de terrain considérable. Chacun des heureux inventeurs fit achever, par un statuaire de son pays, chaque tronçon découvert, en sorte qu'on eut dix statues médiocres, enchassant chacune un morceau du chef-d'œuvre ainsi condamné à la dispersion définitive.

Ne serait-ce pas un peu l'histoire de la vérité ? (V. Em. Augier, *Œuvres diverses* p. 289).

Il en est peut-être de même ici. Chaque système a ses avantages et ses inconvénients. La réglementation des émissions peut accentuer certaines crises en empêchant la Banque de prêter une aide efficace au commerce et à l'industrie. La liberté d'émission peut en provoquer d'autres en induisant la Banque à des émissions inconsidérées. Sans doute les directeurs d'une Banque obéissant à ce dernier principe peuvent et doivent se régler sur le cours du change et le prix des métaux précieux. Mais l'expérience a montré que ce devoir n'a pas été toujours rempli. En revanche on peut citer l'exemple de la Banque de France qui, avec une liberté d'émission presque absolue, a su tirer tous les bénéfices découlant de son règlement, sans tomber jamais dans les excès auxquels il peut donner lieu. En résumé, il y a quelque chose de plus important que le système régissant les émissions c'est l'usage qu'on en fait. Ici comme ailleurs, on pourrait dire qu'il n'y a pas de mauvais instruments; il n'y a que de mauvais ouvriers.

t-il ses félicitations l'année suivante et même au début de l'année 1825.

La Banque d'Angleterre participa à la prospérité générale, et sa réserve métallique atteignit la somme énorme de 14,200,000 livres. Au même moment, un *act* d'avril 1822 autorisa la Banque d'Angleterre et les banques des comtés à accroître leurs émissions, et il s'ensuivit une élévation du prix des marchandises qui permit au gouvernement de réduire le taux de l'intérêt de la Dette publique de 5 à 4, puis à 3 1/2 0/0 à l'aide d'une avance de 5 millions de livres à lui consentie par la Banque d'Angleterre.

L'abaissement de l'intérêt de la rente anglaise eut pour résultat un mouvement de vente très accentué parmi les possesseurs de fonds publics qui, ne pouvant se contenter d'un revenu aussi modeste, se lancèrent dans les aventures. C'est aujourd'hui un brocard courant dans le monde des affaires que John Bull est capable de résister à tout sauf au péril de l'intérêt à deux pour cent. Dès que le taux de l'argent se maintient d'une façon prolongée à un niveau très réduit, s'il ne se présente pas de bonnes affaires on se risque dans des mauvaises, et une crise ne tarde pas à couronner la folie de spéculation.

C'est là un fait qu'on a remarqué bien souvent (1), il se produisit également à l'époque dont nous par-

____

(1) Le fait est tellement patent qu'après la crise de 1866, William Newmarch proposa de fixer une *limite minima* au-dessous de laquelle

lons. La spéculation reparut sous toutes ses formes, mais surtout sous une forme particulière que nous avons constatée en 1809 et 1810, la folie d'opérations avec l'Amérique du Sud. La guerre d'indépendance des colonies sud-américaines avait excité en Angleterre un intérêt immense. Aussi l'indépendance des Républiques une fois reconnue, on répondit à leur appel avec un empressement inusité et on souscrivit tous les emprunts qu'émettaient ces états généralement incapables de tenir leurs engagements. Le monde commercial participa à cet engouement. Il fondait des espérances exagérées sur les marchés qui s'ouvraient, et se mit à spéculer sur les denrées coloniales. Macleod (1) estime à 150 millions de livres les capitaux engagés sous diverses formes au Mexique et dans l'Amérique du Sud.

Les opérations d'un caractère de spéculation manifeste se développant de plus en plus, le Lord-chancelier crut de son devoir, dès le début de 1825, d'appeler l'attention du Parlement sur la folie à la mode, et sept semaines plus tard, lord Landerdale estimait à 200 millions le montant des sommes souscrites aux sociétés les plus diverses. Bientôt, avec la manie des spéculations, on revenait non seulement à 1810 mais à 1720 et à la Mer du Sud. Exemple : les actions de

la Banque d'Angleterre ne pourrait pas abaisser le taux de son escompte. Cette limite du taux était de 4 0/0. V. *The Recent financial Panic.*

(1) P. 109.

The Anglo-Mexican Mining Company avec un verse-
ment effectué de 10 livres, passèrent en un mois de
43 à 150 livres. Les actions de *Real del Monte*, avec
un capital versé de 70 livres, passèrent de 550 à
1.350 livres. Signe plus significatif encore, le prix
des marchandises avait doublé et parfois triplé en
quelques mois. La réaction inévitable arriva. Dès le
début de l'été, la baisse des prix commença, suivie de
la chute des valeurs sur lesquelles les versements ne
s'effectuaient plus. A la fin novembre, les faillites de
plusieurs grandes maisons ayant spéculé sur les cotons donnèrent lieu à une panique générale. La
Banque crut de son devoir d'abandonner le système
de 1797 et de se livrer à des émissions libérales. Ses
réserves avaient passé de 14 millions qu'elles étaient
en janvier 1824 à 11 600.000 en octobre 1824. Elle
persista dans cette ligne de conduite malgré un
change défavorable et, en avril 1825, ses réserves n'é-
taient plus que de 6.650.000 livres, alors que ses émissions étaient supérieures au montant de janvier 1824.
La Banque ne s'aperçut de son erreur qu'au plus fort
de la crise, et le 31 décembre, elle élevait à 5 0/0 le
taux de son escompte. Ceci n'empêcha pas ses réserves
de tomber de 3.912.150 livres qu'elles étaient en novembre à 1.260.890 (31 décembre) et jeta la circulation dans un désordre inouï.

La rareté du numéraire s'accroissait, malgré les
efforts du Gouvernement qui faisait travailler la Mon-

naie jour et nuit; et cette rareté se transforma en disette
à la suite de la faillite du *London Bank*, établissement
de crédit des plus importants, qui entraîna dans la
ruine soixante autres sociétés financières.

Le drainage des espèces se fit dans des proportions
tellement énormes, que la Banque se vit réduite à
jeter dans la circulation 600.000 livres de billets
d'une livre, émis au début de l'*Act* de restriction et
depuis longtemps oubliés dans ses caisses. Ceci suffit
pour sauver la Banque de Norwich, mais non pour
transformer une situation sans précédent. Personne
ne consentait à se séparer du numéraire qu'il possédait
et, au témoignage d'Huskisson devant la Chambre,
pendant une bonne partie du mois de décembre, il
fut impossible de réaliser les sécurités les meilleures,
telles les rentes sur l'Etat et les actions de la Banque
d'Angleterre et de la Compagnie des Indes.

Le désastre fut complété par la faillite de trente-
six Banques provinciales que la Banque ne put secourir à temps et un même sort menaçait plusieurs
grandes grandes maisons commerciales de Londres.
La Banque, sous la pression du Gouvernement, se décida enfin à leur venir en aide et élargissant ses émissions, elle accorda de nouvelles avances jusqu'à
concurrence de 400.000 livres.

La crise calmée, il fallait en trouver les causes, et
en rechercher les remèdes. Ce soin incombait au Parlement qui justement se réunissait le 3 février.

Lord King indiqua comme principale cause du mal le monopole de la Banque d'Angleterre.

Et Lord Liverpool, dans un discours dont nous avons fait usage en examinant la situation du crédit provincial lors de la Révolution, critiqua sévèrement l'organisation de ce crédit et la loi de 1708 qui, limitant à six le nombre des associés des Banques d'émission, permettait à tout boutiquier provincial, fruitier, épicier ou boucher, de se transformer en banquier, et refusait le droit d'émission à des Compagnies sérieuses et dignes de toute confiance.

En conséquence de ces critiques(1) la loi de 1708 fut rapportée, et on fit disparaître les billets de banque inférieurs à cinq livres. On fut obligé de rembourser ainsi de 7 à 8 millions de billets. Les petites coupures furent cependant maintenues en Ecosse. Mais un *Act* de 1828 (ch. 65) vint interdire la circulation des coupures écossaises en Angleterre.

Ces billets furent supprimés en 1826, les Chambres ayant estimé avec Lord King qu'ils ne servaient qu'a augmenter les prix et à encourager la spéculation.

Toutes ces mesures furent assez effectives, car la situation ne cessa de s'améliorer pendant toute l'année 1826 et, en 1827, l'argent se prêtait à 4 0/0.

La période qui suivit 1830 fut en Angleterre une

____

(1) Des critiques analogues furent présentées aux Communes par Messieurs Baring, Robert Peel, Huskisson ; nous avons déjà fait allusion au discours de ce dernier, p. 359.

période politique très agitée ; on était à la veille du
« Reform Bill » de 1832. Il y avait des troubles fréquents à Londres, où une grande misère régnait aussi
bien que dans tout le pays. Un *run* sur la Banque se
produisit, mais il se borna à Londres, avait un caractère politique, et n'eut pas de conséquences. Il faut
donc le signaler et passer.

Le privilège de la Banque expirait en 1833. Au
début de 1832 un comité fut nommé pour examiner
la question de son renouvellement, mais étant donné
l'excitation que causait le *Reform Bill* il ne put
déposer son rapport qu'à la fin de l'année. Le privilège de la Banque fut renouvelé jusqu'en 1855, mais
le gouvernement se réservait la faculté de le dénoncer,
sous certaines conditions, au bout de 12 années.

La loi de 1833 changeait assez profondément la
situation de la Banque. Il accordait d'abord à la Banque
trois avantages notables :

1° Sur la proposition de Lord Althor, ses billets
reçurent le caractère de monnaie légale (1), (*légal
tender*), or même pendant que l'*Act* de Restriction était
en vigueur, ils n'eurent jamais ce caractère ; c'est ce qui
avait permis à Lord King d'écrire sa fameuse lettre
à ses tenanciers ;

2° La Banque était dispensée de l'application des

____

(1) Cette proposition fut combattue par Peel ; elle fut cependant adoptée
par 214 voix contre 156.

lois sur l'usure relativement à l'escompte des effets à trois mois d'échéance. Ce qui lui permettait d'élever ce taux au delà de 5 0/0;

3° Elle obtint de l'Etat le remboursement du quart de son capital, qui fut réduit de 363.000.000 francs à 272.000.000. En revanche le Trésor fit réduire de 120.000 livres, l'abonnement qu'il payait à la Banque pour la gestion de la dette publique, elle ne toucha plus de ce chef que 131.000 livres.

Enfin l'*Act* constatait la légalité des *Joint Stock Bank*, émettant des billets au porteur; légalité que la Banque avait contestée en vain.

Nous avons vu que par cet *Act* le gouvernement se réservait la faculté de suspendre le privilège de la Banque à partir de 1845. Le gouvernement fut appelé à user de cette faculté dans des conditions qu'il nous reste à relater, et c'est par cette relation que nous terminerons notre Thèse.

De 1837 à 1840 sévit une crise, dans le détail de laquelle nous ne voulons pas entrer, et à laquelle la Banque d'Angleterre n'échappa que grâce à l'assistance de la Banque de France qui, secondée par 12 grandes maisons de Banque parisiennes, consentit à lui faire des avances jusqu'à concurrence de 2 millions de livres (1). Les conséquences de cette crise

____

(1) L'intervention de la Banque de France permit à la Banque d'Angleterre de vendre les annuités du *dead wright* pour lesquelles elle ne trouvait pas preneur. L'opération fut conduite par la maison Baring

désastreuse se prolongèrent pendant longtemps et de 1839 à 1843, 82 Banques locales, dont 29 possédant la faculté d'émission, avaient suspendu leurs paiements.

« L'expérience des trois années écoulées, dit M. Noël (1), ne devait pas être perdue pour l'Angleterre. La conviction des hommes d'affaires et des financiers les plus compétents était que la crise avait dû son intensité aux fluctuations de la circulation (*currency*) et qu'il était dangereux de laisser une liberté d'émission illimitée à un pays exposé, par sa situation exceptionnelle comme entrepôt commercial du monde, à subir le contrecoup des crises de tous les autres marchés de production et de consommation On faisait remarquer que la plupart des Banques d'émission qui avaient fait faillite ne possédaient pas les conditions de vitalité requises; que leur création avait été, pour la plupart d'entre elles, provoquée par la pensée de trouver, dans l'émission du papier fiduciaire, les éléments de grosses entreprises à traiter et, par conséquent, de bénéfices importants à réaliser, et que, sur les 29 établissements dont la disparition avait

avec l'aide de 12 banquiers de Paris, sur lesquels la première était autorisée à tirer des lettres de change que la Banque de France acceptait d'escompter. Au fur et à mesure que ces lettres de change étaient tirées, la Banque d'Angleterre transférait pour un montant égal, des annuités au tireur et à l'accepteur (V. Noël, *op. cit.* p. 23).

(1) *Ibidem*, p. 24.

été signalée de 1839 à 1843,17 n'avaient encore donné aucun dividende.

De toutes parts, les écrivains spéciaux, les membres du Parlement versés dans les questions financières et industrielles, le colonel Torrens, auteur du *Currency system*, Mess. Norman, Mac Culloch, Loyd, depuis Lord Overstone, Richard Cobden et un grand nombre de commerçants réclamaient la modification des lois régissant la Banque d'Angleterre.

Les systèmes proposés furent nombreux. Il ne saurait être question de les examiner ici (1). Bornons-nous à signaler les brochures où se trouvent pour la première fois développés les principes qui devaient guider le législateur de 1844.

Il faut nommer avant toutes autres la brochure du Colonel Torrens par laquelle celui-ci, dès 1837, demandait à Lord Melbourne la séparation de la Banque en deux départements, indépendants, d'émission et d'escompte (2).

Il faut signaler ensuite toute une série de brochures par lord Overstone (3). Cet économiste alors tout

(1) On les trouvera fort clairement exposés dans *Currency and Banking* (1841) de J. W. Gibbart. Dans les œuvres en 6 volumes de cet auteur, v. vol. I, p. 289-356.

(2) *A. letter to the right honourable Lord Viscount Melbourne on the causes of the recent Derangement in the Money Market.* — R. Torrens F. R. S.

(3) *Reflections suggested by a Perusal of M. J. H. Palmers Pamphlet* — Réponse à *The causes and consequences of the Pressure on the Money Market. Défense de la conduite de la Banque*, par Palmer,

simplement S. J. Loyd Esq., joua un rôle prépondé-
rant dans cette campagne contre les statuts de la Banque. Ses brochures, aussi bien que sa déposition
devant le comité d'enquête de 1840, peuvent se résumer en trois points: 1° Attaques contre la multiplica-
tion des Banques d'émission; 2° extension du monopole de la Banque Centrale de façon à contrôler les
banques d'émission secondaires; 3° séparation des
deux départements de la Banque. — Au département
d'émission est confiée la création du medium circulant, le département de dépôts ne s'occupant que de
l'usage, de la distribution, et de l'application de ce
medium.

Il faut signaler enfin une brochure (1) de M. Geo
Warde Norman, un directeur de Banque. Celui-ci
fait remarquer: 1° La différence entre les fonctions
d'une Banque d'émission et d'une Banque ordinaire,
et 2° que tandis que le commerce de banque ordinaire doit être libre, il convient mieux au monde
de la Banque, aussi bien qu'au public, que l'émission
des billets constitue un monopole. Car si les opérations d'émission bien conduites peuvent donner un

un de ses directeurs. — *Remarks on the condition of issue of the
Bank of England and of the country issues during 1839-1840. —
Thoughts on Separation of Departments of the Bank of England* (1840).

Lord Overstone a en outre publié sur le sujet trois ou quatre autres
brochures que je n'ai point lues. On les trouvera dans une réimpression
faite plus tard sous le titre de *Tracts and other publications on Metallic
and Paper Currency*.

(1) *Remarks on some prevalent errors with respect to currency
and Banking* (1838).

profit modéré, mal conduites en ce qui touche le public, elles peuvent donner des bénéfices très considérables. Les résultats d'une telle manière d'agir ne tombent pas tant sur la banque pécheresse (*peccant bank*) que sur ses voisins.

Norman donne ensuite un résumé du plan de Torrens pour la séparation de la Banque en deux départements ; il soutient la plupart de ces dispositions, qui d'ailleurs ont passé dans la Loi de 1844, et conclut par ces considérations qui sont encore de saison : « si désireux d'introduire ce système que les directeurs de la Banque puissent être, on ne peut espérer qu'ils le fassent sous leur propre responsabilité ; spécialement dans l'état présent de l'opinion publique qui a tout à apprendre sur le sujet de la circulation ».

Cette responsabilité que les directeurs n'auraient pu prendre, Robert Peel la prit. Il partageait les idées des publicistes précités, il considérait la liberté d'émission comme l'équivalent de la tricherie (*swindling*) et convaincu que la garantie de remboursement en numéraire inscrite dans la charte ne suffirait point pour préserver le pays des dangers d'une émission surabondante, il repoussait *a priori* la concurrence en matière de monnaie.

L'époque de l'expiration du privilège de la Banque d'Angleterre avait été fixée à 1855, mais ainsi que nous l'avons déjà dit, l'*act* de concession avait reconnu au gouvernement le droit d'abréger ce délai et de le limiter à 1845, pourvu qu'avis en fût donné à la Banque 12 mois auparavant. Peel profita de ce droit à lui accordé, et soutenu par une grande partie de l'opinion publique, il prépara un projet s'inspirant des idées que nous venons de développer, bouleversant profondément la Charte de la Banque, et que la sanction des chambres transforma en loi.

Ce fut dans cet esprit et dans ces conditions que fut voté l'*Act* de 1844. *Act* qui régit encore aujourd'hui la Banque d'Angleterre. Cette loi ne sut pas, hélas ! empêcher les crises qu'elle se proposait de prévenir, et qui se multiplièrent plus nombreuses que jamais ; et, d'autre part, les principes qui présidèrent à sa rédaction n'ont cessé de donner lieu à d'ardentes controverses. Le récit de ces crises, et l'examen de ces discussions théoriques feront l'objet d'un ouvrage, complément nécessaire de celui-ci, que nous espérons pouvoir écrire un jour.

TABLE DES MATIÈRES

ANDRÉADÈS   24

PREMIÈRE PARTIE. — Fondation de la Banque d'Angleterre.

DEUXIÈME PARTIE. — La Banque d'Angleterre sous la Dynastie de Hanovre jusqu'à la Révolution française.

TROISIÈME PARTIE, **La Banque d'Angleterre depuis la Révolution française.**

Imprimerie de l'Institut international de Bibliographie Scientifique

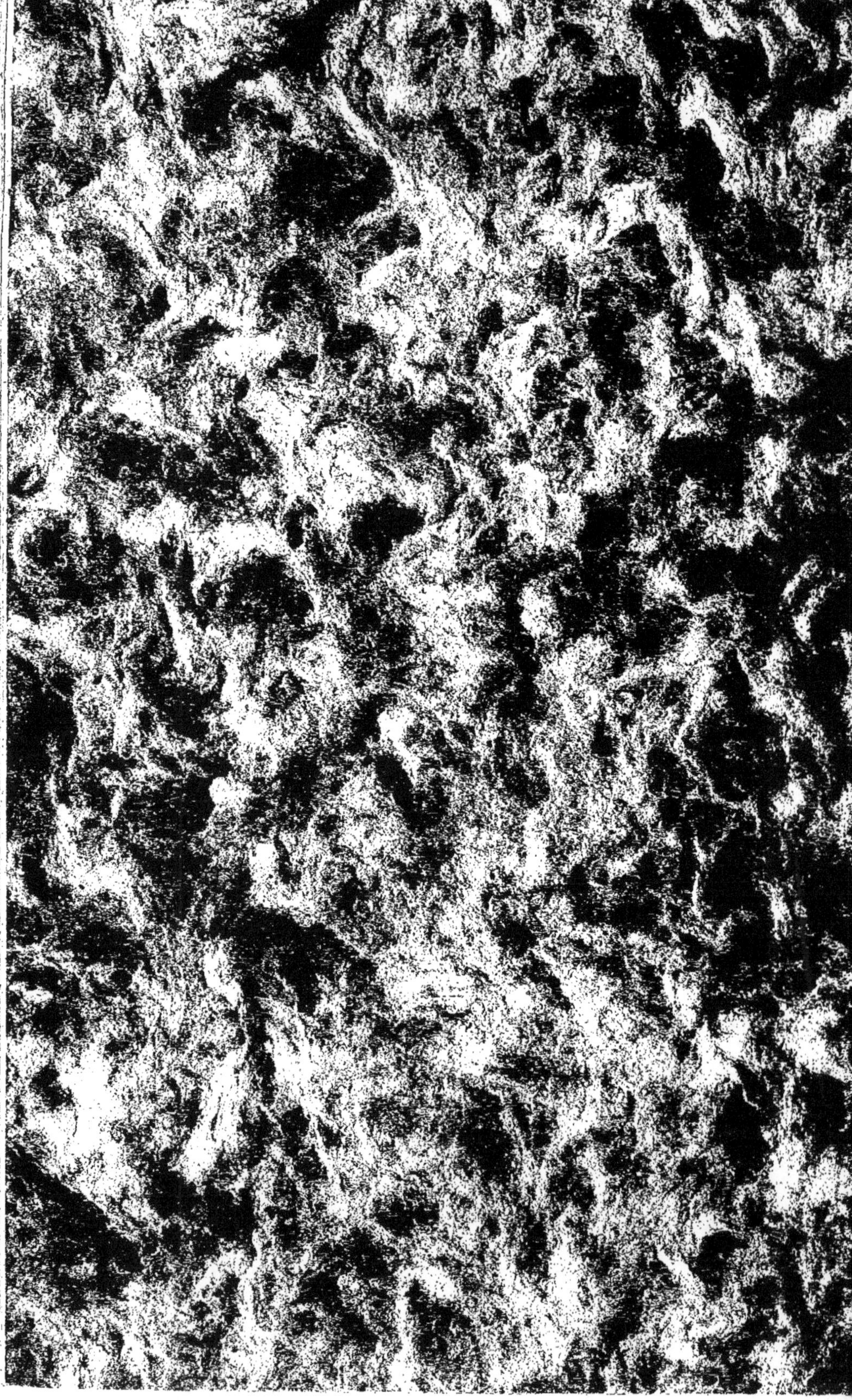

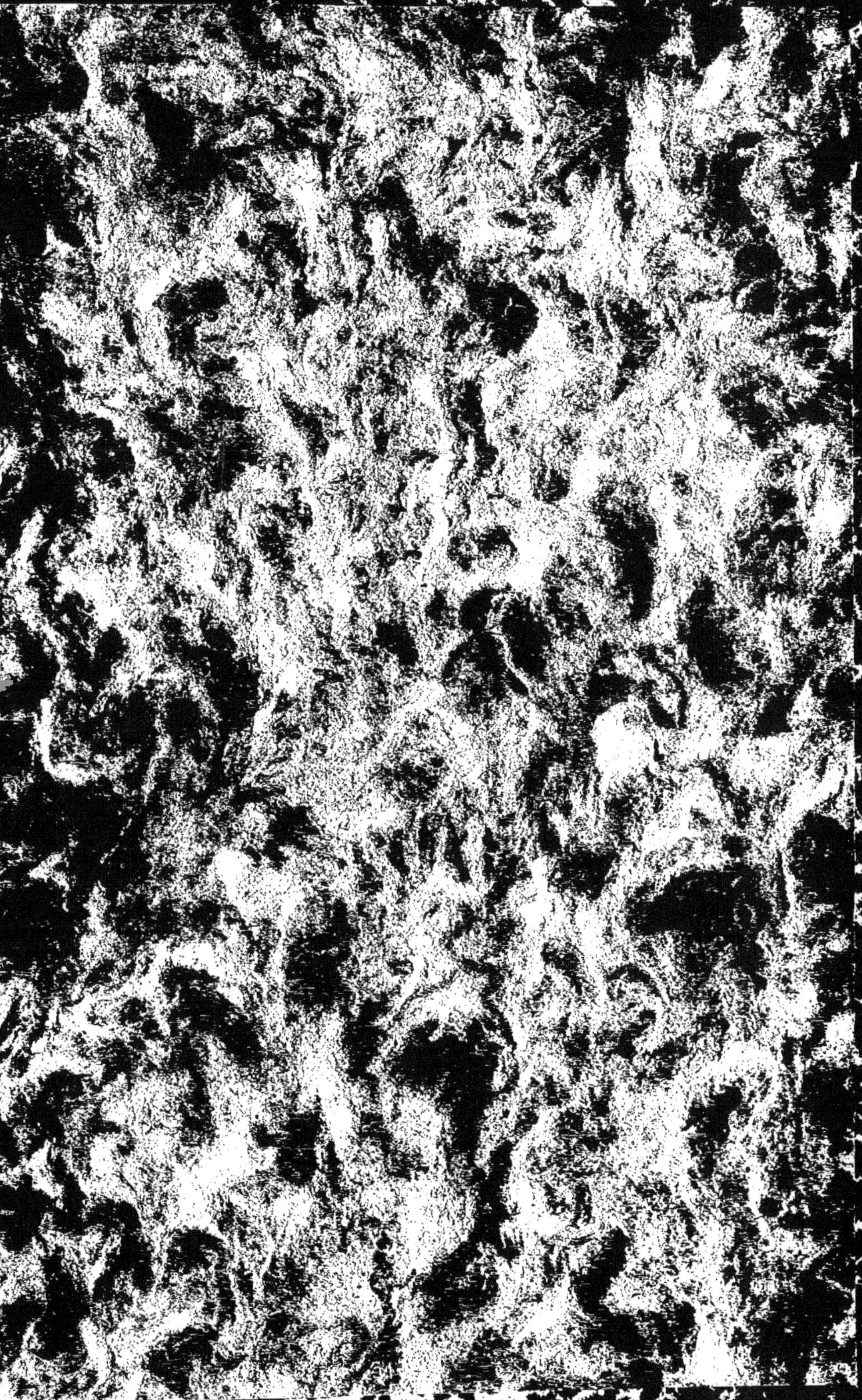

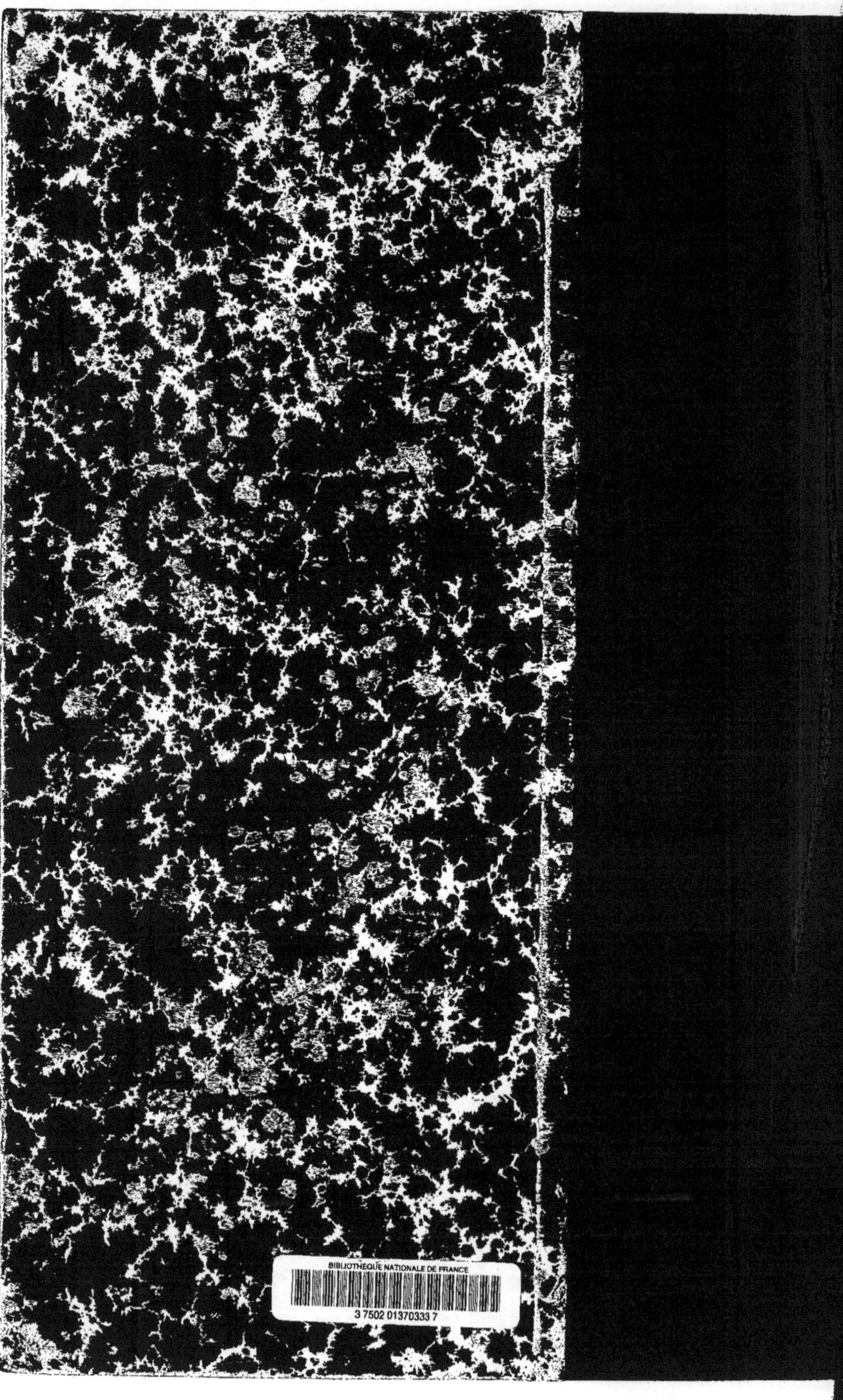